技工院校实训基地人才培养一体化模块教材

数控车床加工实训（中级模块）

人力资源和社会保障部教材办公室组织编写

中国劳动社会保障出版社

简　介

本书主要内容有：数控车削编程基础，数控车床操作、维护与保养，数控车床仿真加工，外轮廓加工，槽类零件加工，螺纹加工，内轮廓加工和职业技能鉴定数控车工中级考核模拟试卷。

图书在版编目（CIP）数据

数控车床加工实训：中级模块/陈亚岗主编．—北京：中国劳动社会保障出版社，2014
技工院校实训基地人才培养一体化模块教材
ISBN 978－7－5167－1445－4

Ⅰ.①数…　Ⅱ.①陈…　Ⅲ.①数控机床-车床-加工工艺-技工学校-教材　Ⅳ.①TG519.1

中国版本图书馆 CIP 数据核字（2014）第 248594 号

中国劳动社会保障出版社出版发行
（北京市惠新东街 1 号　邮政编码：100029）
*
河北鹏盛贤印刷有限公司印刷装订　　新华书店经销
787 毫米×1092 毫米　16 开本　16.25 印张　363 千字
2014 年 12 月第 1 版　　2026 年 3 月第 9 次印刷
定价：30.00 元

营销中心电话：400-606-6496
出版社网址：http://www.class.com.cn
http://jg.class.com.cn

技工院校实训基地人才培养一体化模块教材编委会

编审委员会（按姓氏笔画排序）

王国海　冯跃虹　吕成鹰　刘海光　孙大俊
冷耀明　张　林　胡恒庆　龚　安

编审人员

本书主编：陈亚岗
本书参编：范为军　许洪伟　郝瑞友　纪传军　王忠义
　　　　　孙　亚　张云阁
本书主审：沈建峰

前言

Preface

为了进一步发挥技工院校在技能人才培养方面的作用，切实满足企业对技能型人才的需求，人力资源和社会保障部教材办公室组织有关学校的骨干教师和行业、企业专家，在充分调研技工院校实训基地人才培养和培训模式以及企业技能人才需求的基础上，吸收和借鉴当前较为成熟的人才培养理念，编写了技工院校实训基地人才培养一体化模块教材。

使用说明

本套教材分为基础模块和专业核心模块（见下图）。其中专业核心模块教材根据国家职业技能鉴定标准中的初级、中级和高级要求设计有相对应的初级模块教材、中级模块教材和高级模块教材。实训基地可根据需要按照“基础模块 + 专业核心模块”组合模式选择相应的教材。

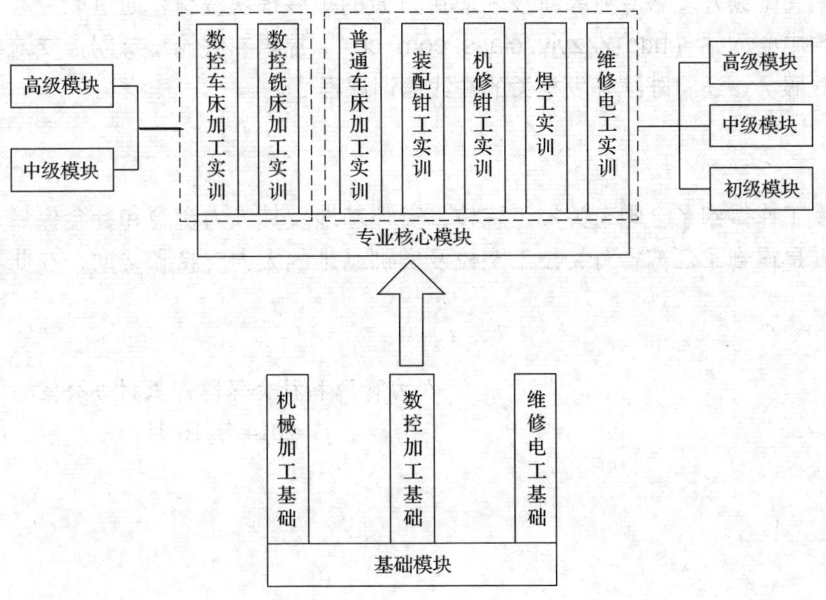

编写特色

◆与职业技能鉴定接轨

教材的编写以车工、数控车工、数控铣工、装配钳工、机修钳工、焊工、维修电工等国家职业技能标准为依据，涵盖国家职业技能标准（初、中、高级）的知识和技能要求，内容具有权威性。为了帮助学员熟悉职业技能鉴定考核形式及考题类型，每种专业核心模块教材均附有 3 ~ 5 套职业技能鉴定模拟试卷（包含理论知识试卷和技能操作试卷），并配有相应的参考答案。

◆与企业需求接轨

教材在编写中充分考虑企业的培训和用人需求，尽量选取企业真实的、有代表性的操作案例，整合相应的知识和技能，构建一体化教学模块，实现理论与操作技能的统一，既符合职业教育和职业培训的基本规律，又有利于培养学员分析问题和解决问题的综合职业能力。

◆保证先进性和规范性

教材根据相关专业领域的最新发展，编入了新知识、新技术、新设备、新材料等方面的内容，保证教材的先进性。同时采用最新的国家技术标准，使教材更加科学和规范。

读者对象

本套教材既可作为技工院校实训基地技能人才培养和培训用书，还可作为企业、社会培训机构的技能培训用书以及职业技术院校师生的专业用书。

后续拓展

作为补充，我们将陆续开发各专业高新技术应用方面的拓展模块教材，通过职业教育教学资源和数字学习中心网站（http://zyjy.class.com.cn/）提供在线论坛等网上交流以及相关教学资源下载服务，还将陆续开发相关的在线培训课程。

致谢

本套教材的开发工作得到了全国有关技工院校、实训基地及其人力资源和社会保障主管部门的支持，尤其是得到了江苏省有关技工院校及实训基地的大力支持和帮助，在此我们表示诚挚的谢意。

人力资源和社会保障部教材办公室

2014 年 10 月

目　录
CONTENTS

模块一　数控车削编程基础

模块二　数控车床操作、维护与保养

模块三　数控车床仿真加工

模块四　外轮廓加工

模块五　槽类零件加工

模块六　螺纹加工

模块七　内轮廓加工

模块八　职业技能鉴定数控车工中级考核模拟试卷

模块一

数控车削编程基础

课题 1　数控车床概述

1. 熟悉数控车床的组成及基本工作原理。
2. 掌握数控车床的分类和特点。

在机械制造业中并不是所有的产品零件都有很大的批量，单件、小批量生产的零件（批量为 10~100 件）占机械加工总量的 80% 以上。尤其是在造船、航天、航空、机床、重型机械及国防工业更是如此。

为了满足多品种、小批量的自动化生产，迫切需要一种灵活的、通用的、能够适应产品频繁变化的柔性自动化机床。数控机床就是在这样的背景下诞生与发展起来的。它为单件、小批量生产精密复杂零件提供了自动化加工手段。

数控机床即采用了数控技术的机床，或者说装备了数控系统的机床。从应用来说，数控机床就是将加工过程所需的各种操作和步骤，以及刀具与工件之间的相对移动都用数字化的代码表示，将数字信息送入计算机，计算机对输入的信息进行处理与运算，发出各种指令来控制机床的伺服系统或其他执行元件，使机床自动加工出所需要的零件。

一、数控车床的组成及工作原理

与普通车床相比，数控车床更适合加工精度高、形状复杂的回转体零件。为了更好地使用数控车床，必须了解数控车床的基本组成部分及工作原理，熟悉数控车床加工零件的特点，了解数控车床的分类。

如图 1—1—1 所示为一种典型的数控车床。

1. 数控车床的组成

如图 1—1—2 所示，数控车床一般由车床本体、数控装置、输入/输出设备、伺服单元、驱动装置（或称执行机构）、测量装置等组成。

(1) 车床本体

数控车床主要由主运动机构、进给控制机构（如工作台、滑板及相应的传动机构）、辅助控制机构（如冷却润滑装置、排屑装置、转位和夹紧装置）等组成。

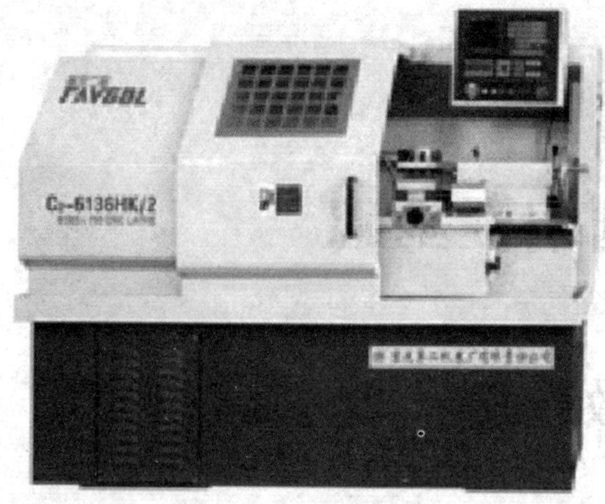

图 1—1—1　数控车床

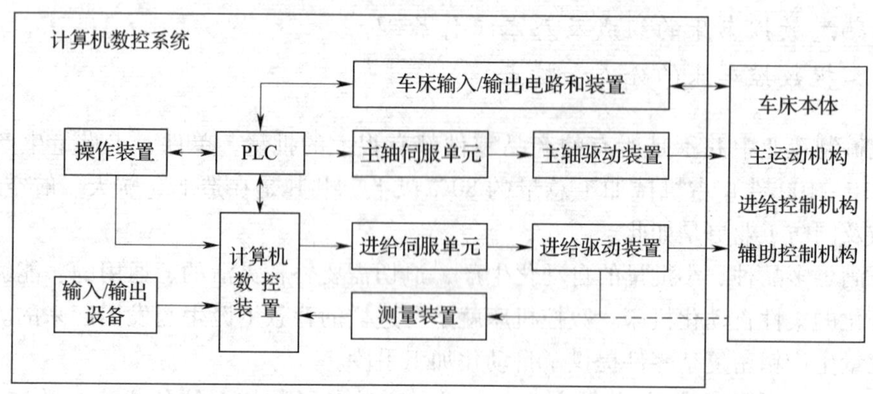

图 1—1—2　数控车床的组成框图

(2）数控装置

数控装置是数控系统的核心，主要包括微处理器（CPU）、存储器、外围逻辑电路以及与数控系统其他组成部分联系的各种接口等。数控车床的数控系统完全由软件处理输入信息，使数字控制系统的性能大大提高。

(3）输入/输出设备

数控车床中必须具备必要的输入/输出设备来完成零件程序或系统参数的输入和输出。数控系统一般配有阴极射线管（CRT）显示器或点阵式液晶显示器，显示内容丰富。有些机床还具有显示图形功能，甚至还能进行实体仿真切削模拟，从而使操作人员可通过显示器获得大量重要的信息。

(4）伺服单元

伺服单元是数控装置和车床本体的联系环节，它将来自数控装置的微弱指令信号放大成控制驱动装置的大功率信号。根据接收指令的不同，伺服单元有数字式和模拟式之分，而模拟式伺服单元按电源种类不同又可分为直流伺服单元和交流伺服单元。

(5）驱动装置

驱动装置把经过放大的指令信号转变为机械运动，通过机械传动部件驱动机床主轴、刀架、工作台等精确定位或按规定的轨迹做严格的相对运动，最后加工出图样所要求的零件。与伺服单元相对应，驱动装置有步进电动机、直流伺服电动机和交流伺服电动机等。

伺服单元和驱动装置合称为伺服驱动系统，它是数控机床的重要组成部分，也是机床工作的动力装置，数控装置的指令要靠伺服驱动系统来实施。从某种意义上说，数控机床功能的强弱主要取决于数控装置，而数控机床性能的好坏主要取决于伺服驱动系统。

（6）测量装置

测量装置也称为反馈元件，通常安装在车床的工作台、丝杠或电动机轴上，相当于普通车床的刻度盘和人的眼睛，它把车床工作台的实际位移转变成电信号反馈给数控装置，数控装置将反馈值与指令值进行比较，产生误差信号，以控制工作台向消除该误差的方向移动。因此，测量装置是高性能数控车床的重要组成部分。此外，由测量装置和显示环节构成的数显装置可以在线显示机床移动部件的坐标值，大大提高了工作效率和工件的加工精度。

2. 数控车床的工作原理

数控车床就是将加工过程所需的各种操作（如主轴变速、松夹工件、进刀与退刀、开车与停车、自动开关切削液等）和步骤以及工件的形状、尺寸用数字化的代码表示，通过控制介质将数字信息送到数控装置，数控装置对输入的信息进行处理与运算，发出各种信号，控制机床的伺服系统或其他驱动元件，使机床自动加工出所需要的工件。

二、数控车床的分类及特点

1. 数控车床的分类

数控车床的品种和规格繁多，分类方法不一，具体见表 1—1—1。

表 1—1—1　　数控车床的分类

分类方法	机床类型
按车床主轴布置形式分类	立式数控车床
	卧式数控车床
按伺服系统的类型分类	开环控制数控车床
	半闭环控制数控车床
	闭环控制数控车床

（1）按车床主轴布置形式分类

1）立式数控车床。立式数控车床简称数控立车，如图 1—1—3 所示，主轴垂直于水平面，并有一个直径很大的圆形工作台，供装夹工件使用。这类机床主要用于加工径向尺寸大、轴向尺寸相对较小的大型复杂工件。

2）卧式数控车床。卧式数控车床分为卧式数控水平导轨车床和卧式数控倾斜导轨车床，如图 1—1—4a 所示为卧式数控水平导轨车床，图 1—1—4b 所示为卧式数控倾斜导轨车床。

（2）按伺服系统的类型分类

1）开环控制数控车床。如图 1—1—5 所示，开环控制系统是指不带位置检测反馈装置的控制系统，CNC 单元发出的指令信号流是单向的。它是根据控制介质上的数据指令，经过控制运算发出脉冲信号，输送到伺服驱动装置（如步进电动机等），使伺服驱动装置转过相应的角度，然后经过减速齿轮和丝杠螺母机构转换为移动部件的直线位移。

由于开环控制系统不具有检测反馈装置，不能进行误差校正，系统精度较低。开环控制系统具有结构简单、工作稳定、使用和维修方便、成本低等优点，在精度和速度要求不高、驱动力矩不大的场合得到广泛应用。在我国，经济型数控机床一般都采用开环控制系统。

图 1—1—3　数控立式车床

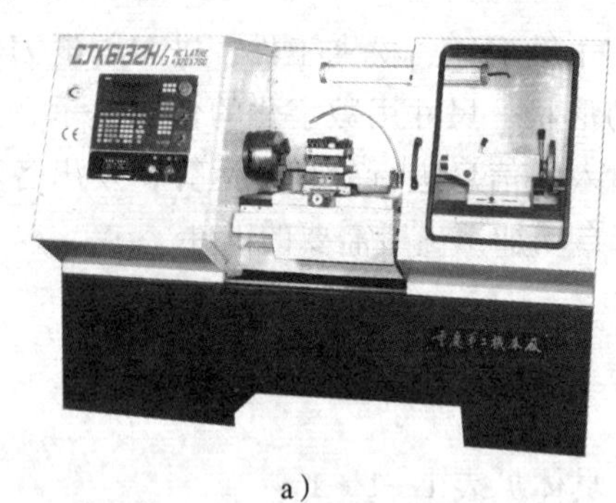

a）

b）

图 1—1—4　卧式数控车床

a）水平导轨　b）倾斜导轨

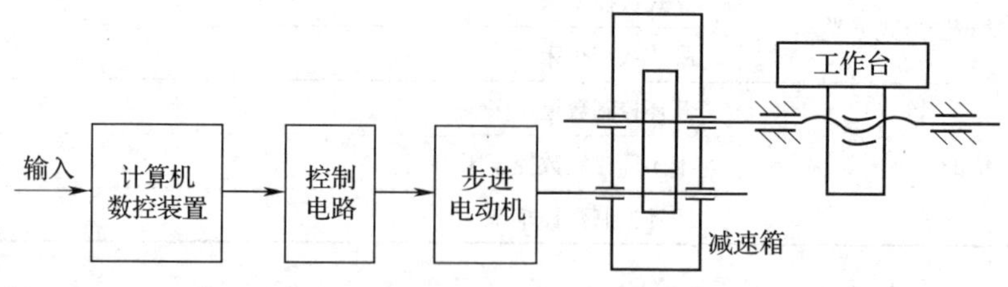

图 1—1—5　开环控制系统框图

2）半闭环控制数控车床。如图 1—1—6 所示，半闭环控制系统是在开环控制系统的伺服机构中装有角位移检测装置，通过检测伺服机构的滚珠丝杠转角间接检测移动部件的位移，然后反馈到数控装置的比较器中，与输入原指令位移值进行比较，用比较后的差值进行控制，使移动部件补偿位移，直到差值消除为止。由于半闭环控制系统中移动部件的丝杠螺母机构不包括在闭环之内，因此，丝杠螺母机构的误差仍然会影响移动部件的位移精度。

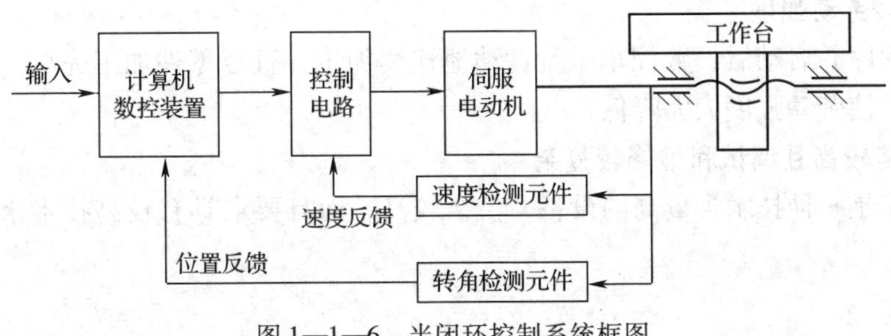

图 1—1—6　半闭环控制系统框图

3）闭环控制数控车床。如图 1—1—7 所示，闭环控制系统在机床移动部件位置上直接装有直线位置检测装置，将检测到的实际位移反馈到数控装置的比较器中，与输入的原指令位移值进行比较，用比较后的差值控制移动部件产生补偿位移，直到差值消除时才停止移动，从而实现精确定位。

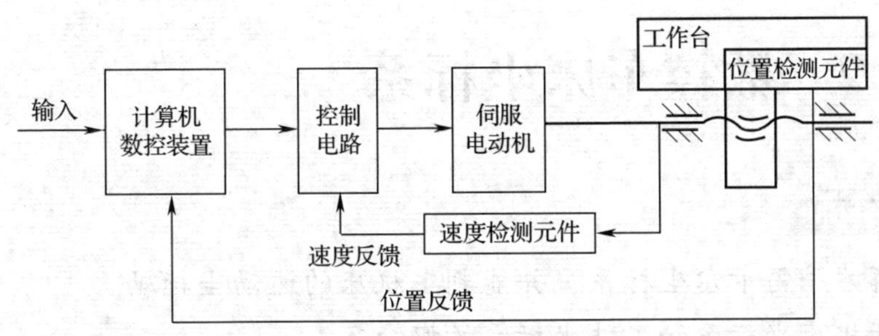

图 1—1—7　闭环控制系统框图

2. 数控车床的特点

(1) 适应性强

当改变加工零件时，数控车床只需更换零件的加工程序，不必用凸轮、靠模、样板或其他模具等专用工艺装备，且可采用成套夹具。

(2) 适合加工复杂型面的零件

由于数控车床能实现两轴或两轴以上的联动，因此能完成复杂型面的加工，特别是能加工可用数学方程式和坐标点表示的形状复杂的零件。

(3) 加工质量稳定

数控车床是根据数控程序自动进行加工的，可以避免人为的误差，这就保证了零件加工质量的稳定性。

(4) 生产效率高

在数控车床上可以采用较大的切削用量，有效地节省机动工时。

(5) 加工精度高

数控车床有较高的加工精度，一般误差仅为 0.005 ~ 0.01 mm。

(6) 工序集中，一机多用

数控车床特别是车削中心，在一次装夹的情况下几乎可以完成零件的全部加工工序。

(7) 减轻劳动强度

在输入程序并启动后，数控车床就自动地连续加工，直至零件加工完毕。这样就简化了人工操作，使劳动强度大大降低。

(8) 价格较高且调试和维修较复杂

数控车床是一种技术含量高的设备，价格较高，而且要求具有较高技术水平的人员来操作和维修。

思考与练习

1. 什么是数控车床？数控车床的主要加工对象是什么？
2. 简述开环和闭环两种控制方式的区别。
3. 数控车床的特点有哪些？

课题 2 数控车床坐标系

学习目标

1. 了解右手笛卡尔坐标系，并能判定机床的运动坐标轴。
2. 掌握机床坐标系和工件坐标系的概念。

一、坐标系的命名原则

规定数控机床坐标轴及运动方向是为了准确地描述机床的运动，简化程序的编制方法，并使所编程序有互换性。目前国际标准化组织已经统一了标准坐标系。机械行业标准《数控机床 坐标和运动方向的命名》（JB/T 3051—1999），对数控机床的坐标和运动方向做了明文规定。

1. 坐标和运动方向命名的原则

为了使编程人员能在不知道机床加工零件时是刀具移向工件还是工件移向刀具的情况下，就可以根据图样确定机床的加工过程，规定如下：永远假定刀具相对于静止的工件而运动；刀具远离工件的方向为正方向；采用右手笛卡尔坐标系。

2. 标准坐标系的规定

在数控机床上加工零件时，机床的动作是由数控系统发出的指令来控制的。为了确定机床的运动方向、移动距离，就要在机床上建立一个坐标系，这个坐标系称为标准坐标系，又称机床坐标系。在编制程序时，可以采用该坐标系来规定运动方向和距离。

数控机床上的坐标系采用右手直角笛卡尔坐标系，如图 1—2—1 所示。图 1—2—1 中，拇指的方向为 *X* 轴的正方向；食指的方向为 *Y* 轴的正方向；中指的方向为 *Z* 轴的正方向。

图 1—2—2 所示为卧式数控车床的标准坐标系，图 1—2—3 所示为立式升降台铣床的标准坐标系，图 1—2—4 所示为卧式升降台铣床的标准坐标系。

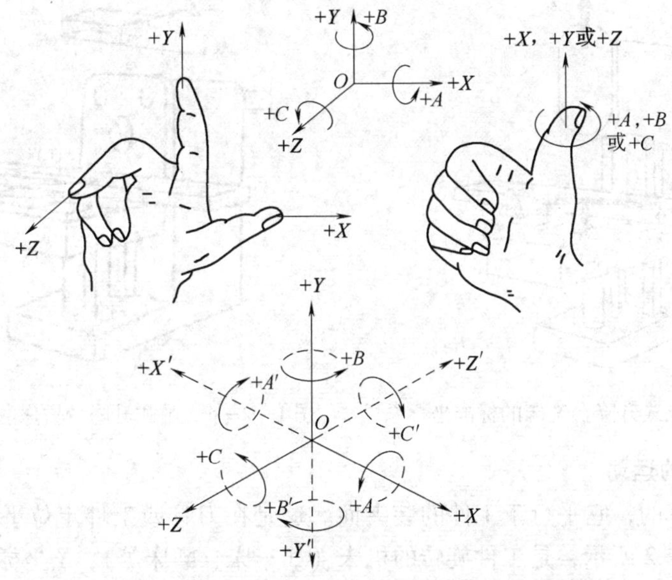

图 1—2—1　右手直角笛卡尔坐标系

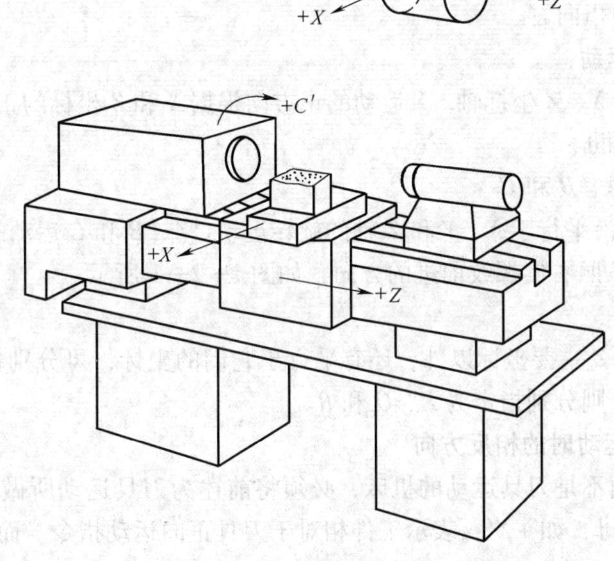

图 1—2—2　卧式数控车床的标准坐标系

3. 运动方向的确定

(1) Z 坐标的运动

与主轴轴线平行的坐标轴即为 Z 坐标，Z 坐标的运动是由传递切削力的主轴所决定的。对于没有旋转轴的机床，Z 轴垂直于工件装夹面。

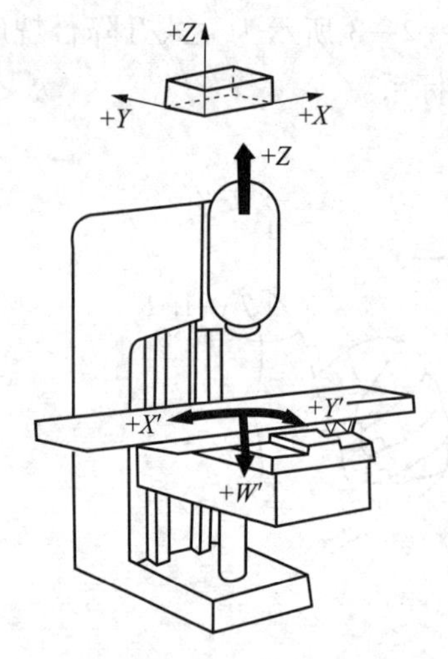

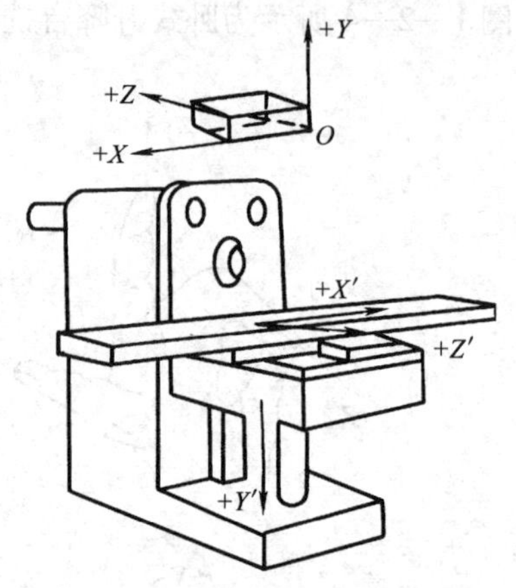

图 1—2—3　立式升降台铣床的标准坐标系　　图 1—2—4　卧式升降台铣床的标准坐标系

(2) X 坐标的运动

X 坐标是水平的，它平行于工件的装夹面。这是在刀具或工件定位平面内运动的主要坐标。如图 1—2—2 所示，是工件旋转的机床（如车床、磨床等），X 坐标的方向是在工件的径向上，且平行于横滑座。刀具离开工件旋转中心的方向为 X 轴正方向。如图 1—2—3 所示，是刀具旋转的机床（如铣床、镗床、钻床等），若 Z 轴是垂直的，当从刀具主轴向立柱看时，X 运动的正方向指向右。若 Z 轴（主轴）是水平的，当从主轴向工件方向看时，X 运动的正方向指向右。

(3) Y 坐标的运动

Y 坐标轴垂直于 X、Z 坐标轴。Y 运动的正方向根据 X 和 Z 坐标的正方向，按照右手直角笛卡尔坐标系来判断。

(4) 旋转运动 A、B 和 C

A、B 和 C 表示沿平行于 X、Y 和 Z 轴的旋转运动。A、B 和 C 运动的正方向为在 X、Y 和 Z 坐标正方向上按照右旋螺纹前进的方向，如图 1—2—1 所示。

(5) 附加坐标

如果在 X、Y 和 Z 主要坐标以外，还有平行于它们的坐标，可分别指定为 U、V 和 W；如还有第三组运动，则分别指定为 P、Q 和 R。

(6) 对于工件运动时的相反方向

对于工件运动而不是刀具运动的机床，必须将前述为刀具运动所做的规定做相反的安排。用带“′”的字母，如 +X′，表示工件相对于刀具正向运动指令。而不带“′”的字母，如 +X，则表示刀具相对于工件的正向运动指令。两者表示的运动方向正好相反，如图 1—2—5、图 1—2—6 所示。对于编程人员、工艺人员只考虑不带“′”的运动方向。

二、机床坐标系

机床坐标系是机床上固有的坐标系，是机床制造和调整的基准，也是工件坐标系设定的基准。

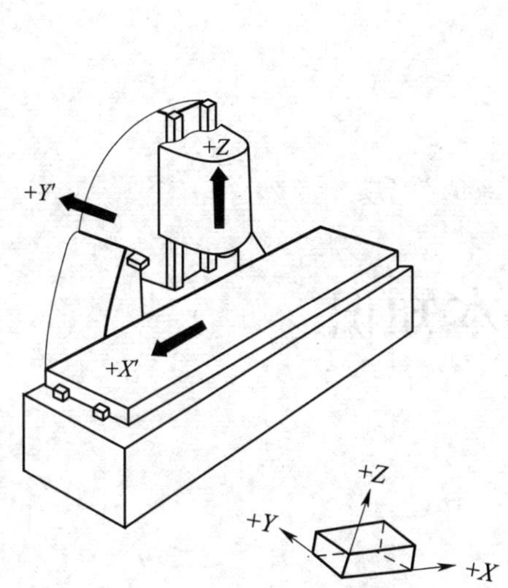

图 1—2—5　曲面和轮廓铣床

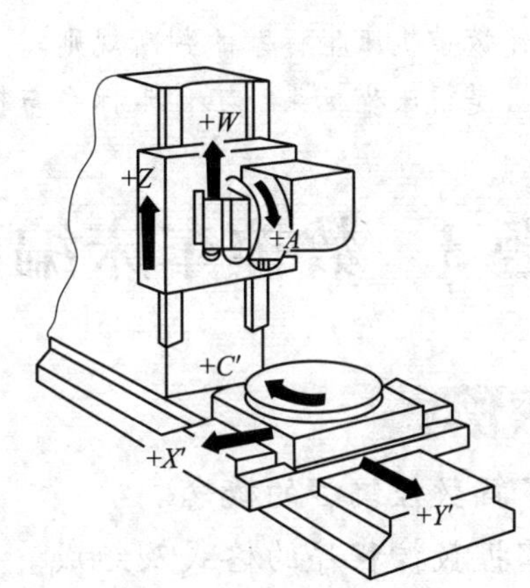

图 1—2—6　五坐标摆动式铣头曲面和轮廓铣床

机床坐标系在以下几种情况下必须进行设定：

1. 机床首次开机，或关机后重新接通电源时。
2. 解除机床急停状态后。
3. 解除机床超程报警信号后。

三、工件坐标系

工件坐标系是编程时使用的坐标系，因此又称编程坐标系。

工件坐标系的原点又称工件零点或编程零点，其位置由编程者确定。确定工件原点的原则是便于编程计算，故应尽量将工件原点设在零件图的尺寸基准或工艺基准处。数控车床的工件原点一般选在主轴中心线与工件右端面或左端面的交点处。

数控车床的工件坐标系设定如图 1—2—7 所示，与机床导轨平行的方向（即卡盘中心到尾座顶尖的方向）为 Z 轴，与机床导轨垂直的方向为 X 轴。坐标原点位于卡盘后端面与中心线的交点 O 上。

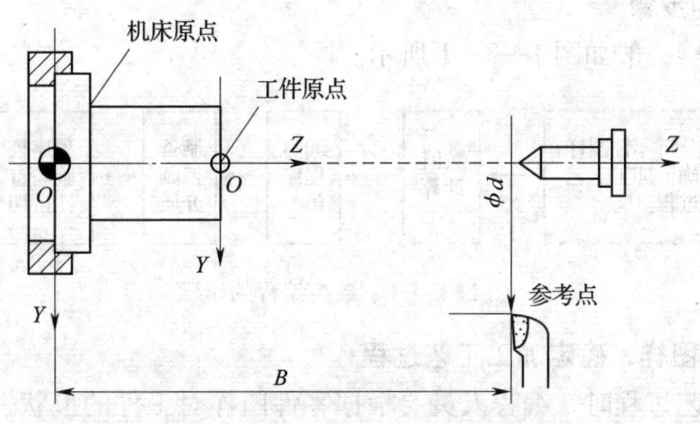

图 1—2—7　数控车床坐标系

思考与练习

1. 确定编程坐标原点的原则是什么?
2. 简述数控机床坐标系的判断规则。
3. 什么是机床坐标系?工件坐标系与机床坐标系的关系是什么?

课题 3 数控车床编程基本知识

学习目标

1. 了解数控编程的概念。
2. 掌握数控程序的格式及组成。
3. 掌握数控编程的常用专业术语及指令代码。
4. 掌握数控车床的编程规则。

一、数控编程概述

1. 数控编程的概念

数控机床是按照事先编制好的加工程序,对被加工零件进行自动加工。人们把零件的加工工艺路线、工艺参数、刀具的运动轨迹、位移量、切削参数(主轴转速、进给量、背吃刀量等)以及辅助功能(换刀、主轴正转、主轴反转、切削液开、切削液关等)按照数控机床规定的指令代码及程序格式编写成加工程序单,再把这一程序单中的内容记录在控制介质上,然后输入数控机床的数控装置中,从而指挥机床加工零件。这种从零件图的分析到制成控制介质的全部过程称为数控编程。

2. 数控编程的内容

数控编程的主要内容包括:分析零件图样、确定加工工艺过程、数值计算、编写程序单、制备控制介质、程序校验与首件试切。

3. 数控编程的步骤

数控编程的步骤一般如图 1—3—1 所示。

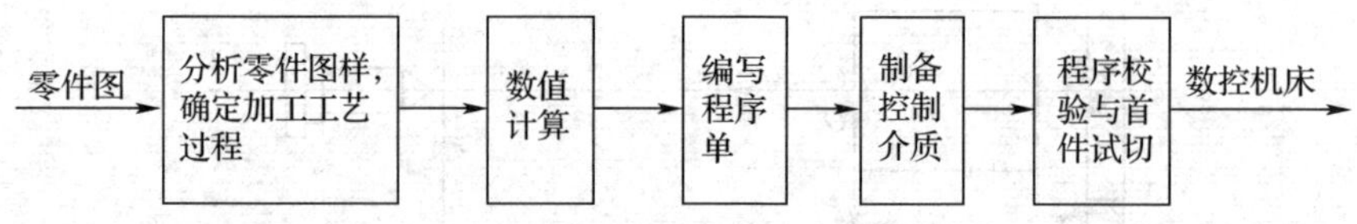

图 1—3—1 数控编程的步骤

(1) 分析零件图样,确定加工工艺过程

在确定加工工艺过程时,编程人员要根据零件图样对工件的形状、尺寸、技术要求进行分析,然后选择加工方案,确定加工顺序、加工路线、装夹方式、刀具及切削参数,同时还要考虑所用数控机床的指令功能，充分发挥机床的效能，加工路线要短，要正确选择对刀点、换刀点，减少换刀次数。

（2）数值计算

根据零件图的几何尺寸、确定的工艺路线及设定的坐标系，计算零件粗、精加工运动轨迹，得到刀位数据。对于点位控制的数控机床（如数控冲床等），一般不需要计算，只是当零件图样坐标系与编程坐标系不一致时，才需要对坐标进行换算。对于形状比较简单的零件（如直线和圆弧组成的零件）的轮廓加工，需要计算出几何元素的起点、终点、圆弧的圆心、两几何元素的交点或切点的坐标值，有的还要计算刀具中心的运动轨迹坐标值。对于形状比较复杂的零件（如非圆曲线、曲面组成的零件），需要用直线段或圆弧段逼近，根据要求的精度计算出其节点坐标值，这种情况一般要用计算机来完成数值的计算工作。

（3）编写程序单

加工路线、工艺参数及刀位数据确定后，编程人员可以根据数控系统规定的功能指令代码及程序段格式，逐段编写加工程序单。此外，还应填写有关的工艺文件，如数控加工工序卡、数控刀具卡、数控刀具明细表、工件安装和零点设定卡、数控加工程序单等。

（4）制备控制介质

制备控制介质是指把编制好的程序单上的内容记录在控制介质上，作为数控装置的输入信息。

（5）程序校验与首件试切

程序单和制备好的控制介质必须经过校验和试切才能正式使用。校验的方法是直接将控制介质上的内容输入数控装置中，在有 CRT 图形显示屏的数控机床上，用模拟刀具与工件切削过程的方法进行检验，但这些方法只能检查出运动是否正确，不能检查出被加工零件的加工精度。因此有必要进行零件的首件试切。当发现有加工误差时，应分析误差产生的原因，找出问题所在，加以修正。

从以上内容来看，作为一名编程人员，不但要熟悉数控机床的结构、数控系统的功能及标准，而且还必须是一名好的工艺人员，要熟悉零件的加工工艺、装夹方法、刀具和切削用量的选择等方面的知识。

二、数控加工程序的结构

根据数控系统本身的特点及编程的需要，每种数控系统都有一定的程序格式。对于不同的机床，其程序的格式也不同。因此，编程人员必须严格按照机床说明书的规定格式进行编程。

一个完整的程序由程序号、程序内容和程序结束三部分组成。

例

```
O0001                                      程序号
N20  G90 G00 X28.0 T01 S800 M03;  ┐
N30  G01 X-8.0 Y8.0 F200;         │
N40  X0 Y0;                       ├        程序内容
N50  X28.0 Y30.0;                 │
N60  G00 X40.0;                   ┘
N70  M02;                                  程序结束
```

1. 程序号

程序号由字母 O 和四位数字（不能全为 0）组成，应单独占一行，如 O0001、O3602、O6231 等，四位数字可以从 0000 ~ 9999 中选择。书写时，其数字前面的零可以省略不写，如 O0058 可写成 O58。

2. 程序内容

程序内容是整个加工程序的核心，通常由若干程序段组成，程序段又由一个或多个程序字组成。程序段的格式如图 1—3—2 所示。

N_ 程序段顺序号	G_ 准备功能	X(U) *X* 轴移动指令	Y(V) *Y* 轴移动指令	Z(W) *Z* 轴移动指令	F_ 进给功能指令	M_ 辅助功能指令	S_ 主轴功能指令	T_ 刀具功能指令
N3	G01	X10.0	Y20.0	Z-5.0	F0.3	M03	S80	T0101

图 1—3—2　程序段的格式

程序段内各程序字的说明如下：

(1) 程序段顺序号

程序段顺序号是指用以识别程序段的编号。用地址码 N 和后面的若干位数字来表示。例如，N20 表示该语句的语句号为 20。

(2) 准备功能字（G 功能字）

G 功能是使数控机床做好某种操作准备的指令，用地址 G 和两位数字表示，包括 G00 ~ G99 共 100 种。

(3) 尺寸字（包含 *X*、*Z* 轴移动指令）

尺寸字由地址码、符号“+”和“-”及绝对值（或增量）的数值构成。尺寸字的地址码有 X、Y、Z、U、V、W、P、Q、R、A、B、C、I、J、K、D 和 H 等。

例如：X20.0　　Y-40.0

尺寸字的“+”号可省略。

表示地址码的英文字母的含义见表 1—3—1。

表 1—3—1　　地址码的含义

地址码	含义
O、P	程序号、子程序号
N	程序段号
X、Y、Z	*X*、*Y*、*Z* 方向的主运动
U、V、W	平行于 *X*、*Y*、*Z* 坐标的第二坐标
A、B、C	绕 *X*、*Y*、*Z* 坐标的旋转运动
I、J、K	圆弧中心坐标（圆心相对于圆弧起点的增量坐标）
D、H	补偿号指定

（4）进给功能字

进给功能字表示刀具中心运动时的进给速度。它由地址码 F 和后面若干位数字构成，数字的单位取决于每个数控系统所采用的进给速度的指定方法。如 F100 表示进给速度为 100 mm/min，有的以 F××表示，××既可以是代码，又可以是进给量的数值。具体内容见所用数控机床编程说明书。

（5）主轴转速功能字

主轴转速功能字由地址码 S 和其后面的若干位数字组成，单位为 r/min。例如，S800 表示主轴转速为 800 r/min。

（6）刀具功能字

刀具功能字由地址码 T 和若干位数字组成。刀具功能字的数字是指定的刀号。数字的位数由系统参数决定。

（7）辅助功能字（M 功能）

辅助功能字表示一些机床辅助动作的指令。用地址码 M 和后面两位数字表示。包括 M00～M99 共100 种。

（8）程序段结束

写在每一程序段之后，表示程序结束。当用 EIA 标准代码时，结束符为“CR”；用 ISO 标准代码时为“NL”或“LF”；有的用符号“;”或“*”表示。

3. 程序结束

程序结束部分由程序结束指令构成，必须写在程序的最后，表示加工程序的结束。为了保证最后程序段的正常执行，通常要求单独占用一行。一般要用 M02 或 M30 指令来结束整个程序，子程序用 M99 指令结束。

三、常用术语及指令代码

1. 准备功能（G 功能）

G 功能又称准备功能，是使数控机床做某种运动方式的指令。地址“G”和数字组成的字表示准备功能，也称为 G 代码。

G 功能分为模态与非模态两类。一个模态 G 功能被指令后，直到同组的另一个 G 功能被指令才无效。而非模态的 G 功能仅在其被指令的程序段中有效。表 1—3—2 列出了常见准备功能代码的功能。

表 1—3—2　　常见准备功能代码的功能

G 代码	功能
G00	定位（快速移动）
G01	直线插补（切削进给）
G02	圆弧插补 CW（顺时针）
G03	圆弧插补 CCW（逆时针）
G04	暂停，准停

续表

G代码	功能
G28	返回参考点
G32	螺纹切削
G40	取消刀尖圆弧半径补偿
G41	刀尖圆弧半径左补偿
G42	刀尖圆弧半径右补偿
G50	坐标系设定
G65	宏程序命令
G70	精加工循环
G71	毛坯粗车循环
G72	端面粗车循环
G73	封闭切削循环
G74	端面槽/深孔加工循环
G75	外圆、内圆切槽循环
G76	螺纹加工循环
G90	外圆、内圆车削循环
G92	螺纹切削循环
G94	端面切削循环
G96	恒线速开
G97	恒线速关
G98	每分钟进给
G99	每转进给

2. 辅助功能（M功能）

M功能是辅助功能，主要实现开关量的控制，各代码的功能详见表1—3—3。

表1—3—3　　常见辅助功能代码的功能

代码	功能	代码	功能
M00	程序暂停	M09	切削液关
M01	选择性程序暂停		
M02	程序结束		
M03	主轴正转	M30	程序结束并返回起始
M04	主轴反转	M98	调用子程序
M05	主轴停止	M99	子程序调用结束
M08	切削液开		

3. 主轴功能（S 功能）

S 功能用于控制主轴转速，其后面的数值表示主轴转速，单位为 r/min，S 是模态指令。

（1）G50 S××××表示主轴最高转速限制。

（2）G96 S××××表示恒线速度切削，S 后面的数值为切削速度，单位为 m/min。

例 G96 S150 指令表示控制主轴转速，使切削速度始终保持在 150 m/min。

（3）G97 S××××表示取消恒线速度切削。

例 G97 S1000 指令表示取消主轴转速 1 000 r/min。

4. 刀具功能（T 功能）

T 功能用于选择刀具，其后面可以用四位数或两位数选择刀具号和刀补号。

（1）T××××

用四位数执行刀补时，前两位数字表示刀具号，后两位数字表示刀补号。

（2）T××

用两位数执行刀补时，第一位数字表示刀具号，第二位数字表示刀补号。

5. 进给功能（F 功能）

进给功能又称 F 功能，F 指令表示工件被加工时刀具相对于工件的进给速度，F 的单位取决于 G98（每分钟进给量，单位为 mm/min）或 G99（每转进给量，单位为 mm/r）。

使用下式可实现每转进给量和每分钟进给量的转化：

$$v_f = fS$$

式中 v_f——每分钟进给量，mm/min；

f——每转进给量，mm/r；

S——主轴转速，r/min。

提示

F 指令为模态指令，在工作时 F 值一直有效，直到被新的 F 值所取代，但 G00 快速定位时不指定 F 值，因为 G00 的速度由系统参数决定，与 F 值无关。

四、数控车床编程规则

1. 绝对编程与增量编程

绝对编程是指根据已设定的工件坐标系计算出工件轮廓上各点的绝对坐标值进行编程的方法。增量编程是指用相对前一个位置的坐标增量来表示坐标值的方法。在用这两种编程方法时分别要用到绝对坐标和增量坐标。

（1）绝对坐标

刀具（或机床）运动轨迹的坐标值是以相对于工件坐标系的坐标原点 O 给出的，称为绝对坐标。该坐标系称为绝对坐标系。如图 1—3—3a 所示，A、B 两点的坐标均是以固定的坐标原点 O 计算的，其值为 $X_A=10$，$Y_A=20$，$X_B=30$，$Y_B=50$。

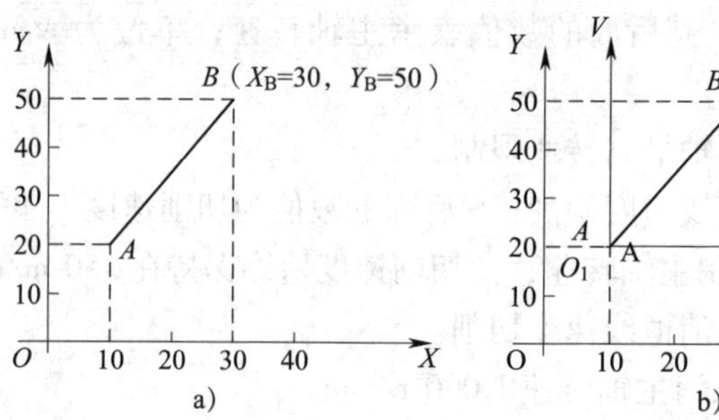

图 1—3—3　绝对坐标系与增量坐标系

a）绝对坐标系　b）增量坐标系

（2）增量坐标

刀具（或机床）运动轨迹的坐标值是相对于前一位置（或起点）来计算的，称为增量坐标或相对坐标，该坐标系称为增量坐标系。

有些系统增量坐标系常用代码表中的 U、V、W 表示。U、V、W 分别表示与 X、Y、Z 平行且同向的坐标轴。如图 1—3—3b 所示，B 点相对于 A 点的坐标（即增量坐标）为 $U_B=20$，$V_B=30$，U—V 坐标系称为增量坐标系。

例如，从 A 沿直线移到 B，如图 1—3—3 所示的两种坐标系的编程方法如下：

绝对指令编程：G01 X30 Y50；

增量指令编程：G01 U20 V30；

2．直径编程和半径编程

数控车床加工零件具有回转体特征，尺寸有直径指定和半径指定两种方法。当用直径值编程时，称为直径编程法；用半径值编程时，称为半径编程法。

数控车床出厂时一般设定为直径编程。如需用半径编程，要改变系统中的相关参数，使系统处于半径编程状态；本模块以后若非特殊说明，各例均为直径编程。

思考与练习

1．简述直径编程和半径编程的区别。

2．在数控编程中，G 代码的作用是什么？

3．简述 M、S、T、F 功能在数控编程中的作用。

4．一个完整的加工程序由哪几部分组成？其开始部分和结束部分常用什么符号及代码表示？

课题 4　程序编制的工艺处理

学习目标

1. 了解零件图工艺分析的内容。
2. 了解数控加工工艺路线设计的主要内容。
3. 了解数控车床加工工序设计的主要内容。
4. 熟悉数控车削工艺处理的主要内容。

一、零件图的分析

零件图的分析主要指分析零件的材料、形状、尺寸、精度及毛坯形状和热处理要求等，以便确定该零件是否适合在数控机床上加工，或适合在哪种类型的数控机床上加工。只有那些批量小、形状复杂、精度要求高及生产周期短的零件，才最适合进行数控加工。

在选择和确定数控加工内容的过程中，编程人员应根据所掌握的数控加工的基本特点以及所用数控机床的功能和实际工作经验，对零件图做数控加工工艺性分析。主要分析内容包括结构工艺性分析、轮廓几何要素分析、尺寸标注方法分析、定位基准的可靠性分析、精度及技术要求分析等。

二、数控车床加工工序设计

数控车削是数控加工中用得最多的加工方法之一。数控车床加工工序设计是整个工艺设计的关键，其主要内容包括：确定加工顺序和进给路线，选择夹具、刀具及切削用量等。

1. 加工顺序的确定

数控车削的主要原则是先粗后精、先远后近。加工顺序选择的一般原则如下：

(1) 要注意工序间的衔接，上一道工序的加工不能影响下一道工序的定位与夹紧，中间穿插普通机床加工工序的也要综合考虑。

(2) 先进行内形、内腔的加工工序，后进行外形加工工序。

(3) 以相同定位、夹紧方式，或用同一把刀具加工的工序，最好连续进行，以减少重复定位次数、换刀次数及挪动压紧元件的次数。

(4) 在同一次安装中进行的多道工序，应先安排对刚度破坏较小的工序。

2. 零件安装原则

在安装工件前一般要考虑以下两个原则：

(1) 尽量减少装夹次数，力争做到在一次装夹后能加工出全部待加工表面，以充分发挥数控机床的效能。

(2) 定位基准要预先加工完毕。当有些零件需要二次装夹时，要尽可能利用同一基准面来加工另一些待加工表面，以减小加工误差。

3. 进给路线的确定

进给路线是刀具在整个加工工序中的运动轨迹，即刀具从对刀点（或机床原点）开始运动，直至返回该点并结束程序所经过的路径。它不但反映了工步的内容，也反映出工步的顺序。工步的划分与安排一般随进给路线来进行。

进给路线的确定要点如下：

（1）在保证加工质量的前提下，应寻求最短的进给路线，以减少整个加工过程中的空行程时间，提高加工效率。

（2）保证零件轮廓表面粗糙度要求，当零件的加工余量较大时，可采用多次进给逐渐切削的方法，最后留少量的精加工余量（一般为 0.2 ~ 0.5 mm），安排在最后一次进给时连续加工出来。

（3）刀具的进退刀应沿切线方向切入和切出，并且在轮廓切削过程中要避免停顿，以免因切削力突然变化而造成弹性变形，致使在零件轮廓上留下刀具的刻痕。

（4）要尽量选择最短空行程路线，大余量毛坯的阶梯切削路线。

4. 夹具的选择

数控加工对夹具的要求主要有两点：一是要保证夹具本身在机床上安装准确；二是要协调零件和机床坐标系的尺寸关系。

用于轴类零件的夹具主要有三爪拨动卡盘、自动夹紧拨动卡盘、复合卡盘和快速可调万能卡盘等。用于盘类零件的夹具主要有带可调卡爪的卡盘、液压驱动卡盘、快速可调卡盘等。

5. 刀具的选择

由于工件的材料、生产批量、加工精度及机床类型、工艺方案的不同，车刀的种类也异常繁多。根据与刀体的连接固定方式不同，车刀主要可分为以下几种：

（1）焊接式车刀

将硬质合金刀片用焊接的方法固定在刀体上的车刀称为焊接式车刀。根据工件加工表面及用途的不同，焊接式车刀又分为切断刀、外圆车刀、端面车刀、内孔车刀、螺纹车刀以及成形车刀等。

（2）机械夹固式可转位车刀

机械夹固式可转位车刀简称机夹可转位车刀，如图 1—4—1 所示，机夹可转位车刀由刀柄、刀片、刀垫及夹紧元件组成。刀片每边都有切削刃，当某切削刃磨损钝化后，只需松开夹紧元件，将刀片转一个位置便可以继续使用。

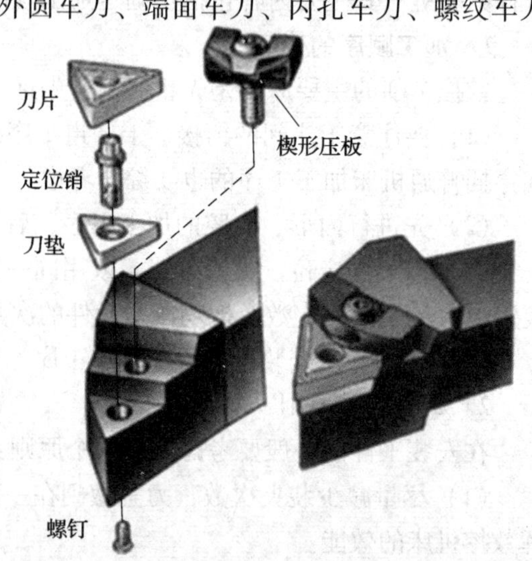

图 1—4—1　机械夹固式可转位车刀

6. 切削用量的选择

切削用量的选择包括背吃刀量 a_p 的确定、进给速度 f 的确定、主轴转速的确定。

（1）背吃刀量 a_p 的确定

在工艺系统刚度和机床功率允许的情

况下，尽可能选取较大的背吃刀量，以减少进给次数。当零件精度要求较高时，则应考虑留出精车余量，其所留的精车余量一般比普通车削时所留的余量少，常取0.1～0.5 mm。

(2) 进给速度 v_f 的确定

进给速度 v_f 的选取应与背吃刀量和主轴转速相适应。在保证工件加工质量的前提下，可以选择较高的进给速度。在切断、车削深孔或精车时，应选择较低的进给速度。当刀具空行程特别是远距离“回零”时，可以设定尽量高的进给速度。

有些数控机床规定可以选用进给量 f（单位为 mm/r）表示进给速度。

(3) 主轴转速的确定

光车时的主轴转速：应根据零件上被加工部位的直径，并按零件和刀具材料以及加工性质等条件所允许的切削速度来确定。切削速度除了计算和查表选取外，还可以根据实践经验确定。需要注意的是，交流变频调速的数控车床低速输出力矩小，因而切削速度不能太低。切削速度确定后，用以下公式计算主轴转速：

$$n = 1\,000\ \frac{v}{\pi d}$$

式中 n——主轴转速，r/min；

v——切削速度，mm/min；

d——切削刃选定点所对应的工件或刀具的回转直径，mm。

车螺纹时的主轴转速：在车削螺纹时，车床的主轴转速将受到螺纹的螺距（或导程）大小、驱动电动机的升降频特性以及螺纹插补运算速度等多种因素影响，故对于不同的数控系统，推荐不同的主轴转速选择范围，需要根据机床操作手册查询具体确定。

三、手工编程中的数学处理

1. 数值计算

根据零件图样，按照已确定的加工路线和允许的编程误差，计算数控系统所需输入的数据，称为数控加工的数值计算。手工编程时，在完成工艺分析和确定加工路线后，数值计算就成为程序编制中的一个关键性环节。除了点位加工这种简单的情况外，一般需经烦琐、复杂的数值计算。为了提高工效，降低出错率，有效的途径是使用计算机辅助完成坐标数据的计算，或直接采用自动编程。

(1) 基本概念

一个零件的轮廓往往是由许多不同的几何元素所组成的，如直线、圆弧、二次曲线及阿基米德螺线等。各几何元素间的连接点称为基点；如两直线间的交点、直线与圆弧或圆弧与圆弧间的交点或切点、圆弧与二次曲线的交点或切点等。显然，相邻基点间只能是一个几何元素。对于由直线与直线或直线与圆弧构成的平面轮廓零件，由于目前一般机床数控系统都具有直线、圆弧插补功能，故数值计算比较简单。此时，主要应计算出基点坐标与圆弧的圆心点坐标。当零件的形状是由直线段或圆弧段之外的其他曲线构成，而数控装置又不具备该曲线的插补功能时，其数值计算就比较复杂。此时应将组成零件轮廓的曲线按数控系统插补功能的要求，在满足允许的编程误差的条件下进行分割，即用若干直线段或圆弧段来逼近给定的曲线，逼近线段的交点或切点称为节点。

（2）刀位点轨迹的计算

对刀时是通过一定的测量手段使刀位点与对刀点重合，数控系统从对刀点开始控制刀位点运动，并由刀具的切削刃部分加工出要求的零件轮廓。对于平面轮廓的加工，车削加工时可以用车刀的假想刀尖点作为刀位点，也可以用刀尖圆弧半径的圆心作为刀位点。铣削加工时，是用平底立铣刀的刀底中心作为刀位点。但无论如何，零件的轮廓形状总是由刀具切削刃部分直接参与切削完成的。因此，在大多数情况下，编程轨迹并不与零件轮廓完全重合。对于具有刀具半径补偿功能的数控系统，只要在编写程序时，在程序的适当位置写入建立刀补的有关指令，就可以保证在加工过程中使刀位点按一定的规则自动偏离编程轨迹，达到正确加工的目的。这时可直接按零件轮廓形状计算各基点和节点坐标，并作为编程时的坐标数据。

某些简易数控系统，如简易数控车床，只有长度补偿功能而无半径补偿功能，编程时为保证精确地加工出零件轮廓，就需要做某些补偿计算。用球头刀加工三坐标立体型面零件时，编制程序时要算出球头刀球心的运动轨迹，而由球头刀的外缘切削刃加工出零件轮廓。用带摆角的数控机床加工立体型面零件或平面斜角零件时，编制程序时要算出刀具摆动中心的轨迹和相应摆角值。数控系统控制刀具摆动中心运动时，由刀具端面和侧刃加工出零件轮廓。

（3）辅助计算

辅助计算包括增量计算、辅助程序段的数值计算、标注尺寸转换成编程尺寸等。

增量计算是指仅就增量坐标的数控系统或绝对坐标系统中某些数据仍要求以增量方式输入时，所进行的由绝对坐标数据到增量坐标数据的转换。如在数值计算过程中，已按绝对坐标值计算出某运动段的起点坐标及终点坐标，以增量方式表示时，其换算公式如下：

$$增量坐标值 = 终点坐标值 - 起点坐标值$$

计算应在各坐标轴方向上分别进行。例如，要求以直线插补方式使刀具从 a 点（起点）运动到 b 点（终点），已计算出 a 点坐标为（X_a，Y_a），b 点坐标为（X_b，Y_b），若以增量方式表示时，其 X、Y 轴方向上的增量分别为 $\Delta X = X_b - X_a$、$\Delta Y = Y_b - Y_a$。

辅助程序段是指开始加工时，刀具从对刀点到切入点，或加工结束时，刀具从切出点返回对刀点而特意安排的程序段。切入点位置的选择应依据零件加工余量的情况，适当离开零件一段距离。切出点位置的选择应避免刀具在快速返回时发生撞刀，也应留出适当的距离。使用刀具补偿功能时，建立刀补的程序段应在加工零件之前写入，加工完成后应取消刀补。某些零件的加工要求刀具“切向”切入和“切向”切出。以上程序段的安排，在绘制加工路线时，即应明确地表达出来。进行数值计算时，按照加工路线的安排，计算出各相关点的坐标，其数值计算一般比较简单。

2．由直线和圆弧组成零件轮廓时的基点计算

由直线和圆弧组成的零件轮廓可以归纳为直线与直线相交、直线与圆弧相交或相切、圆弧与圆弧相交或相切、一直线与两圆弧相切等几种情况。计算的方法可以是联立方程组求解，也可以利用几何元素间的三角函数关系求解，计算比较简便。根据目前生产中的零件，将直线和圆弧按定义方式归纳成若干种，并变成标准的计算形式，用计算机求解，则更为方便。

（1）联立方程组法求解基点坐标

采用联立方程组法求解基点坐标，若直接列解方程组，计算过程是比较烦琐的，为简化计算，可以将计算过程标准化。

1）直线与圆弧相交或相切。如图 1—4—2 所示，已知直线方程为 $y = kx + b$，求以点（x_0，y_0）为圆心，半径为 R 的圆与该直线的交点坐标（x_C，y_C）。

直线方程与圆方程联立，得联立方程组：

$$\begin{cases}(x-x_0)^2+(y-y_0)^2=R^2\\ y=kx+b\end{cases}$$

经推算后可给出标准计算公式如下：

$$A = 1 + k^2$$

$$B = 2\left[k(b-y_0)-x_0\right]$$

$$C = x_0^2 + (b-y_0)\ 2 - R^2$$

$$x_C = \frac{-B \pm \sqrt{B^2-4AC}}{2A}$$（求 x_C 较大值时取“+”号）

$$y_C = kx_C + b$$

上式也可用于求解直线与圆相切时的切点坐标。当直线与圆相切时，取 $B^2 - 4AC = 0$，此时 $X_C = -B/(2A)$，其余计算公式不变。

2）圆弧与圆弧相交或相切。如图 1—4—3 所示，已知两相交圆的圆心坐标及半径分别为（x_1，y_1），R_1；（x_2，y_2），R_2；求其交点坐标（x_C，y_C）。

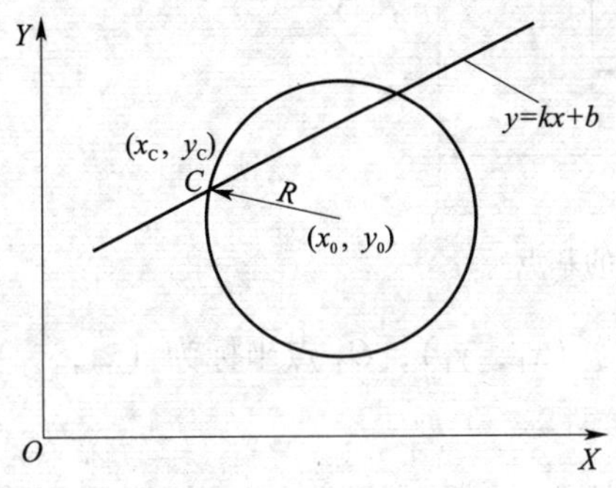

图 1—4—2　直线与圆相交

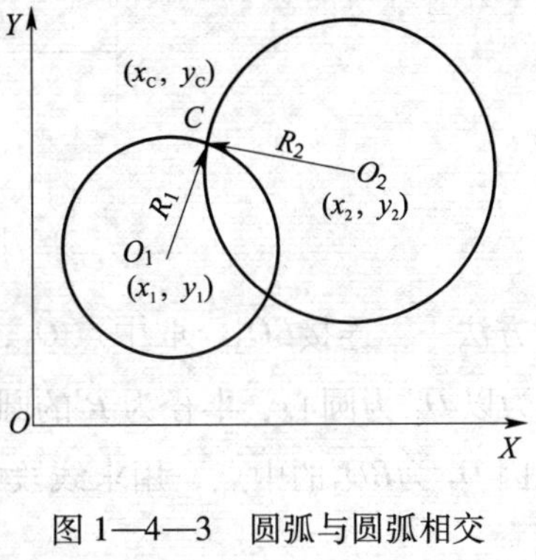

图 1—4—3　圆弧与圆弧相交

联立两圆方程 $\begin{cases}(x-x_1)^2+(y-y_1)^2=R_1^2\\ (x-x_2)^2+(y-y_2)^2=R_2^2\end{cases}$

经推算可给出标准计算公式如下：

$$\Delta x = x_2 - x_1$$

$$\Delta y = y_2 - y_1$$

$$D = \frac{(x_2^2+y_2^2-R_2^2)-(x_1^2+y_1^2-R_1^2)}{2}$$

$$A=1+\left(\frac{\Delta x}{\Delta y}\right)^2$$

$$B=2\left[\left(y_1-\frac{D}{\Delta y}\right)\frac{\Delta x}{\Delta y}-x_1\right]$$

$$C=\left(y_1-\frac{D}{\Delta y}\right)^2+x_1^2-R_1^2$$

$$x_C=\frac{-B\pm\sqrt{B^2-4AC}}{2A}\text{（求 }x_C\text{ 较大值时取“+”）}$$

$$y_C=\frac{D-\Delta x x_C}{\Delta y}$$

当两圆相切时，$B^2-4AC=0$，因此上式也可以用于求两圆相切的切点。

例 如图1—4—4所示的零件图，该零件轮廓由4条直线和1段圆弧组成。由图可知，应确定的基点坐标为 A、B、C、D、E 点。其中，A、B、D、E 各点的坐标可直接由图上的数据得出，而 C 点是过 B 点且与圆 O_2 相切的直线同圆 O_2 的切点，根据初等数学，求 C 点坐标（x_C，y_C）可用以下方法：

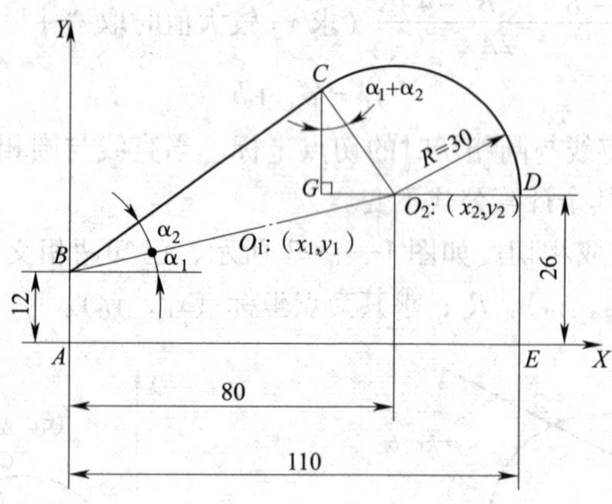

图1—4—4 零件的基点

方法一：连接$\overline{BO_2}$，取中点 O_1，设 O_1 点坐标为（x_1，y_1），O_2 点坐标为（x_2，y_2），则 C 点为以 O_1 为圆心、半径为 R 的圆的交点。

因 O_1 为$\overline{BO_2}$的中点，用求线段中点公式可求出：

$$x_1=\frac{x_2+x_B}{2}=\frac{80+0}{2}=40$$

$$y_1=\frac{y_2+y_B}{2}=\frac{26+12}{2}=19$$

令$\overline{O_1O_2}=R_1$，则 $R_1=\sqrt{(x_2-x_1)^2+(y_2-y_1)^2}\approx 40.607\ 88$

并令 $R_2=R=30$

由图可知 $x_2=80$，$y_2=26$

至此，两相交圆标准计算式所需计算数据全部确定，即

圆 O_1：$x_1=40$，$y_1=19$，$R_1=40.607\ 88$

圆 O_2：$x_2=80$，$y_2=26$，$R_2=30$

用标准计算公式求解 $\Delta x=80-40=40$，$\Delta y=26-19=7$

$$D=\frac{(80^2+26^2-30^2)-(40^2+19^2-40.607\ 88^2)}{2}\approx 2\ 932$$

$$A=1+\left(\frac{40}{7}\right)^2\approx 33.653\ 06$$

$$B=2\left[\left(19-\frac{2\ 932}{7}\right)\times\frac{40}{7}-40\right]\approx -4\ 649.796$$

$$C=\left(19-\frac{2\ 932}{7}\right)^2+40^2-40.607\ 88^2\approx 159\ 836.7$$

此处所求两圆交点应为 x_C 较小值，故：

$$x_C\approx 64.278\ 49$$

$$y_C\approx 51.551\ 49$$

方法二：由图 1—4—4 可知：

$$\Delta x=x_2-x_B=80-0=80$$

$$\Delta y=y_2-y_B=26-12=14$$

则 $\alpha_1=\arctan\dfrac{\Delta y}{\Delta x}\approx 9.926\ 25°$

$$\alpha_2=\arcsin\frac{R}{\sqrt{\Delta x^2+\Delta y^2}}\approx 21.677\ 78°$$

用 k 表示直线 $\overline{BC}$ 的斜率，则：

$$k=\tan(\alpha_1+\alpha_2)\approx 0.615\ 3$$

该直线对 y 轴的截距 $b=12$

圆方程与直线 $\overline{BC}$ 的方程联立求解得：

$$\begin{cases}(x-80)^2+(y-26)^2=30^2\\ y=0.615\ 3x+12\end{cases}$$

$$A=1+k^2\approx 1.378\ 6$$

$$B=2[k(b-y_2)-x_2]\approx -177.23$$

$$x_C=-\frac{B}{2A}\approx 64.279$$

$$y_C=kx_C+b\approx 51.551$$

（2）三角函数法求解基点坐标

类型一：如图 1—4—5a 所示，直线与圆相切，求切点坐标。

已知条件：通过圆外一点（x_1，y_1）的直线 L 与一已知圆相切，已知圆的圆心坐标为（x_2，y_2），半径为 R，求切点坐标（x_C，y_C）。

计算公式如下：

$$\Delta x=x_2-x_1$$

$$\Delta y=y_2-y_1$$

$$\alpha_1 = \arctan \frac{\Delta y}{\Delta x}$$

$$\alpha_2 = \arcsin \frac{R}{\sqrt{\Delta x^2 + \Delta y^2}}$$

$$\beta = |\alpha_1 \pm \alpha_2|$$

$$x_C = x_2 \pm R|\sin\beta|$$

$$y_C = y_2 \pm R|\cos\beta|$$

说明：计算β时，要注意β为有向角。由于过已知点（x_1，y_1）与已知圆相切的直线实际上有两条，必须根据实际问题来选择是哪一条切线，在这里用α_2前面"±"号的选取来决定要求的是哪一个切点。当已知直线L相对于基准线逆时针方向旋转时，取"+"号；顺时针方向旋转时，取"-"号，角度取绝对值不大于90°的那个角。

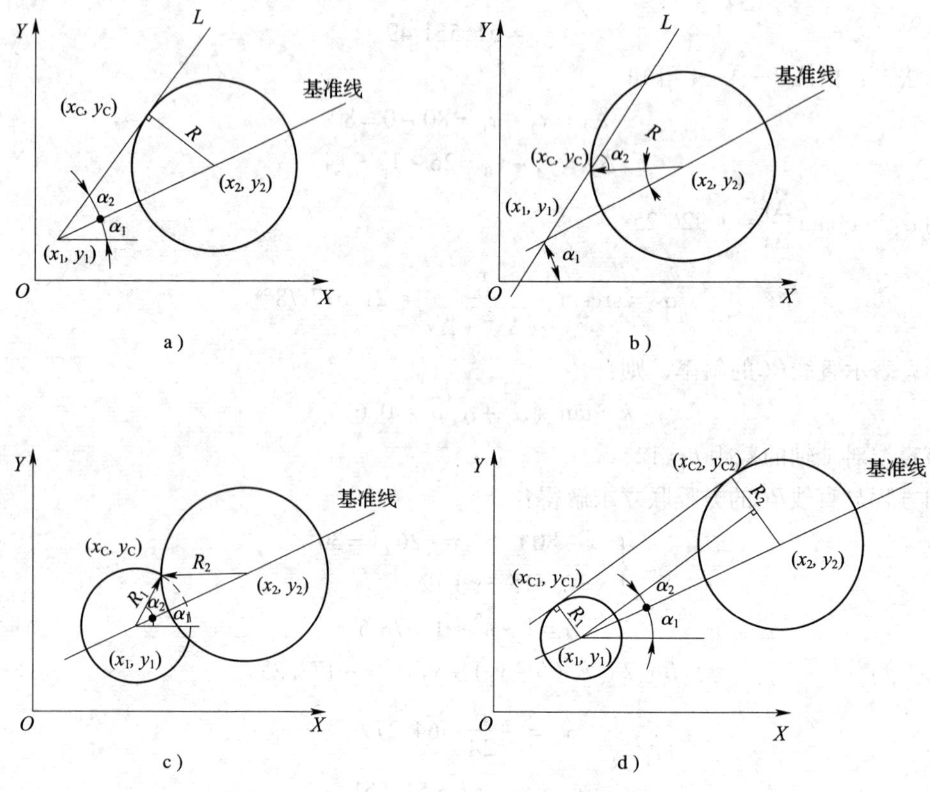

图1—4—5　基点计算的四种类型

另外，在计算（x_C，y_C）时，其"±"号的选取则取决于（x_C，y_C）相对于（x_2，y_2）所处的象限位置，如果x_C在x_2右边时取"+"号，反之取"-"号；如果y_C在y_2上边时取"+"号，反之取"-"号。

类型二：如图1—4—5b所示，直线与圆相交，求交点坐标。

已知条件：设过已知点（x_1，y_1）的直线L与X轴夹角为α_1（α_1为有向角，取角度的绝对值不大于90°范围内的那个角，已知直线相对于X轴逆时针方向旋转时为正；反之为负)，已知圆的圆心坐标为（x_2，y_2），半径为 R，求已知直线与已知圆的交点 C 的坐标（x_C，y_C）。

计算公式如下：

$$\Delta x = x_2 - x_1$$
$$\Delta y = y_2 - y_1$$
$$\alpha_2 = \arcsin\left|\frac{\Delta x\sin\alpha_1 - \Delta y\cos\alpha_1}{R}\right|$$
$$\beta = |\alpha_1 \pm \alpha_2|$$
$$x_C = x_2 \pm R|\cos\beta|$$
$$y_C = y_2 \pm R|\sin\beta|$$

类型三：如图 1—4—5c 所示，两圆相交，求交点坐标。

已知条件：两已知圆圆心坐标及半径分别为（x_1，y_1），R_1；（x_2，y_2），R_2；求交点坐标（x_C，y_C）。计算公式如下：

$$\Delta x = x_2 - x_1$$
$$\Delta y = y_2 - y_1$$
$$d = \sqrt{\Delta x^2 + \Delta y^2}$$
$$\alpha_1 = \arctan\frac{\Delta y}{\Delta x}$$
$$\alpha_2 = \arccos\frac{R_1^2 + d^2 - R_2^2}{2R_1 d}$$
$$\beta = |\alpha_1 \pm \alpha_2|$$
$$x_C = x_1 \pm R_1\cos|\beta|$$
$$y_C = y_1 \pm R_1\sin|\beta|$$

类型四：如图 1—4—5d 所示，直线与两圆相切，求切点坐标。

已知条件：两已知圆圆心坐标及半径分别为（x_1，y_1），R_1；（x_2，y_2），R_2，一直线与两圆相切，求切点坐标（x_C，y_C）。计算公式如下：

$$\Delta x = x_2 - x_1$$
$$\Delta y = y_2 - y_1$$
$$\alpha_1 = \arctan\frac{\Delta y}{\Delta x}$$
$$\alpha_2 = \arcsin\frac{R_2 \pm R_1}{\sqrt{\Delta x^2 + \Delta y^2}} \quad (R_2 > R_1)$$
$$\beta = |\alpha_1 \pm \alpha_2|$$
$$x_{C1} = x_1 \pm R_1\sin\beta$$
$$y_{C1} = y_1 \pm R_1|\cos\beta|$$

同理，$x_{C2} = x_2 \pm R_2\sin\beta$

$$y_{C2} = y_2 \pm R_2|\cos\beta|$$

思考与练习

1. 零件图的数控加工工艺分析包括哪些内容？
2. 制订数控车削加工方案有哪些常用方法？
3. 数控加工工艺处理的原则和步骤是什么？
4. 机夹可转位外圆车刀由哪几部分组成？
5. 在数控车削加工过程中，切削用量的选择应遵循什么原则？
6. 什么是基点和节点？
7. 如图 1—4—6 所示，利用三角函数法求基点及圆心坐标。
8. 如图 1—4—7 所示，利用三角函数法求基点及圆心坐标。

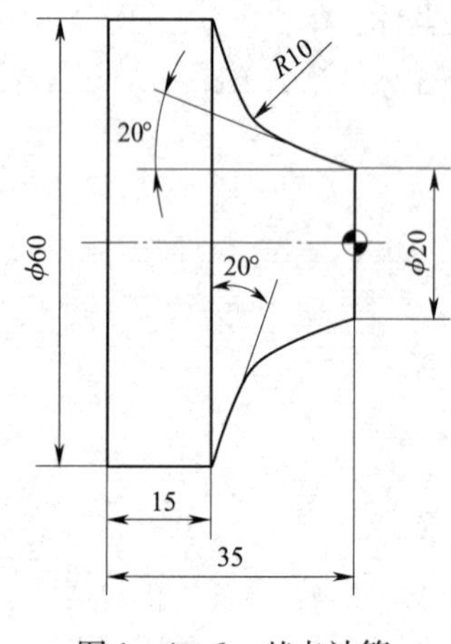

图 1—4—6　基点计算

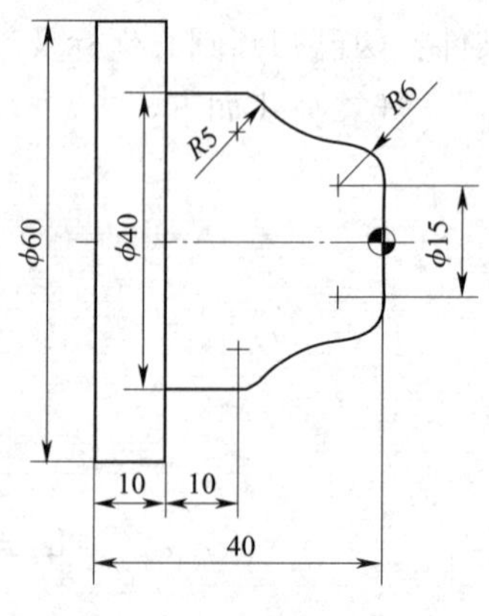

图 1—4—7　基点计算

课题 5　CAXA 数控车 2013 自动编程软件

学习目标

1. 能根据加工工艺正确选择加工参数，生成刀位轨迹。

2. 能应用绘图工具进行零件建模。

3. 能对所使用的数控系统进行机床类型设置和后置处理设置，生成加工代码。

自动编程是利用 CAD 技术进行计算机辅助设计，再利用 CAM 技术进行辅助数控编程，通过 DNC 技术传送到数控机床进行加工，从而完成整个复杂零件的数控加工过程。当前常用的 CAD/CAM 系统软件很多，如 UG、Pro/Engineer、Cimatron、MasterCam、CAXA 等，它们各有特点，各有侧重。下面以我国研制开发的全中文 CAXA 数控车 2013 自动编程软件为例，介绍 CAD/CAM 软件使用方法。

一、CAXA 数控车 2013 自动编程软件简介

CAXA 数控车 2013 基本应用界面如图 1—5—1 所示，与其他 Windows 风格的软件一样，各种应用功能通过菜单栏和工具栏驱动，状态栏指导用户进行操作并提示当前状态和所处位置，绘图区显示各种绘图操作的结果，同时，绘图区和参数栏为用户实现各功能提供数据的交互。软件系统可以实现自定义界面布局。工具栏中每一个图标都对应一个菜单命令，单击图标和单击菜单命令是一样的。

1. 窗口布置

CAXA 数控车 2013 工作窗口分为绘图区、菜单栏、工具栏、参数输入栏（进入相应功能后出现）、状态栏五个部分，如图 1—5—1 所示。

屏幕中间最大的部分是绘图区，该区用于绘制和修改图形。

菜单栏位于屏幕顶部，立即菜单位于屏幕左下方。

工具栏分为绘图工具栏、编辑工具栏、数控车功能工具栏、标准工具栏等。

状态栏位于屏幕的底部，指导用户进行操作，并提示当前状态及所处位置。

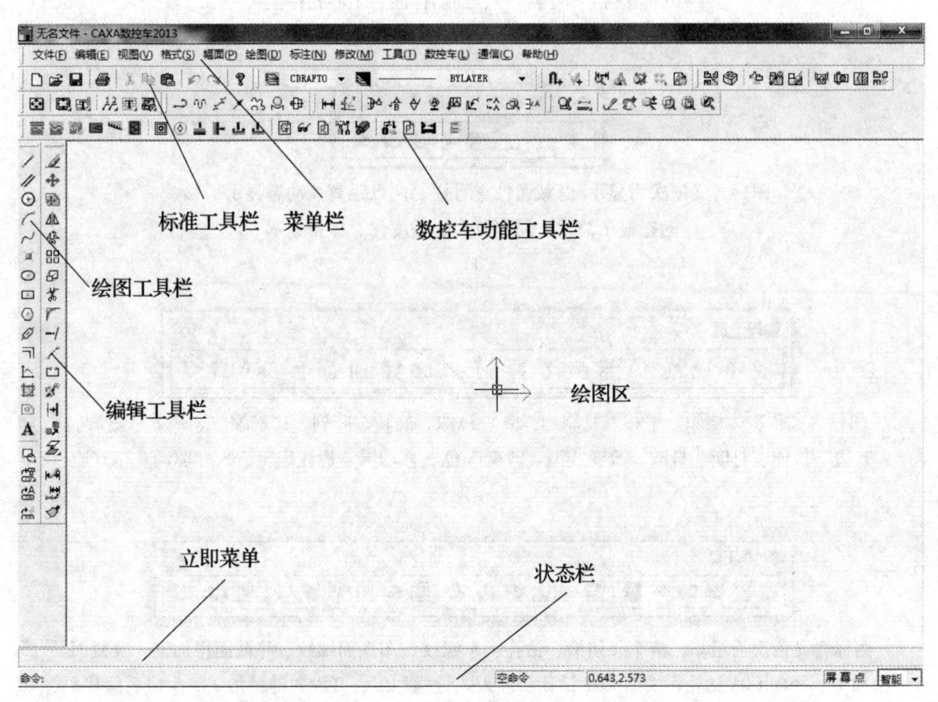

图 1—5—1　CAXA 数控车 2013 基本应用界面

2. 主菜单

主菜单包括系统的所有功能项，主要的菜单项包括文件、编辑、视图、格式、幅面、绘图、标注、修改、工具、数控车、通信、帮助。

3. 工具栏

CAXA 数控车 2013 提供的工具栏如图 1—5—2 所示，有标准工具栏、绘图工具栏、标注工具栏、常用工具栏、编辑工具栏、绘图工具栏、数控车功能工具栏等。

图标含义依次为新建、打开、保存、打印、剪切、复制、粘贴、撤销、重新执行、关于

a)

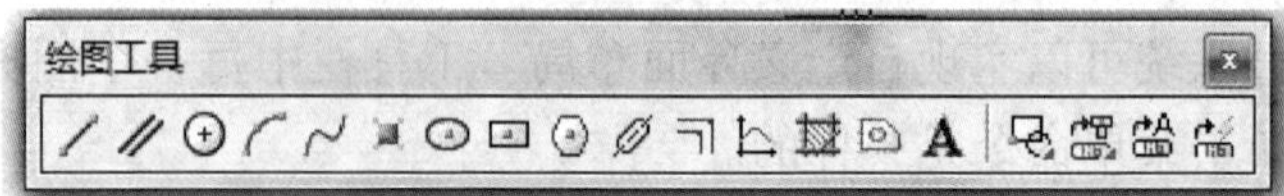

图标含义依次为直线、平行线、圆、圆弧、样条线、点、椭圆、矩形、多边形、中心线、等距线、公式曲线、剖面线、缩放、文字、块生成、提取图符、技术要求库、构件库

b)

图标含义依次为尺寸标注、坐标标注、倒角标注、引出说明、表面粗糙度、基准代号、几何公差、焊接符号、剖切标注、中心孔标注

c)

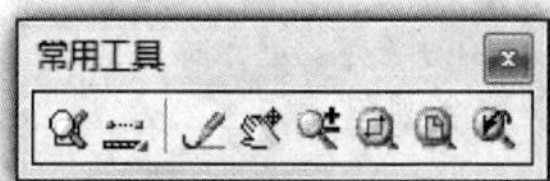

图标含义依次为显示/隐藏属性查看栏、两点距离、动态显示平移、动态显示缩放、局部放大、适度化、撤销显示

d)

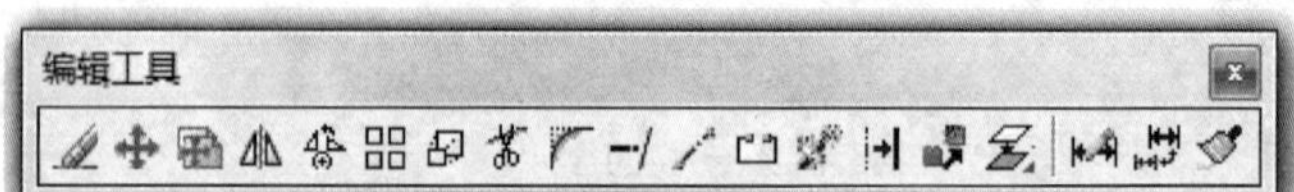

图标含义依次为删除、平移、复制选择到、镜像、旋转、阵列、比例缩放、裁剪、过渡、齐边、拉伸、打断、打散、改变线型、改变颜色、移动层、标注编辑、尺寸驱动、格式刷

e)

图标含义依次为粗车、精车、切槽、钻孔、车螺纹、车端面螺纹、等截面粗加工、等截面精加工、径向 G01 钻孔、端面 G01 钻孔、埋入式键槽加工、开发式键槽加工、生成后置代码、查看代码、代码反读、参数修改、轨迹处理、刀具库管理、后置处理、机床设置、刀具轨迹管理

f)

图 1—5—2　CAXA 数控车 2013 工具栏

a）标准工具栏　b）绘图工具栏　c）标注工具栏　d）常用工具栏　e）编辑工具栏　f）数控车功能工具栏

二、基本曲线绘制

1. 绘制直线

（1）单击绘图工具栏中的“直线”按钮 ╱ 。

（2）单击立即菜单“1”，在立即菜单的上方弹出一个直线类型的选项菜单，菜单中的每一项都相当于一个转换开关，负责直线类型的切换。直线类型选项菜单如图1—5—3所示。在选项菜单中单击“两点线”。

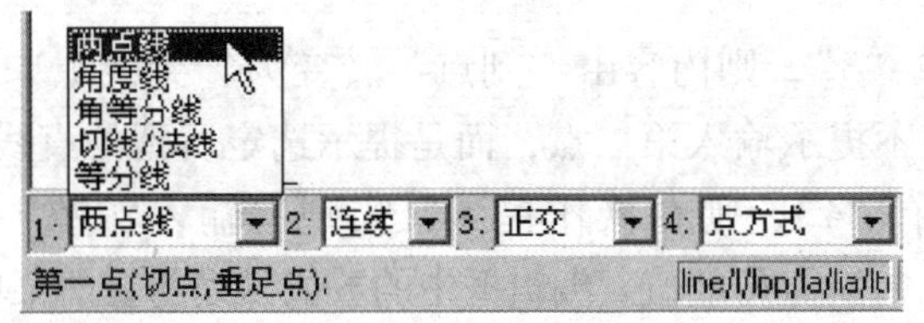

图1—5—3　绘制直线立即菜单

（3）单击立即菜单“2”，则该项内容由“连续”变为“单个”，其中“连续”表示每段直线段相互连接，前一段直线段的终点为下一段直线段的起点，而“单个”是指每次绘制的直线段相互独立，互不相关。

（4）单击立即菜单“3”，该项内容由“非正交”变为“正交”，它表示下面要画的直线为正交线段。“正交线段”是指与坐标轴平行的线段。数控车2008新增加了F8键可以切换是否正交。

（5）按立即菜单的条件和提示要求，用鼠标指针拾取两点，则一条直线被绘制出来。为了准确地作出直线，用户最好使用键盘输入两个点的坐标或距离。

（6）此命令可以重复进行，用鼠标右键终止此命令。

2. 绘制平行线

（1）单击绘图工具栏中的“平行线”按钮 。

（2）单击立即菜单“1”，可以选择“偏移”方式或“两点”方式。

（3）选择“偏移”方式后，单击立即菜单“2”，其内容由“单向”变为“双向”，在双向条件下可以画出与已知线段平行、长度相等的双向平行线段。当在单向模式下，用键盘输入距离时，系统首先根据十字光标在所选线段的哪一侧来判断绘制线段的位置。

（4）选择两点方式后，可以单击立即菜单“2”来选择“点方式”或“距离方式”，根据系统提示即可绘制相应的线段。

（5）按照以上描述，选择“偏移”方式用鼠标指针拾取一条已知线段。拾取后，该提示改为“输入距离或点”。在移动鼠标指针时，一条与已知线段平行并且长度相等的线段被拖动。待位置确定后，单击鼠标左键，一条平行线段被画出。也可用键盘输入一个距离数值，两种方法的效果相同。

3. 绘制角度线

（1）单击绘图工具栏中的“直线”按钮 。

（2）如图1—5—4所示，单击立即菜单“1”，从中选取“角度线”方式。

（3）单击立即菜单“2”，弹出如图1—5—4所示的立即菜单，用户可选择夹角类型。如果选择“直线夹角”，则表示画一条与已知直线段夹角为指定度数的直线段，此时操作提示变为“拾取直线”，待拾取一条已知直线段后，再输入第一点和第二点即可。

1: 角度线 2: X轴夹角 3: 到点 4:度=45 5:分=0 6:秒=0
第一点(切点):

图 1—5—4　绘制角度线立即菜单

（4）单击立即菜单“3”，则内容由“到点”转变为“到线上”，即指定终点位置是在选定直线上，此时系统不提示输入第二点，而是提示选定所到的直线。

（5）单击立即菜单“4”，则在操作提示区出现“输入实数”的提示。要求用户在（-360°，360°）间输入一所需角度值。编辑框中的数值为当前立即菜单所选角度的缺省值。

（6）按提示要求输入第一点，则屏幕画面上显示该点标记。此时，操作提示改为“输入长度或第二点”。如果由键盘输入一个长度数值并按回车键，则一条按用户刚设定的值而确定的直线段被绘制出来。如果是移动鼠标指针，则一条绿色的角度线随之出现。待鼠标指针位置确定后，按下左键则立即画出一条给定长度和倾角的直线段。

（7）本操作也可以重复进行，用鼠标右键可终止本操作。

4. 绘制圆弧

（1）单击绘图工具栏中的“圆弧”按钮 。

（2）如图 1—5—5 所示，单击立即菜单“1”，则在其上方弹出一个表明圆弧绘制方法的选项菜单，菜单中的每一项都是一个转换开关，负责对绘制方法进行切换。在菜单项中选择“三点圆弧”。

（3）按提示要求指定第一点和第二点，与此同时，一条过上述两点及过鼠标指针所在位置的三点圆弧已经被显示在画面上，移动鼠标指针，正确选择第三点位置，并单击鼠标左键，则一条圆弧线被绘制出来。在选择这三个点时，可灵活运用工具点、智能点、导航点、栅格点等功能。用户还可以直接用键盘输入点坐标。

（4）此命令可以重复进行，用鼠标右键可终止此命令。

首先选择画“三点圆弧”方式，当系统提示第一点时，按空格键弹出工具点菜单，单击“切点”，然后按提示拾取直线，再指定圆弧的第二点、第三点后，圆弧绘制完成。

绘制圆弧的其他几种方式可按照立即菜单提示完成操作。

5. 绘制圆

（1）单击绘图工具栏中的“圆”按钮 。

（2）如图 1—5—6 所示，单击立即菜单“1”，弹出绘制圆的各种方法的选项菜单，其中每一项都为一个转换开关，可对不同的画圆方法进行切换，这里可选择“圆心_半径”“两点”“三点”“两点_半径”等选项。

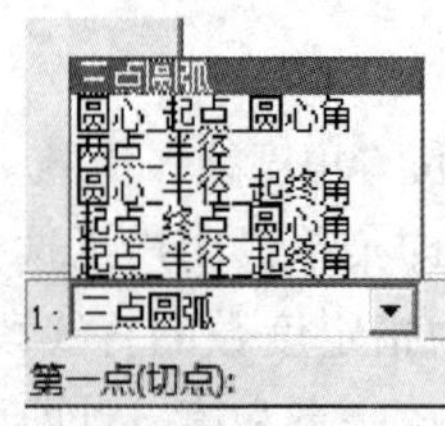

图 1—5—5　绘制圆弧线立即菜单

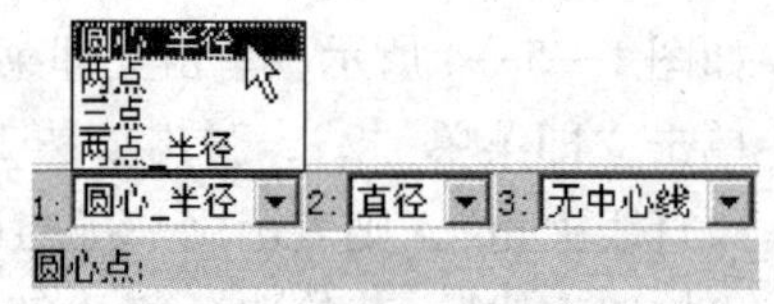

图 1—5—6　绘制圆立即菜单（1）

（3）按提示要求输入圆心，提示变为“输入半径或圆上一点”。此时，可以直接由键盘输入所需半径数值，并按回车键；也可以移动鼠标指针，确定圆上的一点，并单击鼠标左键。

（4）若用户单击立即菜单“2”，则显示内容由“半径”变为“直径”，则输入完圆心后，系统提示变为“输入直径或圆上一点”，用户由键盘输入的数值为圆的直径。

（5）此命令可以重复操作，按鼠标右键可结束操作。

（6）根据不同的绘图要求，可在立即菜单中选择是否出现中心线，系统默认为无中心线。如图 1—5—7 所示，此命令在圆的绘制中均可选择。

1: 圆心_半径 2: 直径 3: 有中心线 4: 中心线延长长度 3

图 1—5—7　绘制圆立即菜单（2）

6. 绘制矩形

（1）单击绘图工具栏中的“矩形”按钮 。

（2）若在立即菜单“1”中选择“两角点”选项，则可按提示要求，用鼠标指定第一角点和第二角点。在指定第二角点的过程中，一个不断变化的矩形已经出现，待选定好位置，单击鼠标左键，这时，一个用户期望的矩形被绘制出来。用户也可直接从键盘输入两角点的绝对坐标或相对坐标，如第一角点坐标为（20，15），矩形的长为 36 mm、宽为 18 mm，则第二角点绝对坐标为（56，33），相对坐标为“@36，18”。不难看出，在已知矩形的长和宽，且使用“两角点”方式时，用相对坐标要简单一些。

（3）若在立即菜单“1”中选择“长度和宽度”选项，则在原有位置弹出一个新的立即菜单，如图 1—5—8 所示。

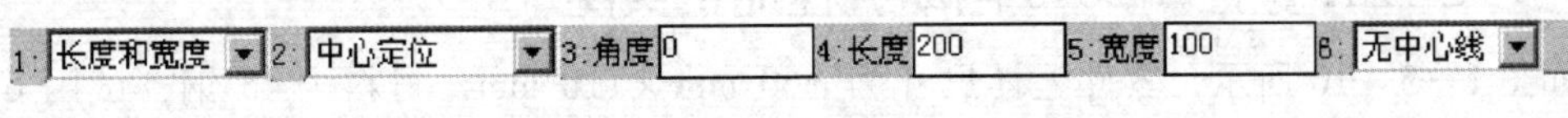

图 1—5—8　绘制矩形立即菜单

这个立即菜单表明用长度和宽度为条件绘制一个以中心定位、倾角为 0°，长度为 200 mm、宽度为 100 mm 的矩形。用户按提示要求指定一个定位点，则一个满足上述要求的矩形被绘制出来。在操作过程中，用户会发现，在定位点尚未确定前，一个矩形已经出现，且随鼠标指针的移动而移动，一旦定位点指定，即以该点为中心，绘制出长度为 200 mm、宽度为 100 mm 的矩形。

（4）单击上述立即菜单中的“2”，则该处的显示由“中心定位”切换为“顶边中点”定位，即以矩形顶边的中点为定位点绘制矩形。

（5）单击上述立即菜单中的“3”（角度）、“4”（长度）、“5”（宽度），均可出现新提示“输入实数”。用户可按操作顺序分别输入倾斜角度、长度和宽度的参数值，以确定待画新矩形的条件。

（6）此命令可以重复操作，按鼠标右键可结束操作。

7. 绘制椭圆

（1）单击绘图工具栏中的“椭圆”按钮 。

（2）如图 1—5—9 所示，在屏幕下方弹出的立即菜单的含义是以定位点为中心画一个旋转角为 0°、长半轴为 100 mm、短半轴为 50 mm 的整个椭圆，此时，用鼠标或键盘输入一个定位点。一旦位置确定，椭圆即被绘制出来。用户会发现，在移动鼠标指针确定定位点时，一个长半轴为 100 mm、短半轴为 50 mm 的椭圆随鼠标指针的移动而移动。

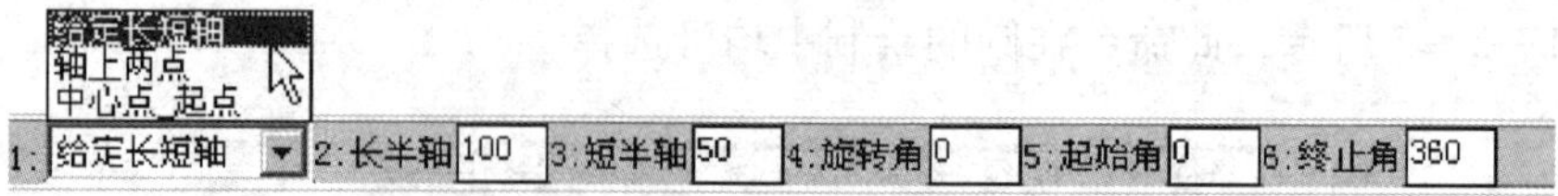

图 1—5—9 绘制椭圆立即菜单

（3）如果单击立即菜单中的“2”（长半轴）或“3”（短半轴），按系统提示用户可重新定义待画椭圆的长半轴和短半轴的值。

（4）如果单击立即菜单中的“4”（旋转角），用户可输入旋转角度，以确定椭圆的方向。

（5）如果单击立即菜单中的“5”（起始角）和“6”（终止角），用户可输入椭圆的起始角和终止角，当起始角为 0°、终止角为 360°时，所画的为整个椭圆，当改变起始角、终止角时，所画的为一段从起始角开始、到终止角结束的椭圆弧。

（6）如果在立即菜单“1”中选择“轴上两点”，则系统提示用户输入一个轴的两端点，然后输入另一个轴的长度，用户也可通过拖动鼠标指针来决定椭圆的形状。

（7）如果在立即菜单“1”中选择“中心点_起点”，则用户应输入椭圆的中心点和一个轴的端点（即起点），然后输入另一个轴的长度，也可通过拖动鼠标指针来决定椭圆的形状。

三、CAXA 数控车 2013 自动编程加工实例

如图 1—5—10 所示，零件毛坯尺寸为 ϕ60 mm × 110 mm，材料为 45 钢，试用 CAXA 数控车 2013 编程加工该零件。

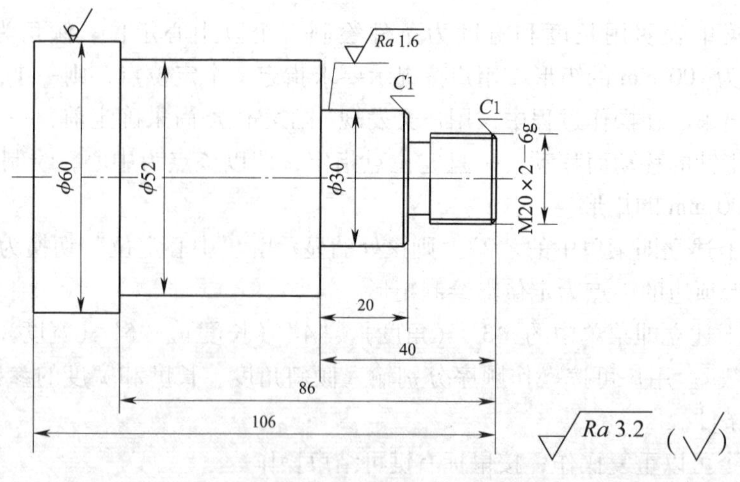

图 1—5—10 典型轴类零件图

1．外轮廓粗加工

（1）绘制粗加工毛坯轮廓，如图 1—5—11 所示。

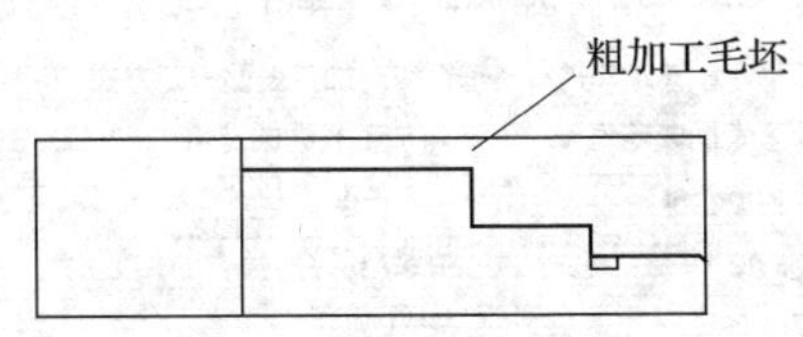

图 1—5—11　绘制粗加工毛坯轮廓

（2）单击轮廓粗车按钮，弹出“粗车参数表”对话框，如图 1—5—12 ~ 图 1—5—15 所示。

（3）填写加工参数表，如图 1—5—12 所示；填写进退刀方式参数表，如图 1—5—13 所示；填写切削用量参数表，如图 1—5—14 所示；填写轮廓车刀参数表，如图 1—5—15 所示。

（4）单击 确定 按钮，系统提示栏显示“拾取定义的毛坯”，按空格键，选择【单个拾取】，依次拾取加工轮廓线，如图 1—5—16 所示。

（5）单击鼠标右键，系统提示栏显示“拾取定义的毛坯”，依次拾取毛坯轮廓线，如图 1—5—17 所示。

（6）单击鼠标右键，系统提示栏显示“输入退刀点”，输入退刀点坐标“X100，Z100”，按回车键，生成外轮廓粗加工轨迹，如图 1—5—18 所示。

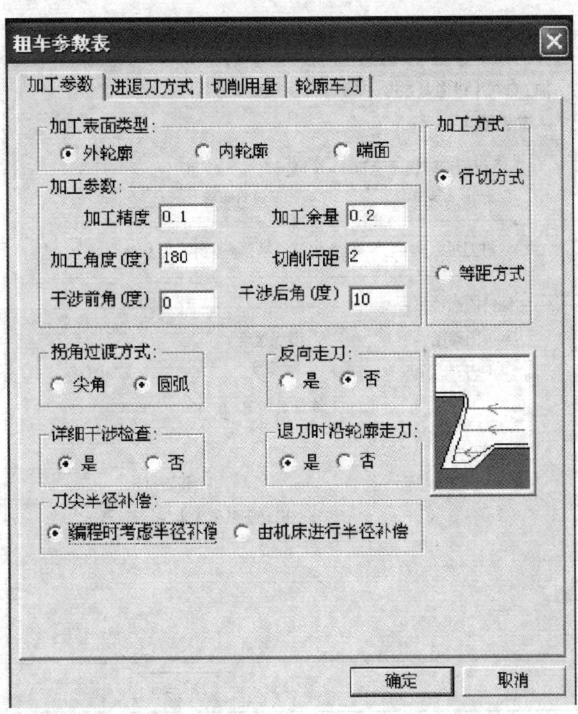

图 1—5—12　加工参数表

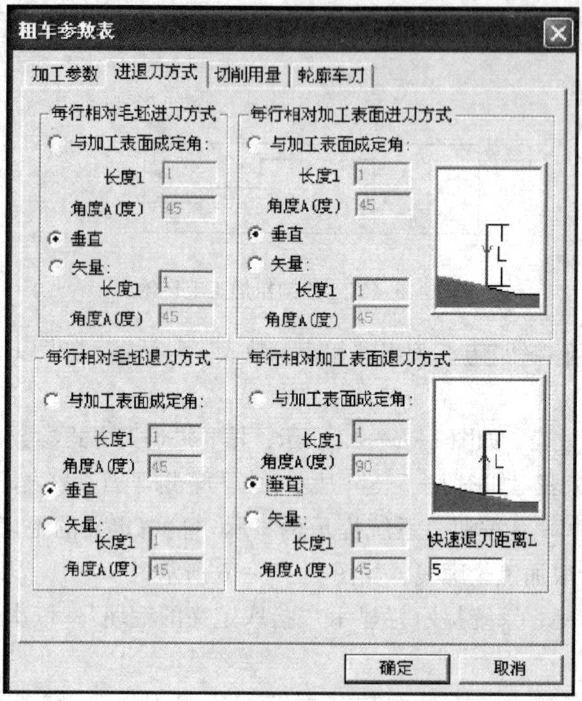

粗车参数表

加工参数 | 进退刀方式 | 切削用量 | 轮廓车刀

每行相对毛坯进刀方式
与加工表面成定角:
长度l 1
角度A(度) 45
垂直
矢量:
长度l 1
角度A(度) 45

每行相对加工表面进刀方式
与加工表面成定角:
长度l 1
角度A(度) 45
垂直
矢量:
长度l 1
角度A(度) 45

每行相对毛坯退刀方式
与加工表面成定角:
长度l 1
角度A(度) 45
垂直
矢量:
长度l 1
角度A(度) 45

每行相对加工表面退刀方式
与加工表面成定角:
长度l 1
角度A(度) 90
垂直
矢量:
长度l 1
角度A(度) 45
快速退刀距离L 5

确定 取消

图 1—5—13 进退刀方式参数表

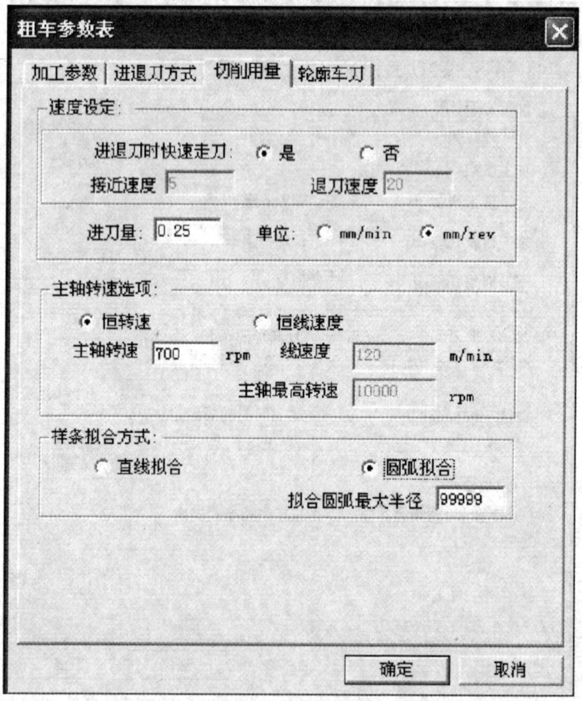

粗车参数表

加工参数 | 进退刀方式 | 切削用量 | 轮廓车刀

速度设定:
进退刀时快速走刀: 是 否
接近速度 5 退刀速度 20
进刀量: 0.25 单位: mm/min mm/rev

主轴转速选项:
恒转速 恒线速度
主轴转速 700 rpm 线速度 120 m/min
主轴最高转速 10000 rpm

样条拟合方式:
直线拟合 圆弧拟合
拟合圆弧最大半径 99999

确定 取消

图 1—5—14 切削用量参数表

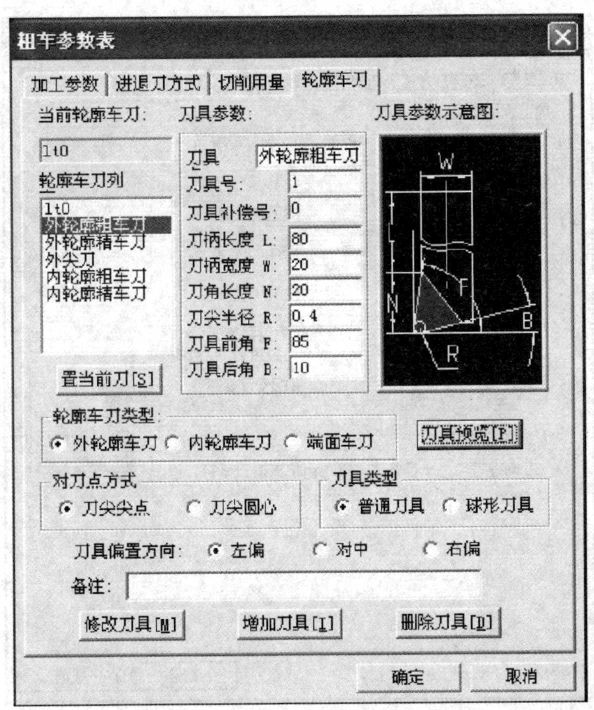

图 1—5—15　轮廓车刀参数表

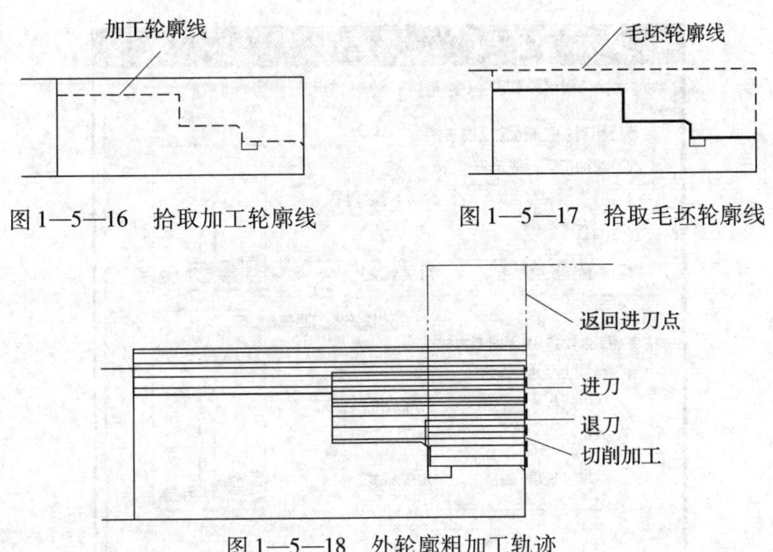

图 1—5—16　拾取加工轮廓线

图 1—5—17　拾取毛坯轮廓线

图 1—5—18　外轮廓粗加工轨迹

（7）将粗车轨迹线隐藏。

2. 外轮廓精加工

（1）单击精加工按钮 ，弹出“精车参数表”对话框，如图 1—5—19 ~ 图 1—5—22 所示。

（2）填写加工参数表，如图 1—5—19 所示；填写进退刀方式参数表，如图 1—5—20 所示；填写切削用量参数表，如图 1—5—21 所示；填写轮廓车刀参数表，如图 1—5—22 所示。

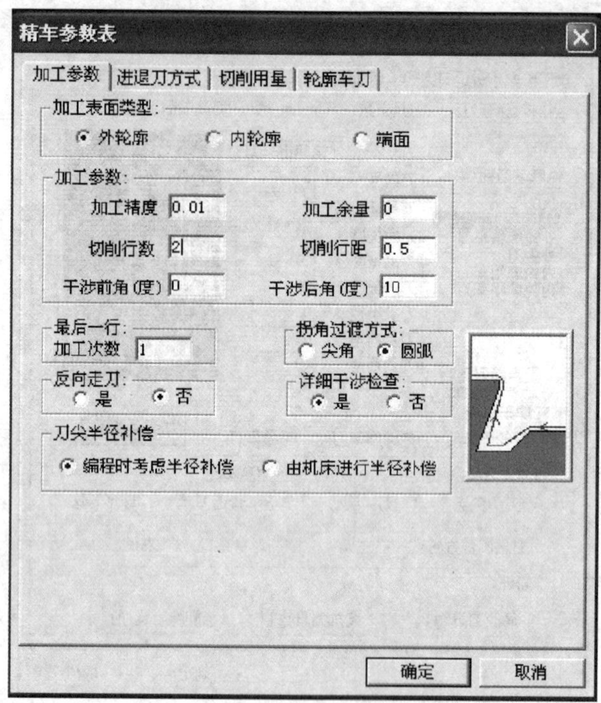

图 1—5—19　加工参数表

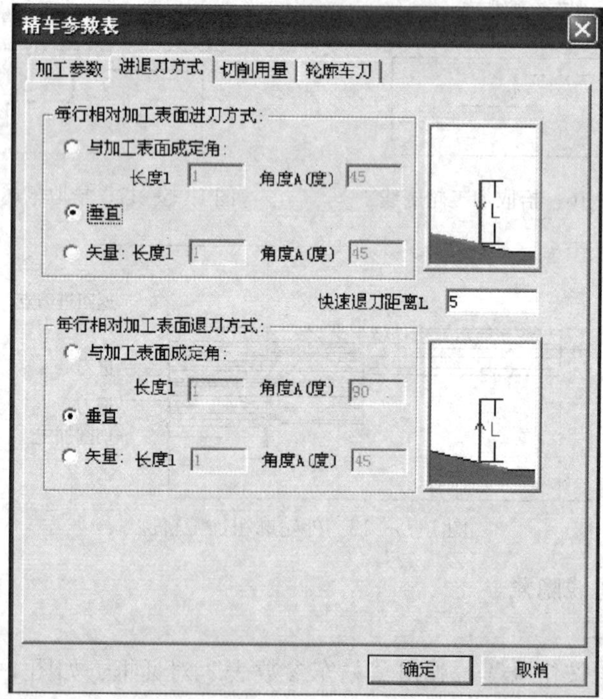

图 1—5—20　进退刀方式参数表

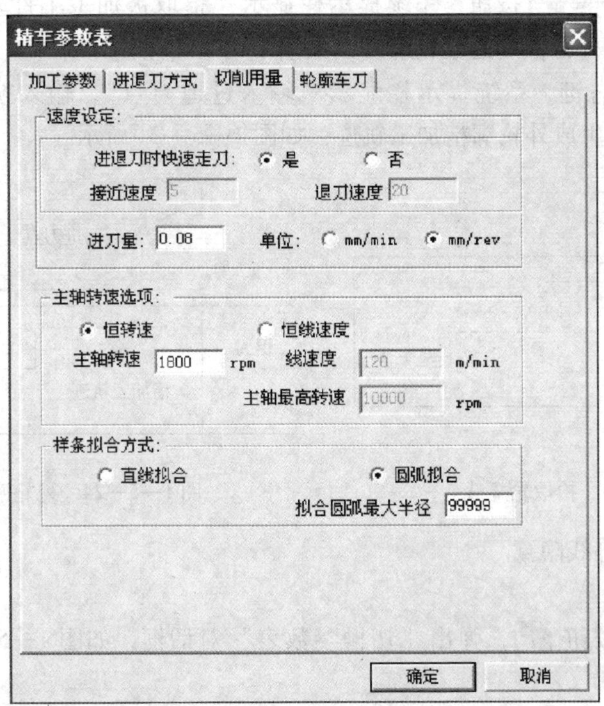

图 1—5—21 切削用量参数表

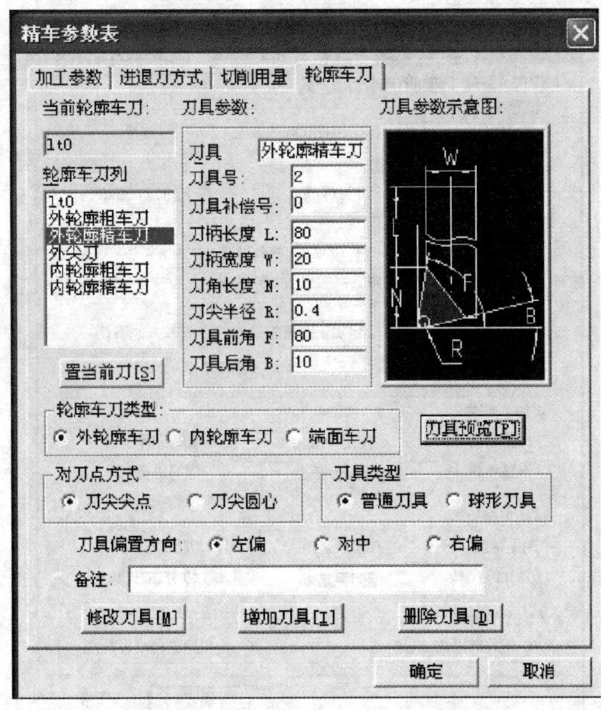

图 1—5—22 轮廓车刀参数表

（3）单击 确定 按钮，系统提示栏显示“拾取被加工工件表面轮廓”，按空格键，选择【单个拾取】，依次拾取轮廓线，如图 1—5—23 所示。

（4）单击鼠标右键，系统提示栏显示“输入进退刀点”，输入换刀点坐标“X100，Z100”，按回车键，生成外轮廓精加工轨迹，如图 1—5—24 所示。

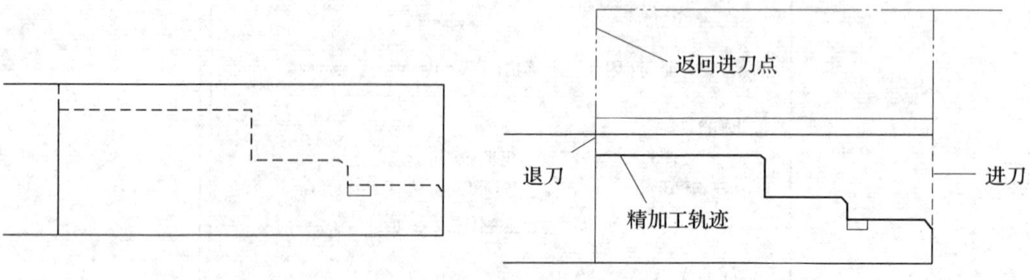

图 1—5—23　拾取轮廓线　　图 1—5—24　外轮廓精加工轨迹

（5）将精车轨迹线隐藏。

3. 外沟槽加工

（1）单击切槽按钮，弹出“切槽参数表”对话框，如图 1—5—25 ~ 图 1—5—27 所示。

（2）填写切槽加工参数表，如图 1—5—25 所示；填写切削用量参数表，如图 1—5—26 所示；填写切槽刀具参数表，如图 1—5—27 所示。

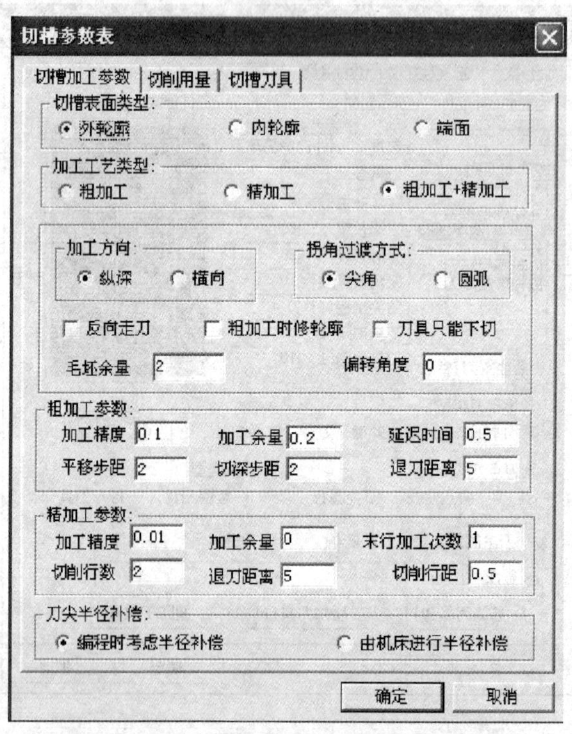

图 1—5—25　切槽加工参数表

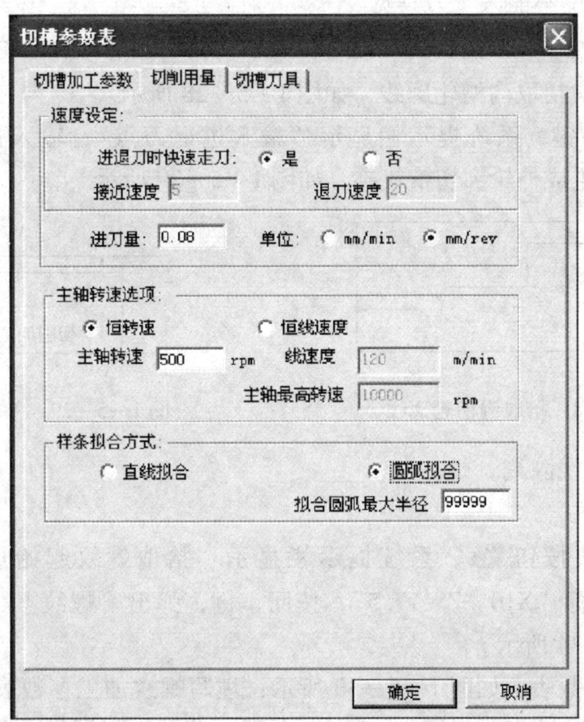

图 1—5—26　切削用量参数表

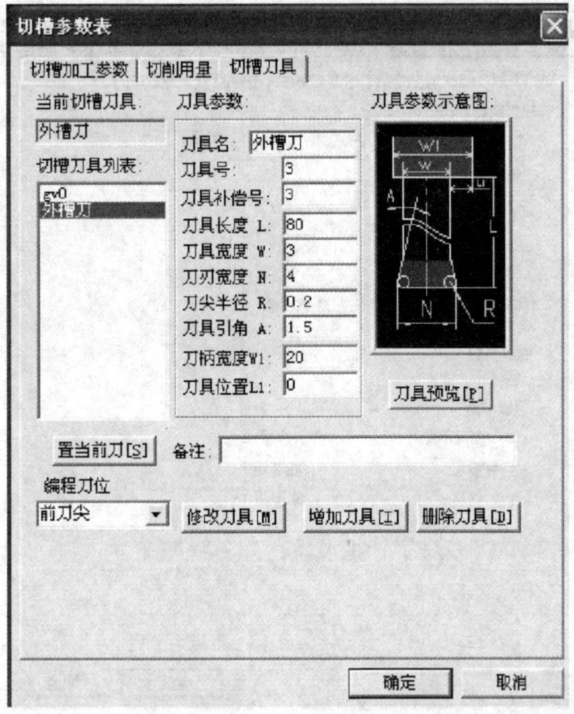

图 1—5—27　切槽刀具参数表

注意：切削刃宽度不能大于刀具宽度。

（3）单击 确定 按钮，系统提示栏显示“拾取被加工表面轮廓”，按空格键，选择【单个拾取】，依次拾取沟槽轮廓线，如图1—5—28所示。

（4）单击鼠标右键，系统提示栏显示“输入进退刀点”，输入换刀点坐标“X100，Z100”，按回车键，生成外轮廓切槽轨迹，如图1—5—29所示。

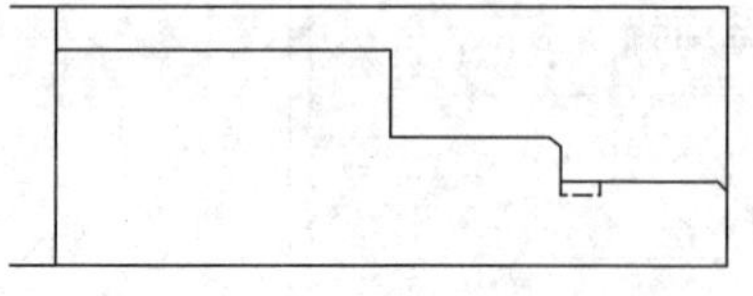

图1—5—28　拾取沟槽轮廓线

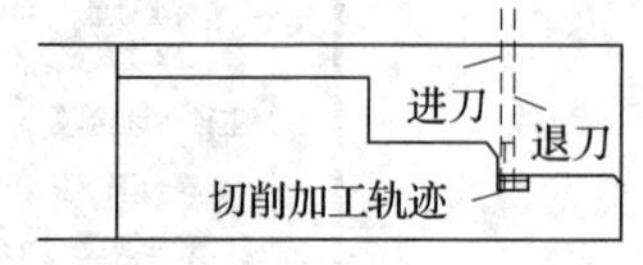

图1—5—29　外轮廓切槽轨迹

（5）将切槽轨迹线隐藏。

4. 加工外螺纹

（1）单击车螺纹按钮，系统提示栏显示“拾取螺纹起始点”，输入起点坐标“X10，Z5”，终点坐标“X10，Z－17.5”，按回车键，弹出“螺纹参数表”对话框，如图1—5—30～图1—5—34所示。

（2）填写螺纹参数表，如图1—5—30所示；填写螺纹加工参数表，如图1—5—31所示；填写进退刀方式参数表，如图1—5—32所示；填写切削用量参数表，如图1—5—33所示；填写螺纹车刀参数表，如图1—5—34所示。

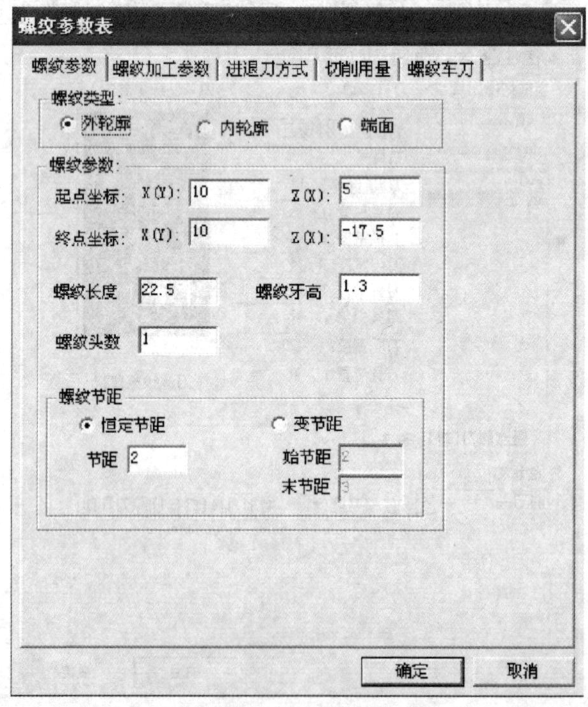

图1—5—30　螺纹参数表

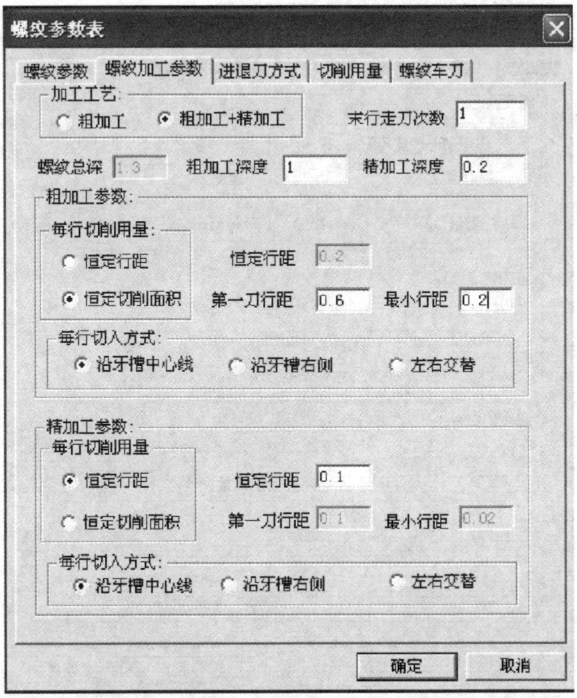

螺纹参数表
螺纹参数
螺纹加工参数
进退刀方式
切削用量
螺纹车刀
加工工艺:
粗加工
粗加工+精加工
末行走刀次数
1
螺纹总深
1.3
粗加工深度
1
精加工深度
0.2
粗加工参数:
每行切削用量:
恒定行距
恒定行距
0.2
恒定切削面积
第一刀行距
0.6
最小行距
0.2
每行切入方式:
沿牙槽中心线
沿牙槽右侧
左右交替
精加工参数:
每行切削用量
恒定行距
恒定行距
0.1
恒定切削面积
第一刀行距
0.1
最小行距
0.02
每行切入方式:
沿牙槽中心线
沿牙槽右侧
左右交替
确定
取消

图 1—5—31　螺纹加工参数表

螺纹参数表
螺纹参数
螺纹加工参数
进退刀方式
切削用量
螺纹车刀
粗加工进刀方式:
垂直
矢量:
长度
1
角度(度)
45
粗加工退刀方式:
垂直
矢量:
长度
1
角度(度)
45
快速退刀距离
5
精加工进刀方式:
垂直
矢量:
长度
1
角度(度)
45
精加工退刀方式:
垂直
矢量:
长度
1
角度(度)
45
确定
取消

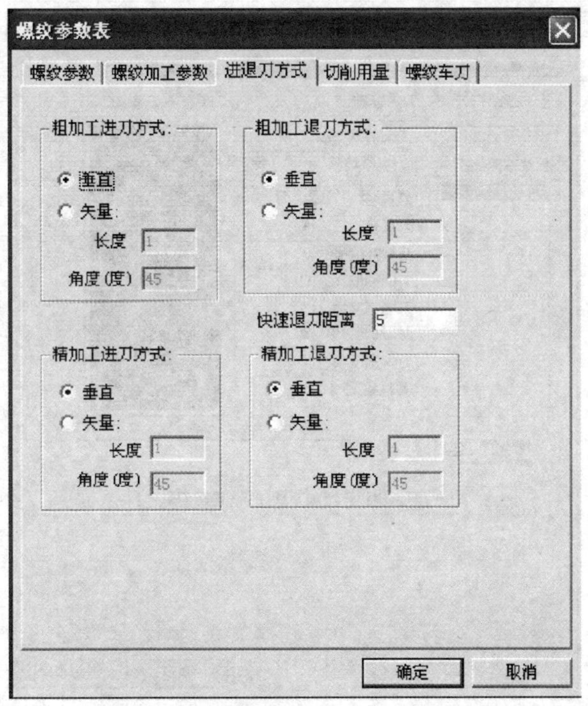

图 1—5—32　进退刀方式参数表

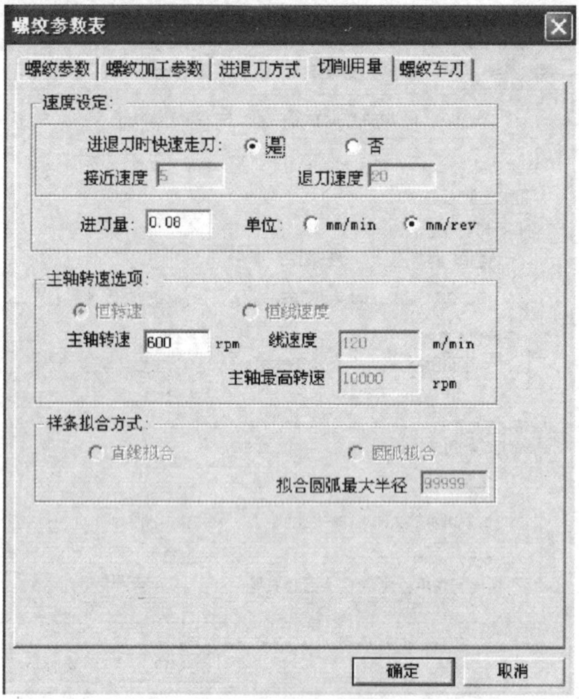

螺纹参数表
螺纹参数
螺纹加工参数
进退刀方式
切削用量
螺纹车刀
速度设定:
进退刀时快速走刀:
是
否
接近速度
5
退刀速度
20
进刀量:
0.08
单位:
mm/min
mm/rev
主轴转速选项:
恒转速
恒线速度
主轴转速
600
rpm
线速度
120
m/min
主轴最高转速
10000
rpm
样条拟合方式:
直线拟合
圆弧拟合
拟合圆弧最大半径
99999
确定
取消

图 1—5—33　切削用量参数表

螺纹参数表
螺纹参数
螺纹加工参数
进退刀方式
切削用量
螺纹车刀
当前螺纹车刀:
刀具参数:
刀具参数示意图:
sc0
螺纹车刀列表:
外螺纹刀
sc0
刀具种类:
米制螺纹
刀具名:
外螺纹刀
刀具号:
4
刀具补偿号:
0
刀柄长度 L:
60
刀柄宽度 W:
20
刀刃长度 N:
20
刀尖宽度 B:
0.1
刀具角度 A:
60
W
N
A
B
置当前刀[S]
备注:
修改刀具[M]
增加刀具[I]
删除刀具[D]
确定
取消

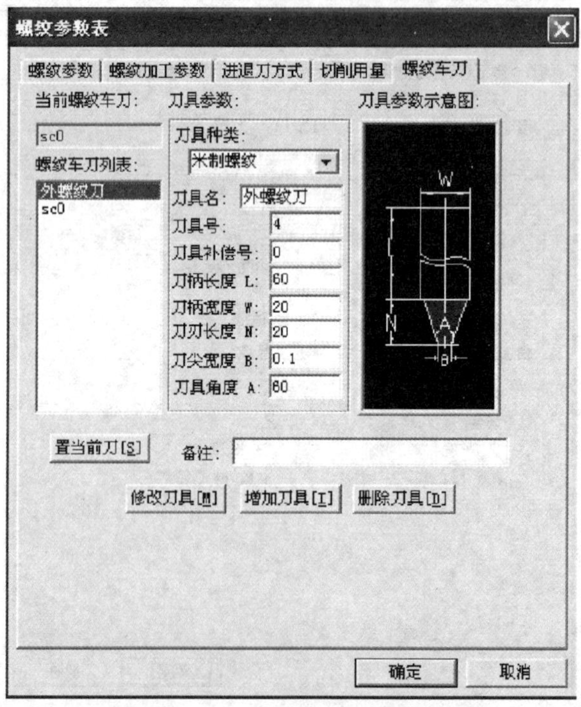

图 1—5—34　螺纹车刀参数表

（3）单击 确定 按钮，系统提示栏显示“输入进退刀点”，输入换刀点坐标“X100，Z100”，按回车键，生成外螺纹加工轨迹，如图1—5—35所示。

5. 后处理生成加工代码（NC代码）

（1）如图1—5—36所示，单击主菜单中“数控车”的“代码生成”，在“生成后置代码”对话框中选择数控系统并确定生成代码的文件名，单击“确定”按钮，如图1—5—37所示。

（2）依次拾取要生成程序的刀具轨迹，单击鼠标右键即可生成程序代码。

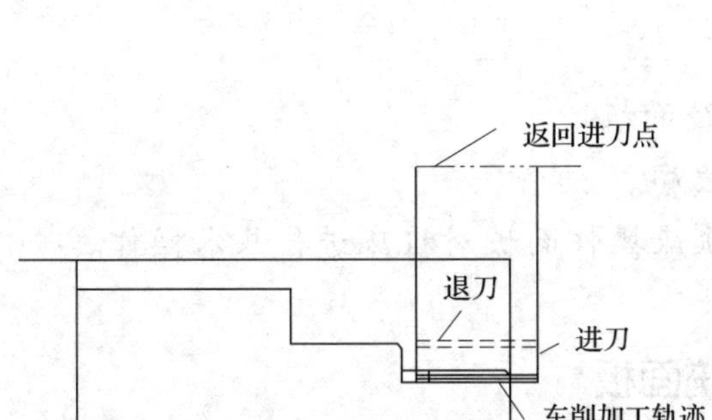

图1—5—35　外螺纹加工轨迹

图1—5—36　选择“代码生成”

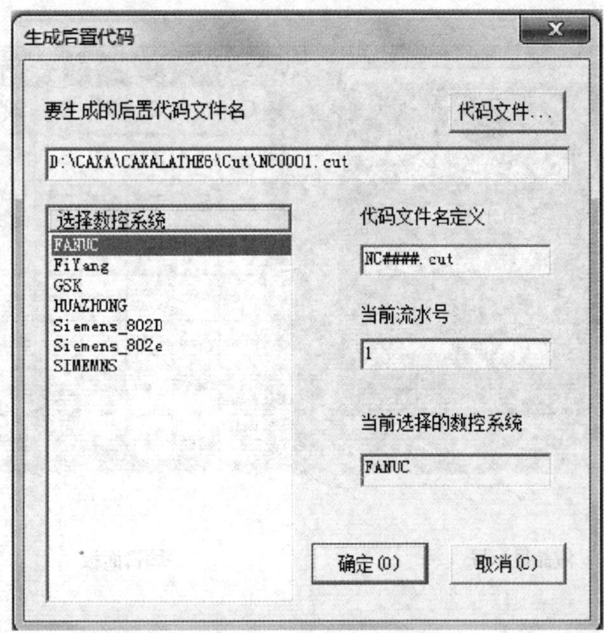

图1—5—37　选择数控系统

模块二 数控车床操作、维护与保养

课题1 FANUC 0i Mate－TD 数控车床面板介绍

学习目标

1. 熟悉 FANUC 0i Mate－TD 系统面板。
2. 能通过系统面板输入并编辑程序。
3. 熟悉机床操作面板，能通过机床操作面板对机床进行基本操作。

一、FANUC 0i Mate－TD 系统面板

FANUC 0i Mate－TD 系统面板如图 2—1—1 所示，系统面板分为液晶显示屏和编辑面板两大区域，编辑面板又分为 MDI 键盘和功能键。

图 2—1—1 FANUC 0i Mate－TD 系统面板

如图 2—1—2 所示为编辑面板上各键的名称和位置分布，具体的功能键及其功能见表 2—1—1。

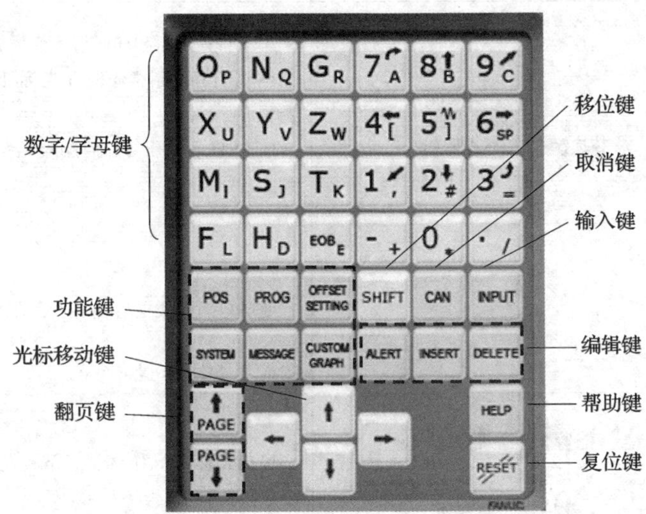

图 2—1—2　编辑面板

表 2—1—1　　　　　　　　　　**编辑面板功能键说明**

名称	功能键图标	功能
数字/字母键		用于输入数字或字母，输入时自动识别所输入的是字母还是数字 其中，EOB 键为回车换行键，编辑程序时输入“;”换行
功能键	POS　PROG　OFFSET SETTING SYSTEM　MESSAGE　CUSTOM GRAPH	POS：切换 CRT 到机床位置界面 PROG：切换 CRT 到程序管理界面 OFFSET SETTING：用于进行刀具补偿数据的显示与设定 SYSTEM：用于显示系统画面 MESSAGE：用于显示提示信息 CUSTOM GRAPH：用于显示图形画面
移位键	SHIFT	某些键的顶部有两个字符，用此键进行选择
取消键	CAN	删除输入区的最后一个字符
输入键	INPUT	把输入区域内的数据输入参数页面或者输入一个外部的数控程序

续表

名称	功能键图标	功能
编辑键	ALERT INSERT DELETE 替换键 插入键 删除键	ALERT：编辑程序时修改光标块的内容 INSERT：编辑程序时在光标处插入内容，或者插入新程序 DELETE：编辑程序时删除光标块的程序内容，或者删除程序
翻页键	PAGE PAGE	使屏幕向前或向后翻一页，在检查程序和诊断时用
光标移动键		控制光标在操作区上、下、左、右移动，在修改程序或参数时用
帮助键	HELP	显示如何操作机床，可在 CNC 发生报警时提供报警信息
复位键	RESET	用来对 CNC 进行复位或清除报警信息

二、机床操作面板

如图 2—1—3 所示为 FANUC 0i Mate－TD 系统数控车床的机床操作面板。机床操作面板功能介绍见表 2—1—2。

图 2—1—3　机床操作面板

表 2—1—2　　机床操作面板功能介绍

按键	名称	功能
	电源开关	系统电源开关，包括“控制器通电”和“控制器断电”两个按钮
	机床准备	打开驱动开关
	程序保护	程序保护锁
	紧急停止	紧急停止按钮
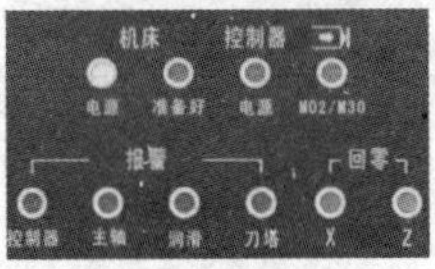	指示灯	状态指示灯
	跳步	当此按钮按下时，程序中的“/”有效
	单步	将此按钮打开后，运行程序时每次执行一条数控指令
	空运行	当此按键按下时，程序中的插补运动均以快速运行方式执行

续表

按键	名称	功能
MST→ MST锁定	MST 锁定	当此按键按下时，程序中 MST 功能被锁定
机床锁定	机床锁定	当此按键按下时，机床被锁定，不能执行运动
选择停	选择停	当此按钮按下时，程序中的“M01”代码有效
内外卡盘	内外卡盘	通过此按键选择内、外卡盘方式
F1 F2 F3	自定义	厂家自定义按键（该机床未定义）
冷却	冷却	当此按键按下时，冷却泵打开
手动润滑	手动润滑	当此按键按下时，可以开启润滑加油装置
排屑	排屑	当此按键按下时，开启排屑器
工作灯	工作灯	当此按键按下时，打开工作灯
刀库 正转 反转	刀库	此按键手动控制刀架正、反转

续表

<table>
<tr><th>按键</th><th>名称</th><th colspan="2">功能</th></tr>
<tr><td> </td><td>顶尖</td><td colspan="2">此按键控制顶尖前后移动</td></tr>
<tr><td rowspan="9"> 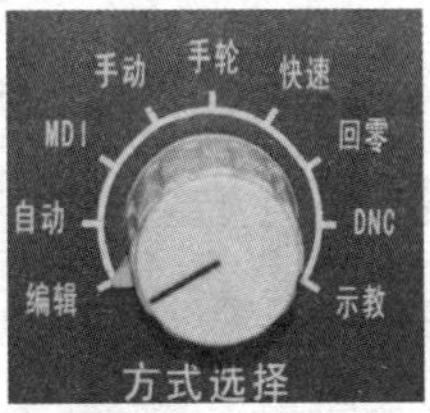</td><td rowspan="9">方式选择</td><td>示教</td><td>进入示教模式</td></tr>
<tr><td>DNC</td><td>进入 DNC 模式，输入、输出资料</td></tr>
<tr><td>回零</td><td>进入回零模式，机床首先必须执行回零操作，然后才可以运行</td></tr>
<tr><td>快速</td><td>进入手动快速移动模式</td></tr>
<tr><td>手轮</td><td>进入手轮模式</td></tr>
<tr><td>手动</td><td>进入手动模式，连续移动机床</td></tr>
<tr><td>MDI</td><td>进入 MDI 模式，手动输入并执行指令</td></tr>
<tr><td>自动</td><td>进入自动加工模式</td></tr>
<tr><td>编辑</td><td>进入编辑模式，用于直接通过操作面板输入数控程序和编辑程序</td></tr>
<tr><td> </td><td>进给倍率</td><td colspan="2">此旋钮用于调整手动进给或自动加工过程中的插补进给速度</td></tr>
<tr><td> </td><td>主轴倍率</td><td colspan="2">此旋钮用于调整主轴转速</td></tr>
<tr><td> </td><td>程序启动</td><td colspan="2">程序运行开始，“方式选择”旋钮在“自动”或“MDI”位置时按下有效，其余模式下使用无效</td></tr>
<tr><td> </td><td>进给保持</td><td colspan="2">程序运行暂停，在程序运行过程中，按下此按钮运行暂停，再按“START”从暂停的位置开始执行</td></tr>
</table>

续表

按键	名称	功能
	点动步长选择	×1、×10、×100 分别代表移动量为 0.001 mm、0.01 mm、0.1 mm；F0、25%、50%、100% 分别设定快速手动进给速度
	主轴控制	控制主轴正转、停止、反转
	进给轴选择	通过该按键选择 X 或 Z 进给轴
	手动进给	机床进给轴正向或负向移动
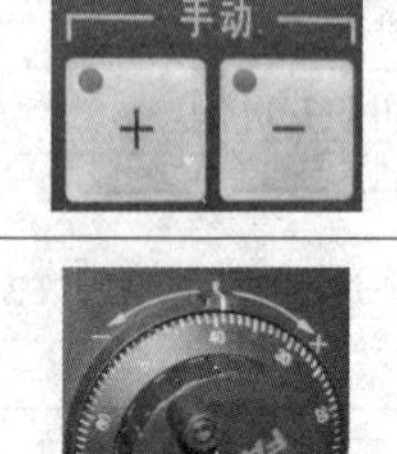	手轮	当“方式选择”开关旋至手轮方式时，转动该手轮可以控制机床的进给轴运动

思考与练习

1. 简述机床系统面板和机床操作面板上各按键和按钮的功能。
2. 机床操作面板上的“方式选择”旋钮可以选择哪些操作方式？

课题 2　数控车床基本操作

学习目标

1. 能熟练操作机床（包括开机、关机、回零、手动操作等）。
2. 掌握 MDI 输入、程序编辑、刀具参数设置、自动加工等机床操作方法。

一、开机与关机

开机时首先打开机床电气柜电源开关，然后按下机床操作面板的“控制器通电”按钮，打开机床电源；检查“急停”按钮是否至松开状态，若未松开，旋转“急停”按钮，将其松开；再按“机床准备”按钮，开启机床电源。

关机步骤与开机步骤相反：按“复位键”复位系统→按下“急停”按钮→按下机床操

作面板上的“控制器断电”按钮→关闭机床总电源。

二、回零操作

回零又称回机床参考点，开机后，首先必须进行回零操作，其目的是建立机床坐标系。其操作方法有以下两种：

1．手动方式

将“方式选择”旋钮旋至“回零”状态，按“轴选择X”键，再按“手动+”键，则X轴回至参考点；按“轴选择Z”键，再按“手动+”键，则Z轴回至参考点。

2．MDI操作

将“方式选择”旋钮旋至“MDI”状态，进入MDI操作界面，输入“G28 U0 W0;”，再按“程序启动”按钮即可。

注意：在回零操作前，确保当前位置为参考点的负方向一段距离。一般在回零操作时，为了安全，应先回X轴，再回Z轴。

三、手动操作

1．手动/连续方式

将机床操作面板上“方式选择”旋钮旋至手动状态，机床进入手动操作模式。通过“轴选择”按钮，选择需要移动的X或Z坐标轴，按“手动”按钮，控制轴的正、负方向的移动。

2．手轮操作

刀架的运动可以通过手轮来实现。在微动、对刀、精确移动刀架等操作中使用此功能。通过“轴选择”按钮选择要移动的轴，通过手轮的转动实现刀架的移动。

将机床操作面板上“方式选择”旋钮旋至手轮状态，系统进入手轮操作方式。

（1）按下“轴选择”按钮中的X或Z，选择需要移动的坐标轴方向。

（2）移动速度由“手轮快速倍率”按钮中的×1、×10、×100进行调节，选择合适的倍率。

选择“×1”时，手轮每转动一格，相应的坐标轴移动0.001 mm。

选择“×10”时，手轮每转动一格，相应的坐标轴移动0.01 mm。

选择“×100”时，手轮每转动一格，相应的坐标轴移动0.1 mm。

（3）旋转“手轮”就可精确控制机床进给轴的移动。坐标轴的移动方向由手轮的转向控制，顺时针转动手轮，坐标轴向正方向移动；逆时针转动手轮，坐标轴向负方向移动。

四、MDI操作

MDI方式又称数据输入方式，它具有从机床操作面板输入一个程序段或指令并执行该程序段或指令的功能。常用于启动主轴、换刀、对刀等操作中。

操作步骤如下：

1．将机床操作面板上“方式选择”旋钮旋至MDI状态，进入MDI方式。在MDI键盘上按“PROG”键，进入编辑页面。

2．按“程序启动”按钮运行程序。用“RESET”可以清除输入的数据。

五、程序编辑和修改

在编辑方式下，可以对程序进行编辑和修改。

1. 显示程序存储器的内容

（1）将“方式选择”旋钮旋转至“编辑”状态。

（2）按“PROG”键显示“程式（PROGRAM）”画面。

（3）按【LIB】软键，屏幕显示如图2—2—1所示。

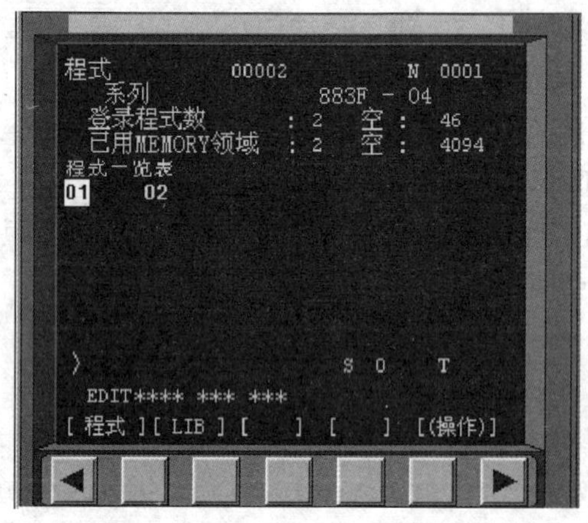

图2—2—1 显示存储器内容

2. 输入新的加工程序

操作步骤如下：

（1）将“方式选择”旋钮旋至“编辑”状态。

（2）按“PROG”键显示“程式（PROGRAM）”画面。

（3）输入程序名O0001，按“INSERT”键确认，建立一个新的程序号，屏幕显示如图2—2—2所示。接下来即可输入程序的内容。

（4）每输入一个程序句后按“EOB”键表示语句结束，然后按“INSERT”键将该语句输入。输入结束，屏幕显示如图2—2—3所示。

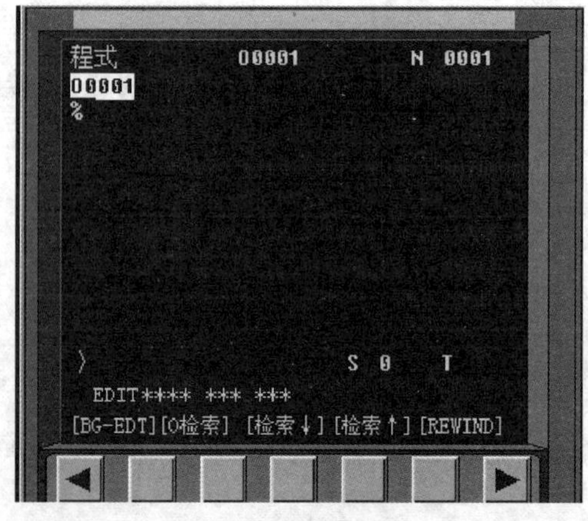

图2—2—2 建立新程序号

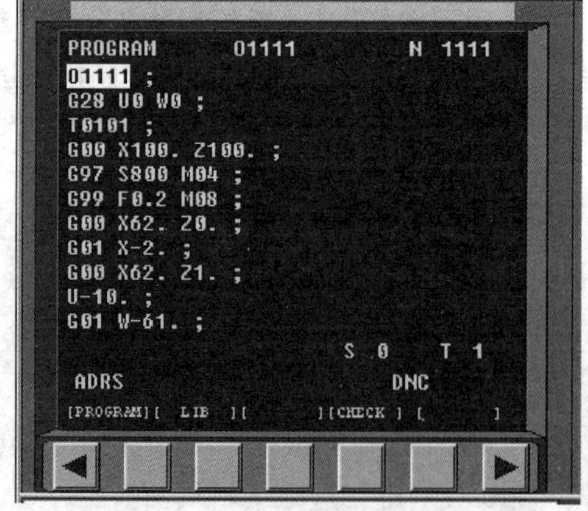

图2—2—3 程序输入显示

3. 编辑程序

(1) 检索程序

1）将“方式选择”旋钮旋至“编辑”状态。

2）按“PROG”键，屏幕显示“程式”画面。

3）输入要检索的程序号（如 O0100），如图 2—2—4 所示。

4）按【O 检索】软键，即可调出所要检索的程序。

(2) 检索程序段（语句）

检索程序段需在已检索出程序的情况下进行。

1）输入要检索的程序段号，如 N6。

2）按【检索↓】软键，光标即移至所检索的程序段 N6 所在的位置，如图 2—2—5 所示。

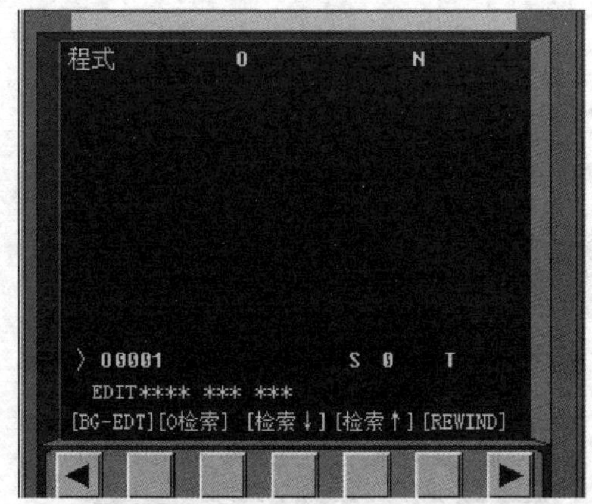

图 2—2—4 输入待检索的程序号

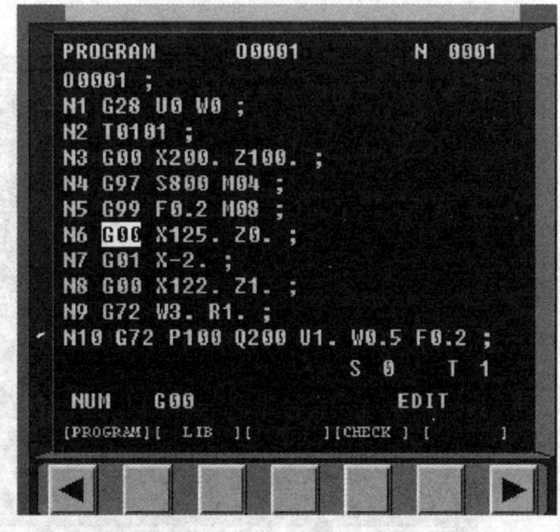

图 2—2—5 检索程序

(3) 检索程序中的字

1）输入所需检索的字 Z－10.0。

2）以光标当前的位置为准，向前面程序检索时，按【检索↑】软键；向后面程序检索时，按【检索↓】软键。光标移至所检索的字第一次出现的位置。

(4) 字的修改

例如，将 Z－10.0 改为 Z1.0。

1）将光标移至 Z－10.0 位置（可用检索方法）。

2）输入要改变的字 Z1.0，如图 2—2—6 所示。

3）按“ALERT”键，Z1.0 将 Z－10.0 替换，如图 2—2—7 所示。

(5) 删除字

例如，欲将程序“N8 G00 X122.0 Z1.0;”中的 Z1.0 删除。

1）将光标移至要删除的字 Z1.0 位置，如图 2—2—8 所示。

2）按“DELETE”键，Z1.0 被删除，光标自动向后移，如图 2—2—9 所示。

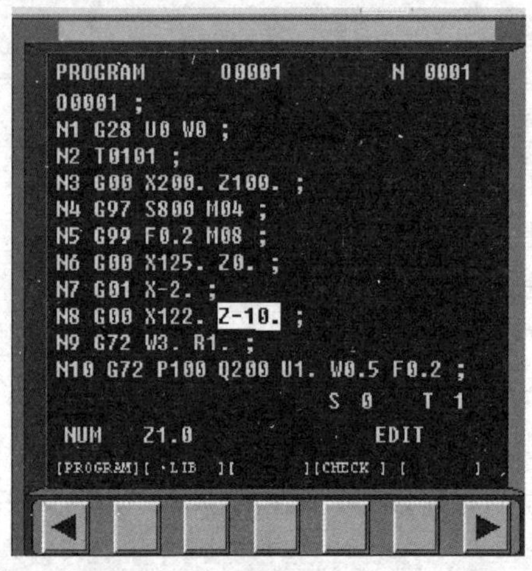

图 2—2—6 输入指令字

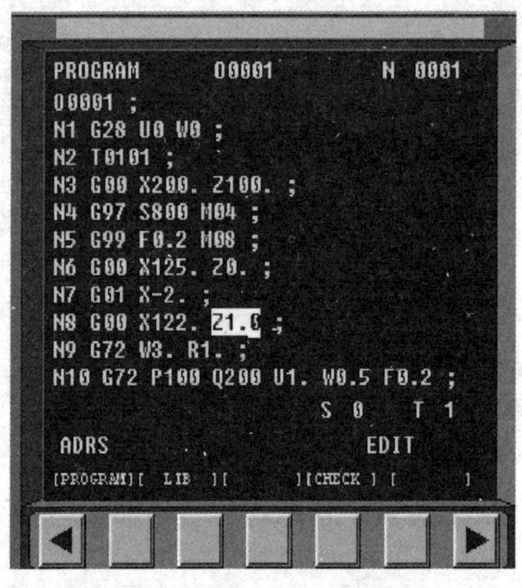

图 2—2—7 替换指令字

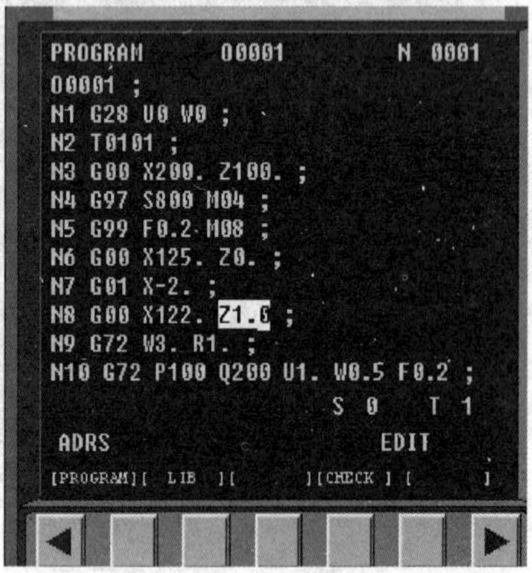

图 2—2—8 要删除的字

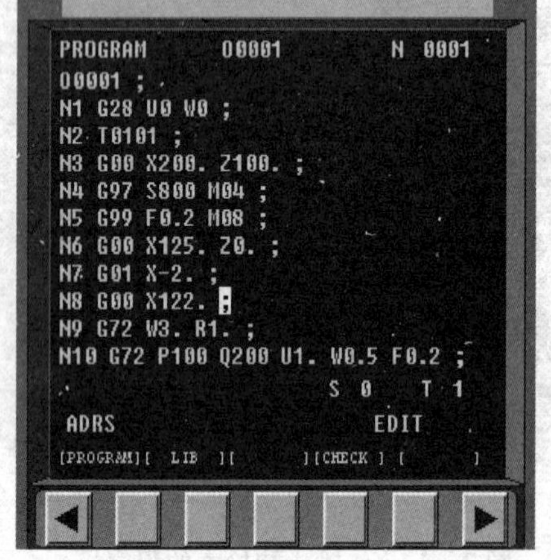

图 2—2—9 将指令字删除

(6) 删除程序段

例如，欲删除以下程序段：

O0100;

N1 G50 S3000;

…

1）将光标移至要删除的程序段第一个字 N1 处。

2）按“EOB”键。

3）按“DELETE”键，即删除了整个程序段。

(7) 插入字

例如，欲在程序段“G01 Z20.0;”中插入 X 10.0，将其改为“G01 X10.0 Z20.0;”。

1）将光标移至要插入字的前一个字的位置（G01）处。

2）键入 X10.0。

3）按“INSERT”键，插入完成，程序段变为“G00 X10.0 Z20.0;”。

（8）删除程序

例如，欲删除程序号为 O0100 的程序。

1）将“方式选择”旋钮旋至“编辑”状态。

2）按“PROG”键选择显示“程序”画面。

3）输入要删除的程序号 O0100。

4）按“DELETE”键将程序 O0100 删除。

六、刀具参数设置

刀具参数设置如图 2—2—10 所示，假设为 1 号刀。

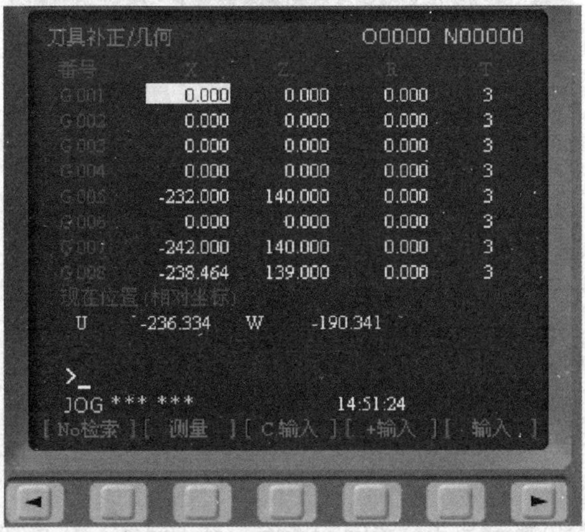

图 2—2—10　刀补参数画面显示图

对 *X* 轴：先车工件端面，按  ，按软菜单键【形状】，在刀补号 G001 中输入“Z0”，按软菜单键【测量】，则 *Z* 坐标方向设置好。

对 *Z* 轴：试切外圆一刀，沿 *Z* 轴方向退刀，停主轴，测量工件直径（假设测量值为 ϕ42. 36 mm），然后按  ，按软菜单键【形状】，在刀补号 G001 中输入“X42. 36”，按软菜单键【测量】，则 *X* 坐标方向设置好。

如果有多把刀要对刀，则其余刀具以同样的方法，分别接触外圆和端面，设置同样的数据并测量即可。

七、自动加工

数控车床在启动、程序编辑、刀具安装、工件安装和找正、对刀等一系列操作后，便可进入自动加工状态，完成工件最终的实际切削加工。循环运行启动时，还可以利用机床的相关功能，对加工程序、数据设置等进行进一步全面的检查和校验，以确保自动加工时零件的加工质量和机床的安全运行。

1. 自动加工的启动

（1）将“方式选择”旋钮旋至“自动”状态。

（2）按“PROG”键，输入要运行的程序号，按光标下移键打开程序。

（3）按复位键“RESET”将程序复位，光标指向程序的开头，如图 2—2—11 所示。

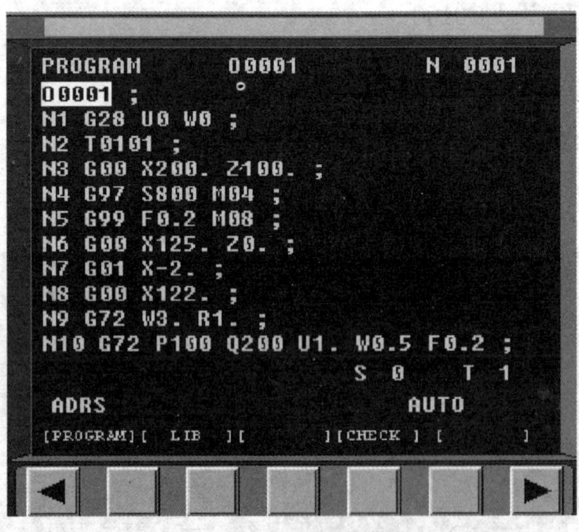

图 2—2—11　自动加工前的状态

（4）按循环启动键，自动循环运行。

2. 自动加工

在自动加工状态下按“功能选择键”中不同的方式按钮，可以选择进入不同的控制状态。

（1）跳步

自动加工时，系统可跳过某些指定的程序段，称为跳步。在自动运行过程中，按“跳步”按钮，使跳步功能有效，机床将在运行中跳过带有跳步符号“/”的程序段向下执行程序。如在某程序段首加上“／”（如 /N4 G97……），且在机床操作面板上按下“跳步”按钮，则在自动加工时，N4、N5 两句程序段被跳过不执行，如图 2—2—12 所示；而当“跳步”开关释放时，“／”不起作用，该段程序被正常执行。

（2）单步加工

在自动加工试切时，出于安全考虑，可选择单段执行加工程序的功能。在自动运行中，按“单步”按钮，使单步运行有效，机床在执行完一个程序段后停止，每按一次数控启动键，仅执行一个程序段的动作，可使加工程序逐段执行。

（3）空运行

自动加工启动前，不将工件或刀具装上机床，而是进行机床空运转，以检查程序的正确性。按“空运行”按钮，使空运行有效，此时按“程序启动”按钮，机床忽略程序指定的进给速度，空运转时的进给速度与程序无关，按系统设定快速运行程序，此操作常与机床锁定功能一起用于程序的校验，不能用于加工零件。

（4）MST 锁定

在自动执行程序时，若按下“MST 锁定”按钮，可以锁定程序中的 M、S、T 功能，即程序中的 M、S、T 指令将不能执行任何动作。

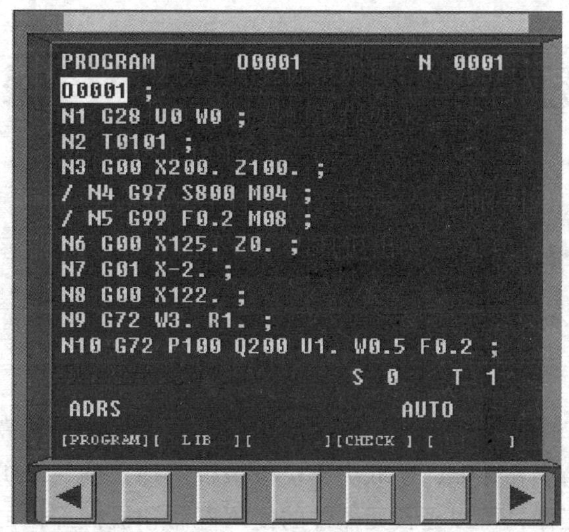

图 2—2—12　跳步状态

(5) 机床锁定

在自动执行程序时，若按下“机床锁定”按钮，可以锁定所有进给轴，只能运行程序，但机床不会有任何进给动作。

通常，可以在空运行状态将“MST 锁定”和“机床锁定”功能设置为有效，在图形轨迹显示面板上检查运行轨迹，以校验程序的正确性。

(6) 图形轨迹显示

对于有图形模拟加工功能的数控车床，在自动加工前，为避免程序错误、刀具碰撞工件或卡盘，可对整个加工过程进行图形模拟加工，检查刀具轨迹是否正确。在自动运行过程中，按下图形“GRAPH”键可以进入程序轨迹图形模拟状态（见图 2—2—13），在显示屏上显示程序运行轨迹，以便对所使用的程序进行检验。

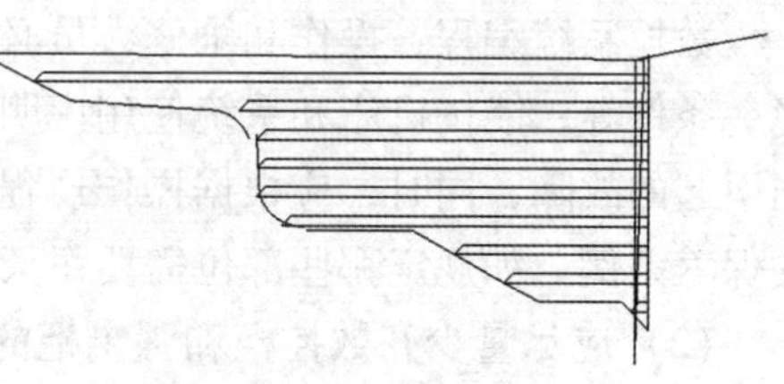

图 2—2—13　轨迹图形

3. 自动加工的停止

在自动加工过程中，除程序指令中的暂停（M00）、程序结束（M02、M30）等指令可以使自动运行停止外，操作者还可以使用操作面板上的“进给保持”按钮、“急停”按钮、复位键等功能来中断或停止机床的自动加工。

思考与练习

1. 怎样在 FANUC 0i 系统中输入一个新的程序？
2. 数控车床的回零方法具体有哪些？
3. 数控车床加工零件时为什么要对刀？试述试切法对刀的过程。
4. 如何进行程序和程序段的检索？

课题3　数控车床的日常维护与保养

学习目标

1. 了解数控车床的日常维护要求及维护方法。
2. 熟悉数控车床的安全文明生产要求。
3. 了解数控车床常见故障及排除方法。

在生产中，数控车床能否达到加工精度高、产品质量稳定、提高生产效率的目标，不仅取决于机床本身的精度和性能，还取决于设备是否得到正确的维护和保养。做好数控车床的日常维护与保养工作，可以延长元器件的使用寿命和机械部位的磨损周期，防止意外恶性事故的发生，使数控车床达到良好的技术性能，长时间稳定工作。

一、数控车床日常维护

1. 数控车床日常维护注意事项

数控系统日常维护与保养的要求在数控系统的使用、维修说明书中一般都有明确的规定。总的来说要注意以下几点：

(1) 制定数控系统日常维护的规章制度

数控系统编程、操作和维修人员必须经过专门的技术培训，熟悉机床及系统的使用环境、条件等，能按机床和系统使用说明书的要求正确、合理地使用，应尽量避免因操作不当引起的故障；同时，应根据操作规程的要求，针对数控系统各种部件的特点，确定各自的保养条例。如规定哪些部位需要每天清理，哪些部件要定时加油或定期更换等。

(2) 应尽量少开数控柜和强电柜的门

除进行必要的调整和维修外，不允许随时开启数控柜和强电柜门，更不允许加工时敞开柜门，以防现场的油雾、飘浮的灰尘甚至金属粉末落在数控装置内的印制电路板或电子元器件上，引起元器件间绝缘电阻下降并导致元器件及印制电路板的损坏。

(3) 定时清理数控装置的散热通风系统

每次使用前，应检查数控装置上各个冷却风扇工作是否正常，以防数控装置内温度过高（一般不允许超过55℃），致使数控系统不能可靠工作，甚至发生过热报警现象。

(4) 定期检查和更换直流电动机电刷

在现代数控机床上，虽然有用交流伺服电动机和交流主轴电动机取代直流伺服电动机和直流主轴电动机的倾向，但使用的直流电动机仍占较大比例。直流电动机电刷的过度磨损将会影响电动机的性能，甚至造成电动机损坏。为此，应对电动机电刷进行定期检查和更换。检查周期随机床使用频率而异，一般为每半年或一年检查一次。

(5) 经常监视数控装置用的电网电压

数控装置通常允许电网电压在额定值的±（10%～15%）范围内波动，如果超出此范围就会导致系统不能正常工作，甚至会引起数控系统内电子部件的损坏。

(6) 存储器用的电池需要定期更换

存储器如采用 CMOS RAM 器件，为了在数控系统突然停电时能保持存储的内容，备有可充电电池维持电路。在正常电源供电时，由 +5 V 电源经一个二极管向 CMOS RAM 供电，同时对可充电电池进行充电；当电源停电时，则改由电池供电维持 CMOS RAM 的信息。在一般情况下，即使电池未失效，也应每年更换一次，以确保系统能正常工作，电池的更换应在 CNC 装置通电状态下进行，以防数据丢失。

(7) 数控系统长期不用时的维护

为提高系统的利用率，减少系统的故障率，数控机床长期闲置不用是不可取的。若数控系统处在长期闲置的情况下，需注意以下两点：一是要经常给系统通电，特别是在环境湿度较高的梅雨季节更是如此。在机床锁住的情况下，让系统空运行，利用电气元件本身的发热来驱散数控装置内的潮气，保证电子元件及部件的性能稳定、可靠。实践证明，在空气湿度较大的地区，经常通电是降低故障率的一大有效措施。二是如果数控机床的进给轴和主轴采用直流电动机驱动，应将电刷从直流电动机中取出，以免由于化学腐蚀作用使换向器表面腐蚀，造成换向性能变差，使整台电动机损坏。

(8) 备用印制电路板的维护

印制电路板长期不用是容易出故障的。因此，应定期将已购置的备用印制电路板装到数控装置上通电，运行一段时间，以防止损坏。

2. 数控车床日常维护与保养内容

数控机床进行日常维护与保养可有效防止机床非正常磨损，避免突发故障，使机床保持良好的技术状态，保持长时间稳定工作。机床说明书中一般对日常维护与保养的范围有每天、不定期、每半年和每年的内容。在数控加工实践中，必须落实每天的维护与保养内容和要求。表 2—3—1 列举了数控机床日常维护与保养的一些主要内容。

表 2—3—1　　数控车床日常维护与保养部分内容

序号	检查周期	检查部位	检查要求
1	每天	导轨润滑油箱	检查油标、油量，及时添加润滑油，润滑泵能及时启动泵油和停止
2	每天	X、Z 轴及导轨面	清除切屑及杂物，检查润滑油是否充足，导轨面有无划伤及损坏
3	每天	压缩空气源	检查气动控制系统压力是否在正常范围内
4	每天	气源自动分水滤气器	及时清理分水器中滤出的水分，保证自动工作正常
5	每天	气液转换器和增压器油面	发现油面不够时及时补足油
6	每天	主轴润滑恒温油箱	工作正常，油量充足并调节温度范围，油箱、液压泵无异常噪声，压力指示正常，管路及各接头无泄漏现象
7	每天	机床液压系统	工作油面高度正常
8	每天	液压平衡系统	平衡压力指示正常，快速移动时平衡阀工作正常
9	每天	CNC 的输入/输出单元	检查输入/输出的接口是否松开
10	每天	各种电气柜散热通风装置	各电气柜冷却风扇工作正常，风道过滤网无堵塞
11	每天	各种防护装置	导轨、机床防护罩等无松动或漏水现象

续表

序号	检查周期	检查部位	检查要求
12	不定期	检查各轴导轨上镶条、压滚轮松紧情况	按机床说明书调整
13	不定期	切削液箱	检查液面高度，切削液太脏时需要更换并清洗切削液箱，经常清洗过滤器
14	不定期	调整主轴松紧	按机床说明书调整
15	不定期	滚珠丝杠	清洗丝杠上旧的润滑脂，涂上新润滑脂
16	不定期	检查电动机等其他连接口	无松动现象

二、安全文明生产

安全文明生产是企业管理的一项十分重要的内容。它直接影响产品的质量，影响设备和工具、夹具、量具的使用寿命，影响操作工人技能的发挥。所以，作为职业学校的学生、企业后备技术力量，从开始学习基本操作技能时，就要重视养成安全文明生产的良好习惯。

1. 安全文明操作规程

（1）严格遵守上课纪律，不迟到，不早退，上课过程中不打闹，坚守岗位。

（2）进入岗位必须按规定穿戴好劳动保护用品。

（3）认真执行岗位责任制，严格遵守操作规程，不做与本职无关的事。

（4）非本岗位操作者或维护与使用人员，未经批准不得进入或触动机床及辅助设备。

（5）严格听从实训指导教师的安排，不得擅自调换岗位。

（6）下课前必须清理现场，搞好机床卫生，对设备进行必要的维护与保养，切断电源，关闭门窗等。

（7）实行定期维护与保养制度，保证机床安全运行。

（8）一旦发生事故，应立即采取措施，防止事故扩大，并保护好现场。

2. 安全操作技术

操作时，应牢固树立“安全第一”的思想。必须提高执行纪律的自觉性，严格遵守安全操作规程。

（1）穿紧身防护服，扎紧袖口，长发操作工应戴工作帽，头发或辫子应塞入帽内。

（2）戴好防护镜，以免切屑飞入眼中。

（3）不准穿高跟鞋或凉鞋进入实习场地。

（4）工作时不准戴手套。车床运转时，不准用棉纱擦拭工件，不准用卡尺测量工件。不准用手直接去清理切屑，应用专用钩子清理。

（5）夹持工件的卡盘、拨盘、鸡心夹头的凸出部位最好使用防护罩，以免绞住衣服及身体的其他部位。如无防护罩，操作时应注意距离，不要靠近。

（6）工件要装夹牢靠，以防车削时工件飞出伤人。

（7）用砂布打磨工件外表面时，应把刀具移到安全位置，不要让衣服和手钩住工件外表面。加工内孔时，不可用手指支撑砂布，应用木棍代替，同时转速不宜太大。

（8）不准使用无柄锉刀，使用锉刀时右手在前、左手在后；不准隔着机床传递工具、工件或其他物品。

（9）车床地面上放置的脚踏板必须坚实、平稳，并随时清理其上的切屑，以防滑倒而发生事故；车床开动时不准坐下，以防止打瞌睡发生事故。

（10）不准用手停止转动着的卡盘，工作时不允许擅自离开机床或做与车削无关的工作。

三、数控车床常见故障诊断

1．故障类别

数控车床的故障主要分为软故障和硬故障。软故障是指由调整、参数设置或操作不当引起的故障（在使用初期因对车床不熟悉较易发生）。硬故障是指由数控机床（控制、检测、驱动、液气、机械装置）的硬件失效引起的故障。

2．故障处理对策

除非出现影响设备或人身安全的紧急情况，不要立即切断机床的电源，应保持故障现场。

从机床外观、显示屏显示的内容、主板或驱动装置报警灯等方面进行检查。可按系统复位键，观察系统的变化及报警是否消失。如报警消失，说明是随机性故障或是由操作错误引起的。如报警未消失，把可能引起该故障的原因罗列出来，进行综合分析、判断，必要时进行一些检测或试验，以达到确诊故障的目的。

3．常用故障诊断方法

（1）直观法

直观法是指观察和询问机床的故障现象、加工状况等。

（2）CNC 系统的自诊断功能

开机自诊断功能是指系统内部自诊断程序通电后自动对 CPU、存储器、总线和 I/O 等模块及功能板、显示屏、软盘等外围设备进行功能测试，确定主要硬件能否正常工作。运行中的故障信息提示会在故障发生时在显示屏上出现报警信息，通过查阅维修手册确定故障原因及排除方法。

（3）数据和状态检查

CNC 系统的自诊断不但能在显示屏上显示故障报警信息，而且还能以多页“诊断地址”和“诊断数据”的形式提供机床参数与状态信息。

（4）报警指示灯显示故障

除显示屏软报警外，还有许多“硬件”报警指示灯分布在电源、主轴驱动、伺服驱动 I/O 装置上，由此可判断故障的原因。

（5）备板置换法

备板置换法是指用同功能的备用板替换被怀疑有故障的模板，从而使故障被排除或范围缩小。

思考与练习

1. 试述数控车床的安全文明操作规程。
2. 数控机床常用故障诊断方法有哪些?
3. 数控车床日常保养中每天需要检查的部位有哪些?
4. 数控车床常见的维护方法有哪些?

模块三

数控车床仿真加工

课题1　数控仿真软件简介

学习目标

1. 了解常见数控仿真软件的种类。
3. 掌握仿真软件的菜单功能。
4. 能在仿真软件中进行工件安装和刀具的操作。

数控仿真软件是将 CNC 数控设备、工作过程 CAD/CAM、车削加工方案、系统控制编程等，利用三维模拟技术和大量的图表、数据、解释和习题的方式进行演示及训练。有整套强大的、富有人性化的教学方法和精彩的习题库，该软件采用数字化 3D 多媒体的教学模式，从基础数控机械设备介绍，到 CAD/CAM 自动化系统编程，完全采用现代化仿真模拟数字计算机技术。数控仿真软件广泛应用于教学和生产实践中。

目前，数控仿真软件有 CGTech VERICUT、VNUC、宇航、上海宇龙、斯沃等。本书仅以上海宇龙数控仿真软件为例进行介绍。

一、进入仿真软件

1. 启动加密锁管理程序

用鼠标左键依次单击“开始”→“程序”→“数控加工仿真系统”→“加密锁管理程序”，如图 3—1—1 所示。

加密锁程序启动后，屏幕右下方的工具栏中将出现“ ”图标。

2. 运行数控加工仿真系统

依次单击“开始”→“程序”→“数控加工仿真系统”→“数控加工仿真系统”，系统将弹出如图 3—1—2 所示的“用户登录”界面。

此时，用户可以通过单击“快速登录”按钮进入数控加工仿真系统的操作界面或通过输入用户名和密码，再单击“登录”按钮，进入数控加工仿真系统。

注：在局域网内使用本软件时，必须按上述方法先在教师机上启动“加密锁管理程序”，待教师机屏幕右下方的工具栏中出现“ ”图标后，才可以在学生机上通过单击“快速登录”按钮登录。

二、软件操作环境

1. 主菜单

该软件的下拉式主菜单如图 3—1—3 所示，可以根据需要选择其中的某个菜单条。主菜单各部分的名称和功能说明见表 3—1—1。

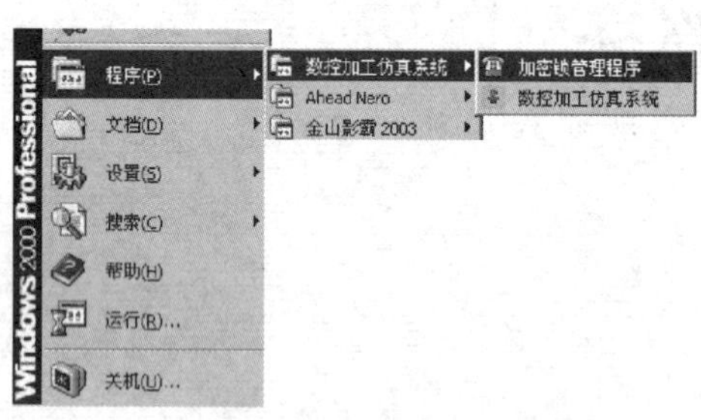

图 3—1—1 启动操作画面

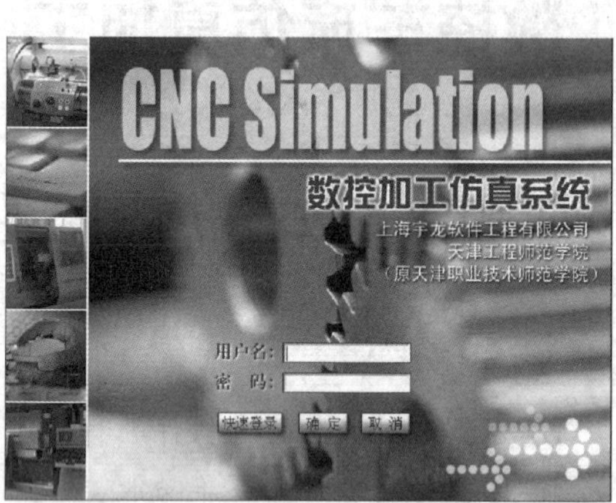

图 3—1—2 “用户登录”界面

文件(F) 视图(V) 机床(M) 零件(P) 塞尺检查(L) 测量(T) 互动教学(R) 系统管理(S) 帮助(H)

图 3—1—3 主菜单

表 3—1—1 主菜单功能说明

菜单项	名称	功能说明
文件(F) 新建项目(N) Ctrl+N 打开项目(O)... Ctrl+O 保存项目(S) Ctrl+S 另存项目(A)... 导入零件模型...(I) 导出零件模型...(E) 开始记录(R) 结束记录(F) 演示...(S) 退出(X)	新建项目	新建的项目会将本次操作所选用的毛坯、刀具、数控程序等记载下来，以后再加工同样的零件时，只要打开这个项目文件就可以进行加工，而不必再重新进行设置
	打开项目	如果打开的是一个已经完成加工工序的项目，则在主窗口中，毛坯已经安装并装夹完毕，工件坐标原点已设好，数控程序已被导入，这时只需打开机械面板，按下开关键即可进行加工。如果打开的是一个未完成的项目，这时主窗口内将显示上一次保存项目时的样子
	保存项目	将当前工作状态保存为一个文件，供以后继续使用
	另存项目	将当前工作状态另存到一个文件，供以后继续使用
	导入零件模型	到存放零件模型的文件夹中寻找文件（即用户口存放的文件，此代码文件路径是个人规定的）。文件的后缀名为“prt”，不要更改后缀名
	导出零件模型	将当前工作状态下的加工零件保存到一个指定的文件内。文件的后缀名为“prt”，不要更改后缀名
	开始记录	可以进行即时操作录像，以便用于实际教学演示
	演示	将录制好的操作过程进行回放
	退出	结束数控加工仿真系统程序

续表

菜单项	名称	功能说明
视图(V) 复位 动态平移 动态旋转 动态放缩 局部放大 绕X轴旋转 绕Y轴旋转 绕Z轴旋转 前视图 俯视图 左侧视图 右侧视图 ✔控制面板切换 手脉 触摸屏工具 选项...	复位	显示复位就是将机床图像设成初始大小和位置。无论当前机床图像放大或缩小了多少、方向和位置如何调整，只要使用“复位”选项，都可使机床的大小、方向恢复到初始大小，也就是刚进入系统时的样子
	动态平移	将机床图像进行任意位置的水平移动
	动态旋转	将机床图像进行空间任意方位的旋转
	动态放缩	将机床图像进行任意大小的缩放
	局部放大	将机床图像上任意部位放大，以便于清晰显示该形状
	绕 X、Y、Z 轴旋转	将机床图像分别围绕 X、Y、Z 轴进行任意的旋转
	前视图	可快速地使机床的正面正对主窗口
	俯视图	可快速地使机床的上面正对主窗口（仿真加工时应用最多）
	左侧视图	可快速地使机床的左侧面正对主窗口
	右侧视图	可快速地使机床的右侧面正对主窗口
	控制面板切换	将显示屏上机床的控制面板进行功能的转换
	触摸屏工具	将显示屏上机床控制面板的操作方式转换成触摸式
	选项	包括加工声音的开关、机床和零件显示的方式、仿真加工倍率、显示报警信息等
机床(M) 选择机床... 选择刀具... 基准工具... 拆除工具 调整刀具高度... DNC传送... 检查NC程序 移动尾座 移动刀塔 轨迹显示 开门	选择机床	根据不同要求和实际机床的系统、型号选择合适的仿真机床的机型、系统及操作面板
	选择刀具	根据需要选择正确的刀具以满足加工的需要
	拆除工具	拆除辅助工具
	DNC 传输	实现在线传输功能，将已经编好的程序传输到数控装置中
	检查 NC 程序	进行 NC 程序的检查
	移动尾座	通过该功能实现尾座的伸缩和移动
零件(P) 定义毛坯... 安装夹具... 放置零件... 移动零件... 拆除零件 安装压板 移动压板 拆除压板	定义毛坯	根据零件图样的要求设定零件毛坯的外形
	放置零件	安装、放置已经设定好的零件毛坯
	移动零件	根据需要移动零件以满足加工的需要
	拆除零件	将机床上已安装的零件拆除

续表

菜单项	名称	功能说明
测量(T) 剖面图测量... 工艺参数...	剖面图测量	对已加工的零件进行尺寸测量
	工艺参数	显示当前状态下机床、刀具、切削用量选择的内容
互动教学(R) 自由练习 (F) 结束自由练习 (N) 观察学生当前操作 (C) 结束观察当前操作 (E) 打开对话窗口 (CTRL+Q) 读取操作记录 (A) 查询 评分标准 交卷(L) 导出程序... ✔鼠标同步 (M)	自由练习	教师机专用
	结束自由练习	
	观察学生当前操作	
	结束观察当前操作	
	打开对话窗口	
	读取操作记录	可以将前边录制好的操作过程读取出来或将某一位学生的操作过程调出来进行回放，以便对学生进行即时检测
	查询	对仿真操作成绩的查询（仅限于教师使用）
	评分标准	教师机专用
	交卷	考试时使用
	鼠标同步	将学生机与教师机的鼠标同步，使教师机的操作过程同步显示到每台学生机上，便于教学演示
系统管理(S) 机床管理... 用户管理... 批量用户管理... 铣刀具库管理... 车刀库管理... 系统设置...	机床管理	教师机专用
	用户管理	
	批量用户管理	
	刀库管理	
	系统设置	各种系统的设定、功能的选择等

2．宇龙数控车床仿真系统操作界面

仿真系统操作界面主要由数控装置操作面板和机床操作面板两部分组成，如图3—1—4所示，各部分的名称和功能与FANUC数控车床面板基本相同，详见模块二课题1，这里不再赘述。

三、机床、工件和刀具操作

1．选择机床类型

打开菜单“机床/选择机床”，在“选择机床”对话框中选择控制系统类型和相应的机床并按“确定”按钮，此时界面如图3—1—5所示。

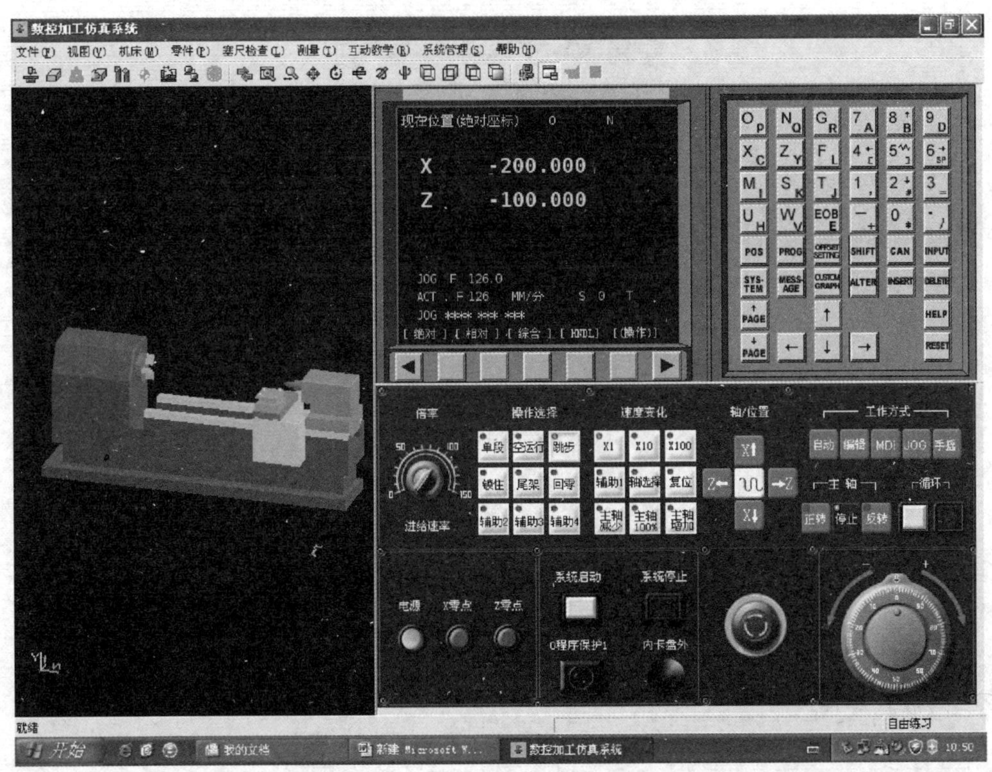

图 3—1—4　仿真系统操作界面

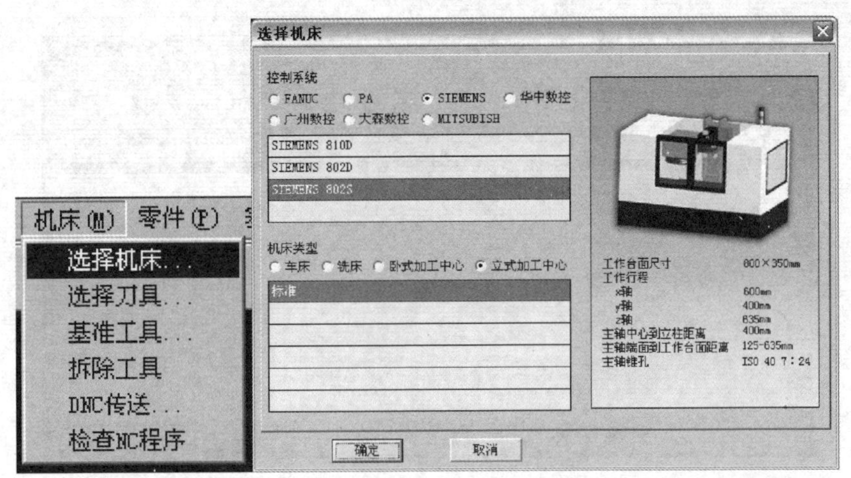

图 3—1—5　选择机床界面

2. 工件的定义和使用

(1) 定义毛坯

打开菜单“零件/定义毛坯”或在工具栏中选择图标“ ”，系统打开如图 3—1—6 所示的对话框，输入毛坯名称→输入毛坯直径和长度→按“确定”按钮，保存定义的毛坯并且退出本操作。

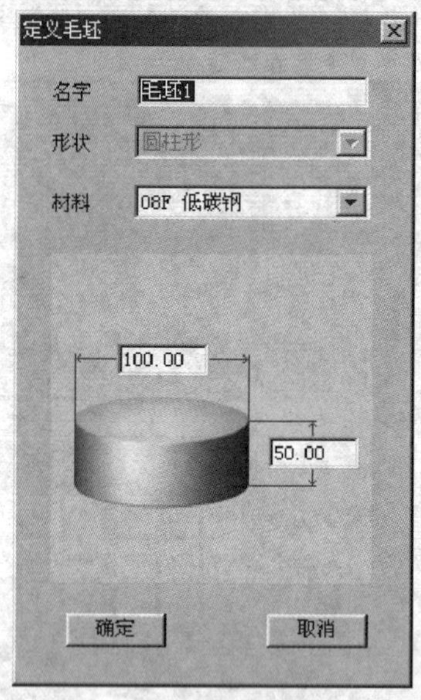

图 3—1—6 “定义毛坯”对话框

（2）放置零件

打开菜单“零件/放置零件”或在工具栏中选择图标“ ”，如图 3—1—7 所示，系统弹出“选择零件”对话框。

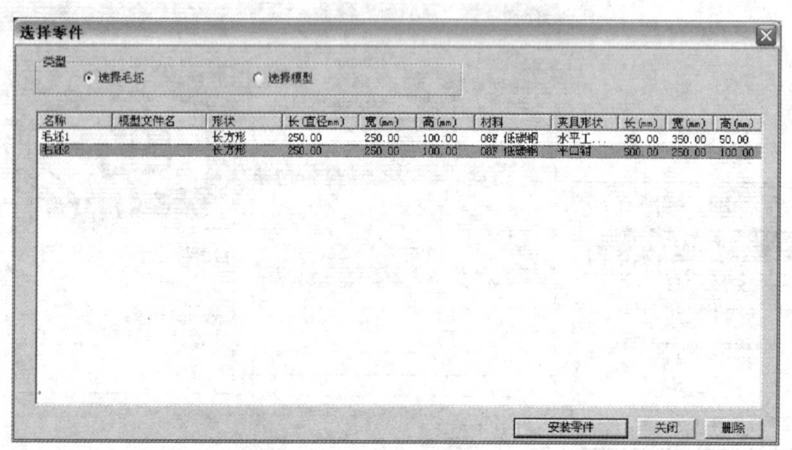

图 3—1—7 “选择零件”对话框（1）

在列表中单击所需的零件，选择的零件信息加亮显示，按下“安装零件”按钮，系统自动关闭对话框，零件和夹具（如果已经选择了夹具）将被放到机床上。

如果进行过“导入零件模型”的操作，对话框的零件列表中会显示模型文件名，若在类型列表中选择“选择模型”，则可以选择导入零件模型文件，如图 3—1—8 所示。选择的零件模型即经过部分加工的成形毛坯被放置在机床卡盘上，如图 3—1—9 所示。

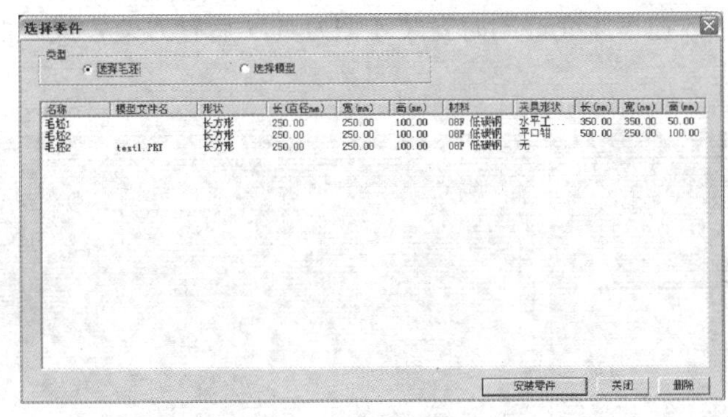

图 3—1—8 “选择零件”对话框（2）

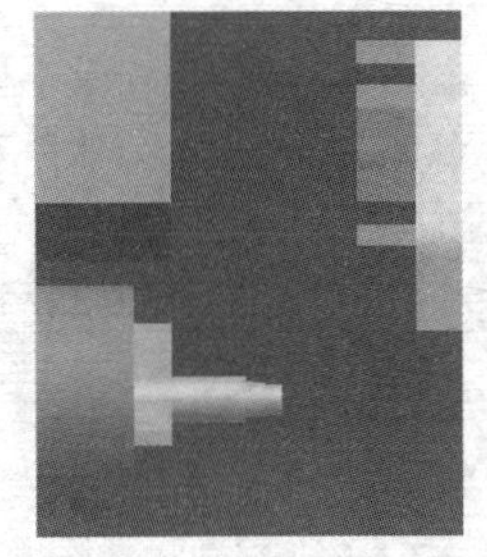

图 3—1—9 安装导入零件画面

（3）调整零件位置

零件可以在卡盘上移动，将毛坯放在卡盘上，系统会自动弹出一个小键盘，如图3—1—10所示，通过按动小键盘上的方向按钮，实现零件的平移、旋转或掉头。小键盘上的“退出”按钮用于关闭小键盘。选择菜单“零件/移动零件”也可以打开小键盘。在执行其他操作前要关闭小键盘。

（4）导出零件模型

导出零件模型是把经过部分加工的零件作为成形毛坯予以单独保存，如图 3—1—11 所示。毛坯经过部分加工后称为零件模型，可通过导出零件模型功能予以保存。

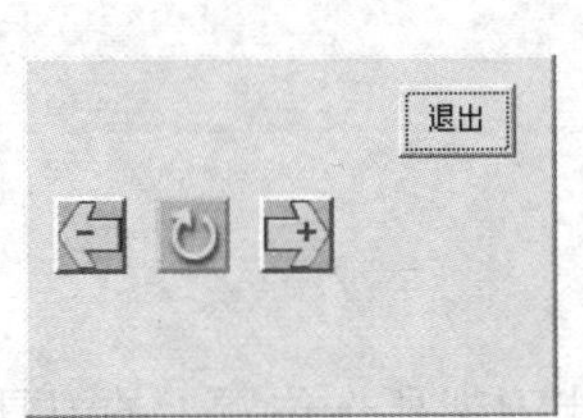

图 3—1—10 零件移动操作键盘

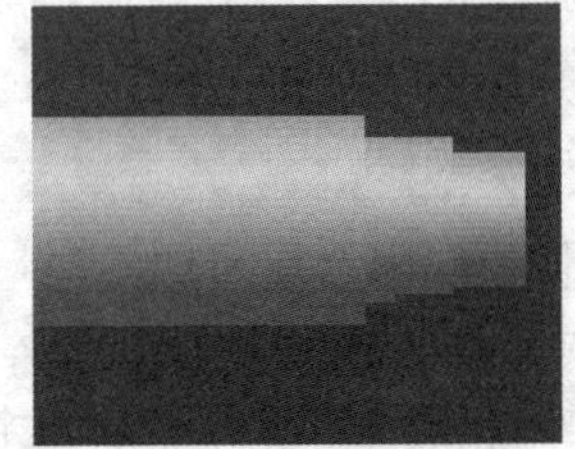

图 3—1—11 零件模型图

打开菜单“文件/导出零件模型”，系统弹出“另存为”对话框，在对话框中输入文件名，按保存按钮，此零件模型即被保存。该模型可作为毛坯在以后需要时被调用，文件的后缀名为“prt”，不要更改后缀名。

（5）导入零件模型

机床在加工零件时，除了可以使用原始定义的毛坯外，还可以对经过部分加工的毛坯进行再加工，这个毛坯称为零件模型，可以通过导入零件模型的功能调用零件模型。

打开菜单“文件/导入零件模型”，若已通过导出零件模型功能保存过成形毛坯，则系统将弹出“打开”对话框，在此对话框中选择并且打开所需的后缀名为“prt”的零件文件，则选择的零件模型被放置在工作台面上。

3. 选择刀具

打开菜单“机床/选择刀具”或者在工具栏中选择图标“”，系统弹出“刀具选择”对话框（见图 3—1—12），可以进行数控车床选择和安装刀具的操作。

如图 3—1—12 所示，系统中数控车床允许同时安装 8 把刀具（后置刀架）或 4 把刀具（前置刀架）。

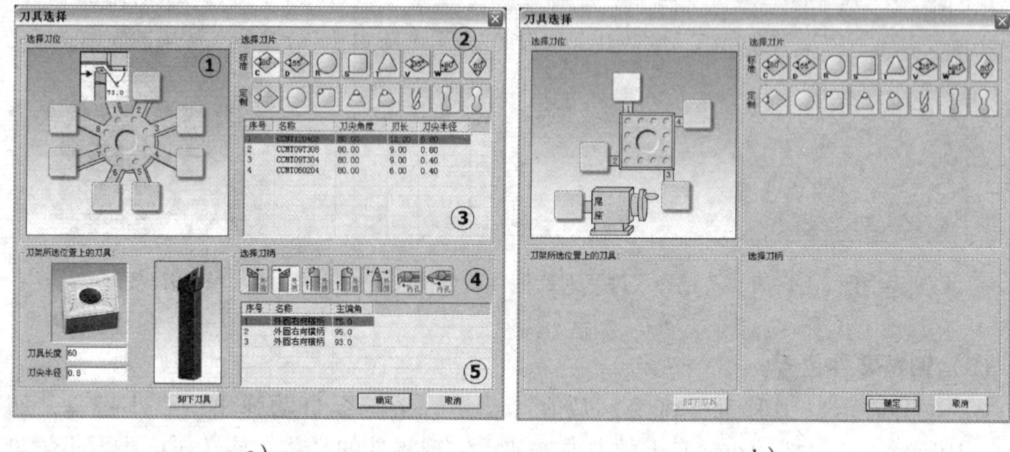

a） b）

图 3—1—12 “刀具选择”对话框

a）8 工位后置刀架 b）4 工位前置刀架

（1）选择、安装车刀

1）在刀架图中单击所需的刀位。该刀位选择的刀具类型应该与程序中刀具代码一致。

2）选择刀片类型。

3）在刀片列表框中选择刀片。

4）选择刀柄类型。

5）在刀柄列表框中选择刀柄。

（2）变更刀具长度和刀尖半径

“选择车刀”完成后，该界面的左下部位显示出刀架所选位置上的刀具。其中“刀具长度”和“刀尖半径”均可以由操作者修改。

（3）拆除刀具

在刀架图中单击要拆除刀具的刀位，单击“卸下刀具”按钮。

（4）确认操作完成。

课题 2 数控车床仿真软件界面及操作

1. 认识仿真软件 FANUC 0i 数控车床系统控制面板和操作面板。
2. 掌握仿真软件 FANUC 0i 数控车床各按键的操作功能。
3. 能用仿真软件进行车床准备、对刀、程序导入等基本操作。

一、数控车床仿真软件界面介绍

如图 3—2—1 所示为 FANUC 0i 数控车床仿真软件面板。面板分为上、下两部分，上半部分为系统控制面板，由显示屏界面、MDI 键盘和功能键等组成；下半部分为操作面板，由各种功能键和按钮组成。

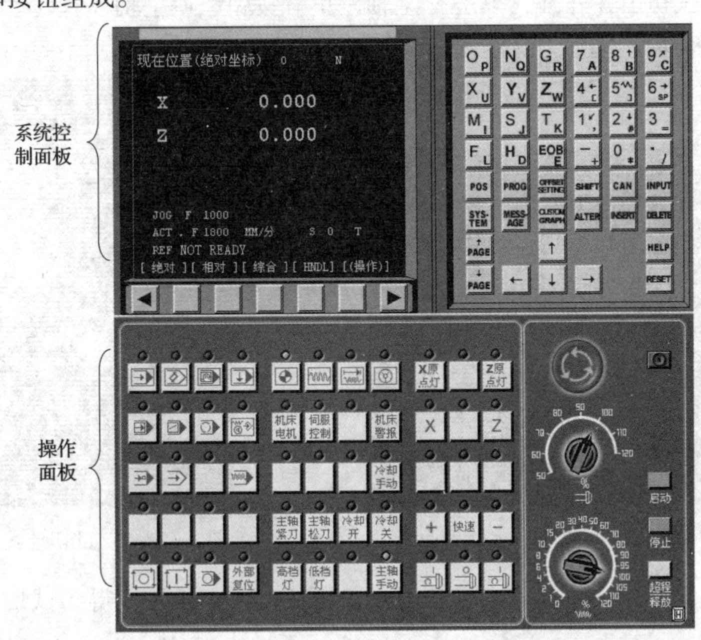

图 3—2—1　FANUC 0i 数控车床仿真软件面板

由图 3—2—1 可以看出，仿真软件面板上的各键和按钮与实体数控车床面板基本类似，各种功能键的名称、图案及功能也基本类似，其功能详见模块二表 2—1—1 和表 2—1—2。

二、数控车床仿真软件基本操作

仿真软件操作与数控车床操作基本相似，包括回零、手动、手轮、MDI、程序编辑、自动加工等操作，其中有些操作与模块二课题 2 的部分操作重复，这里不再赘述。

1. 车床准备

(1) 启动车床

1）单击“启动”按钮，此时车床电动机和伺服控制的指示灯变亮。

2）检查“急停”按钮是否处于松开状态，若未松开，单击“急停”按钮，将其松开。

(2) 车床回参考点

检查操作面板上“回原点指示灯”是否亮，若指示灯亮，则已进入回原点模式；若指示灯不亮，则单击“回原点”按钮，转入回原点模式。

在回原点模式下，先将 *X* 轴回原点，单击操作面板上的“*X* 轴选择”按钮，使 *X* 轴方向移动指示灯变亮，单击“正方向移动”按钮，此时 *X* 轴将回原点，*X* 轴回原点灯变亮，显示屏上的 *X* 坐标变为“390. 00”。同样，再单击“*Z* 轴选择”按钮，使指示灯变亮，单击“正方向移动”按钮，*Z* 轴将回原点，*Z* 轴回原点灯变亮，此时显示屏界面如图 3—2—2 所示。

2. 对刀

数控程序一般按工件坐标系编程，对刀的过程就是建立工件坐标系与机床坐标系之间关系的过程。数控车床对刀的过程如下：

（1）设置 *X* 轴刀具参数

用所选刀具试切工件外圆，单击“主轴停止”按钮，使主轴停止转动，如图 3—2—3 所示，保持 *X* 轴方向不动，刀具退出。

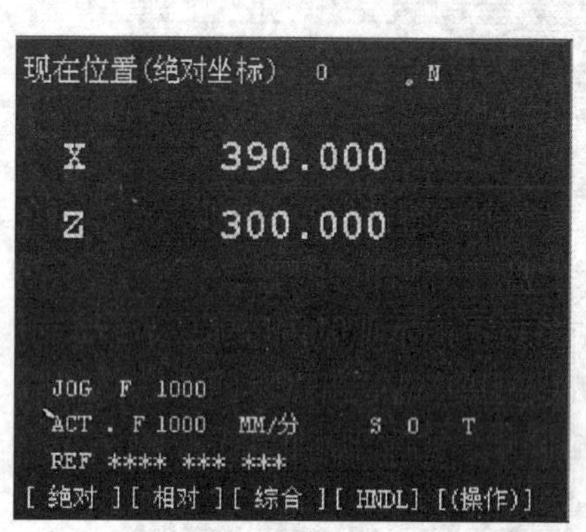

图 3—2—2　回原点显示屏界面

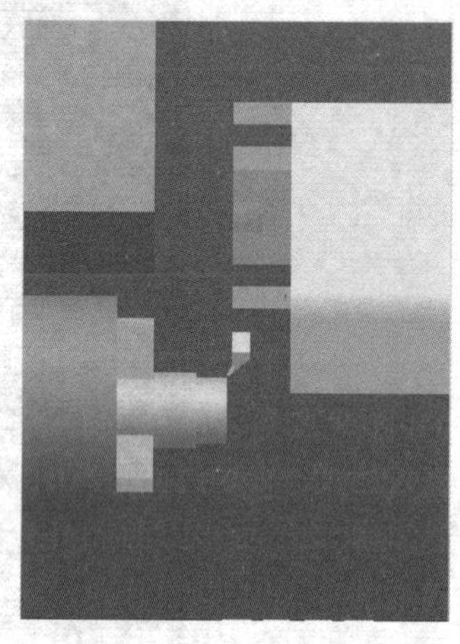

图 3—2—3　试切外圆并退刀

单击菜单“测量/坐标测量”，屏幕显示如图 3—2—4 所示，得到试切后的工件直径，记为 α。

单击 MDI 键盘上的“OFFSET”键，进入形状补偿参数设定界面，将光标移到与刀位号相对应的位置，输入 $X\alpha$，按菜单软键【测量】，对应的刀具偏移量自动输入。

（2）设置 *Z* 轴刀具参数

试切工件端面，如图 3—2—5 所示，把端面在工件坐标系中 *Z* 的坐标值记为 β（此处以工件端面中心点为工件坐标系原点，则 β 为0）。

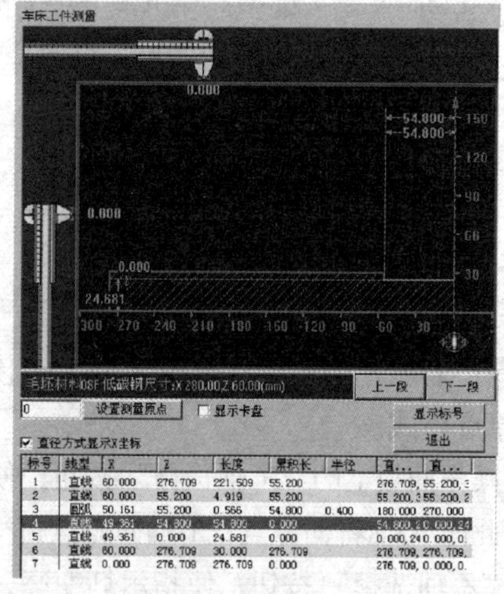

图 3—2—4　测量工件操作画面

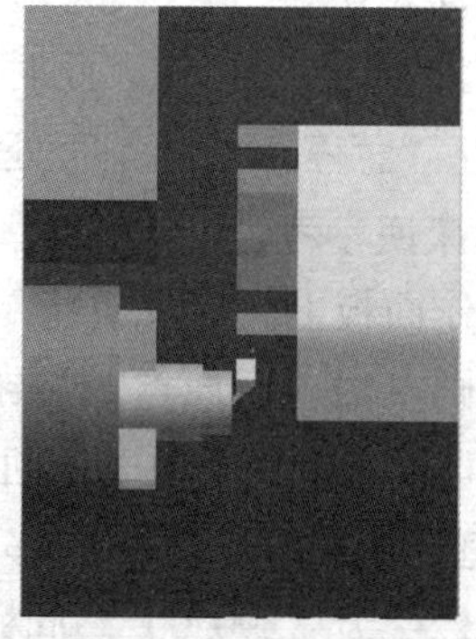

图 3—2—5　试切端面设置 *Z* 轴

保持 Z 轴方向不动，刀具退出。进入形状补偿参数设定界面，将光标移到相应的位置，输入 $Z\beta$，按【测量】软键，对应的刀具偏移量自动输入。

(3) 其余刀具

换刀后，移动刀具使刀尖分别与试切的外圆和端面接触，并设置 X 轴和 Z 轴的刀具参数，设置方法与第一把刀的设置一样。

3. 导入数控程序

数控程序可以通过记事本或写字板等编辑软件输入并保存为文本格式（＊. txt 格式）文件，也可直接用 FANUC 0i 系统的 MDI 键盘输入。

单击操作面板上的“编辑”按钮，编辑状态指示灯变亮，此时已进入编辑状态。单击功能键“PROG”，显示屏界面转入编辑界面。再按菜单软键【操作】，在出现的下级子菜单中按软键 ▶，按菜单软键【READ】，转入如图 3—2—5 所示的传输程序界面，单击 MDI 键盘上的数字/字母键，输入“O×”（×为任意不超过四位的数字），按软键【EXEC】；单击菜单“机床/DNC 传送”，在弹出的对话框（见图 3—2—7）中选择所需的 NC 程序，按“打开”按钮确认，则数控程序被导入并显示在 CRT 界面上。

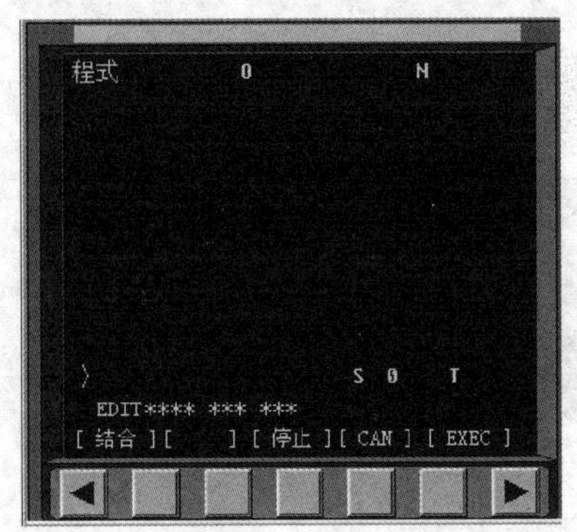

图 3—2—6　传输程序界面

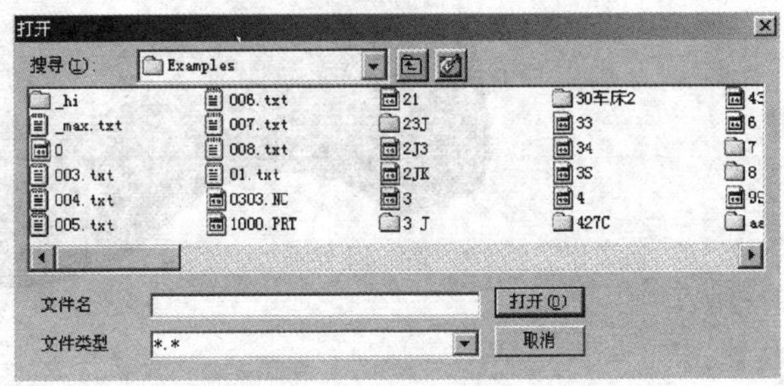

图 3—2—7　选择传输的 NC 程序

课题 3　数控车床仿真软件应用举例

学习目标

1. 能根据加工工艺要求选择数控刀具。
2. 能根据现有程序直接输入数控系统。
3. 能进行对刀设置及刀具参数调整，并自动加工零件。
4. 能用测量功能分析零件加工质量。

应用仿真软件，选择 FANUC 0i 系统数控车床加工如图 3—3—1 所示的螺纹轴，材料为 45 钢，毛坯尺寸为 ϕ45 mm × 150 mm。

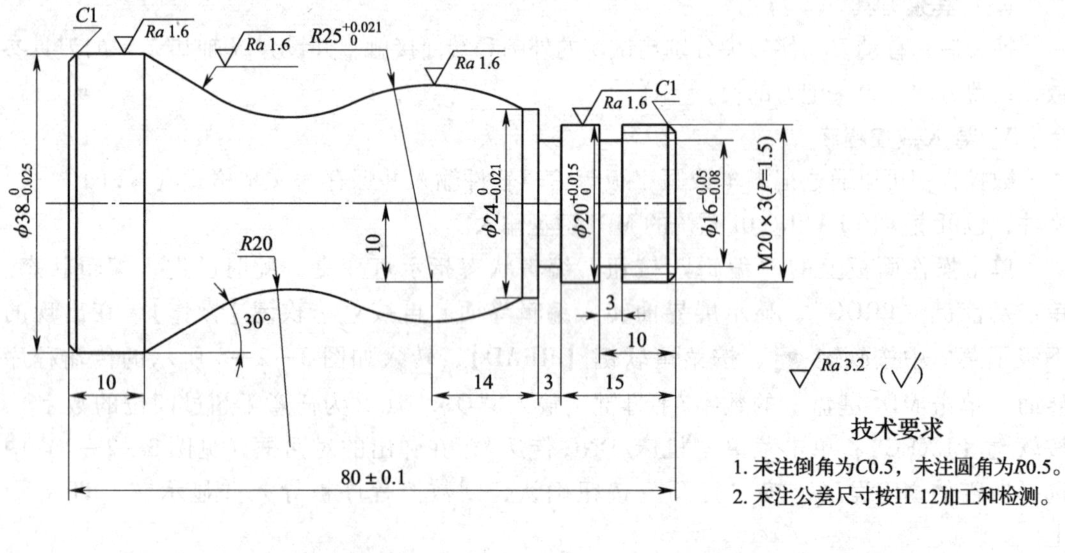

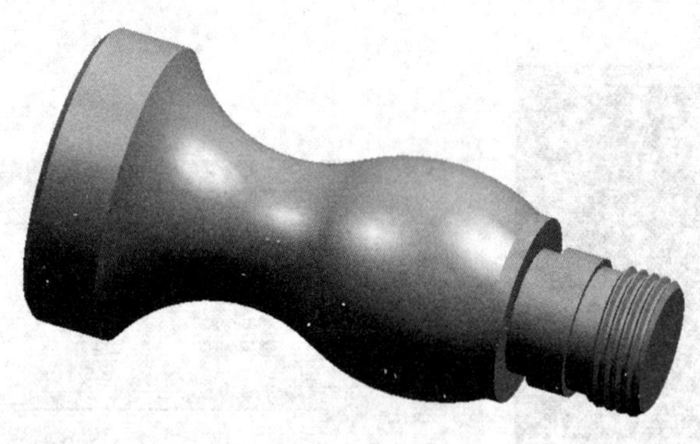

图 3—3—1　螺纹轴零件图

一、图样分析

1. 该零件首先加工整个轮廓至尺寸，然后车槽，最后车三角形螺纹。

2. 加工轮廓时注意外圆车刀的选择（太小的副偏角会导致轮廓加工过程中产生过切现象）。

3. 本题的基点坐标可以采用 CAD 软件进行分析。

二、确定加工工艺

采用三爪自定心卡盘夹紧零件，工件的伸出长度为 100 mm 左右；使用 1 号刀粗、精加工右端轮廓，粗加工时径向留 0.3 mm 精加工余量，车槽，车三角形螺纹，加工完毕最后切断时可保证总长（80 ± 0.1）mm。

数控加工工艺卡见表 3—3—1。

表 3—3—1　　数控加工工艺卡

工序	工序内容	刀具号	主轴转速 /（r/min）	进给速度 /（mm/r）	背吃刀量 /mm	备注
1	车右端面	1	500	0.1	0.3	
2	粗车右端外轮廓	1	500	0.2	2	
3	精车右端外轮廓	1	1 500	0.1	0.3	
4	车槽	2	400	0.1	1	
5	车螺纹	3	900	1.5	0.975	牙高

三、选择刀具及确定切削用量

由以上分析可知，该零件使用三把刀具：1 号刀具加工外轮廓；2 号刀具车槽；3 号刀具车三角形外螺纹，刀具的选择及切削用量的确定参见表 3—3—2 所列的数控加工刀具卡。

表 3—3—2　　数控加工刀具卡

刀具号	刀具规格名称	数量	加工内容	备注
T01	90°外圆车刀	1	粗车外轮廓	
T01	90°外圆车刀	1	精车外轮廓	
T02	车槽刀（4mm）	1	车槽	
T03	三角形外螺纹车刀	1	车三角形螺纹	

四、程序编制

根据以上的分析和数值计算，参考 FANUC 0i 系统的指令格式，在仿真软件输入程序并加工该零件。加工程序见表 3—3—3。

程　序	说　明
O0003；	
M3 S500；	启动主轴，转速为 500 r/min
T0101；	选择 1 号刀
G00 X46.0 Z1.0；	快速定位至循环前的起点（46，1）
G71 U2.0 R1.0；	设置 G71 循环参数
G71 P10 Q20 U0.3 W0 F0.2；	
N10 G00 X17.8 S1500；	进刀，设置精加工转速为 1 500 r/min
G01 Z0 F0.1；	定位至起点
G01 X19.8 Z－1.0；	倒角
Z－10.0；	精加工轮廓程序
X20.01；	
Z－18.0；	
X23.99；	
Z－20.126；	

续表

程　序	说　明
G03 X25.488 Z－42.378 R25.0；	车圆弧
G02 X27.238 Z－60.68 R20.0；	
G01 X37.99 Z－70.0；	
N20 X46.0；	
G70 P10 Q20；	精车程序
G00 X100.0 Z100.0；	退刀
T0202；	换车槽刀
S400；	变速
G00 X25.0；	定位
Z－18.0；	
G01 X15.94 F0.05；	车槽
X25.0 F0.8；	径向退出
Z－10.0；	轴向移动
X15.94 F0.05；	进刀车槽
X25.0 F0.8；	径向退出
G00 X100.0 Z100.0；	退刀至换刀点
T0303；	换三角形外螺纹车刀
S900；	变速
G00 X22.0 Z5.0；	定位至螺纹起点
G92 X19.0 Z－8.0 F3.0；	车双线螺纹第一条螺旋线
X18.35；	
X18.05；	
G00 X22.0 Z6.5；	定位至螺纹起点
G92 X19.0 Z－8.0 F3.0；	车双线螺纹第二条螺旋线
X18.35；	
X18.05；	
G00 X100.0 Z100.0；	退刀
M30；	程序结束

五、具体操作

1. 启动软件

（1）软件启动前需保证在计算机内正确安装，且加密锁和计算机正确连接。

（2）双击桌面上的快捷图标 数控加工仿真系统，或单击【开始】→【程序】→【数控加工仿真系统】→ 数控加工仿真系统，启动宇龙仿真软件，单击【快速登录】。

2. 选择机床

（1）单击【机床】→【选择机床】，弹出“选择机床”对话框，如图3—3—2所示。

（2）在控制系统中选择“FANUC 0i”，在机床类型中选择“车床、标准（平床身前置刀架）”，然后单击【确定】按钮，进入系统面板，如图3—3—3所示。

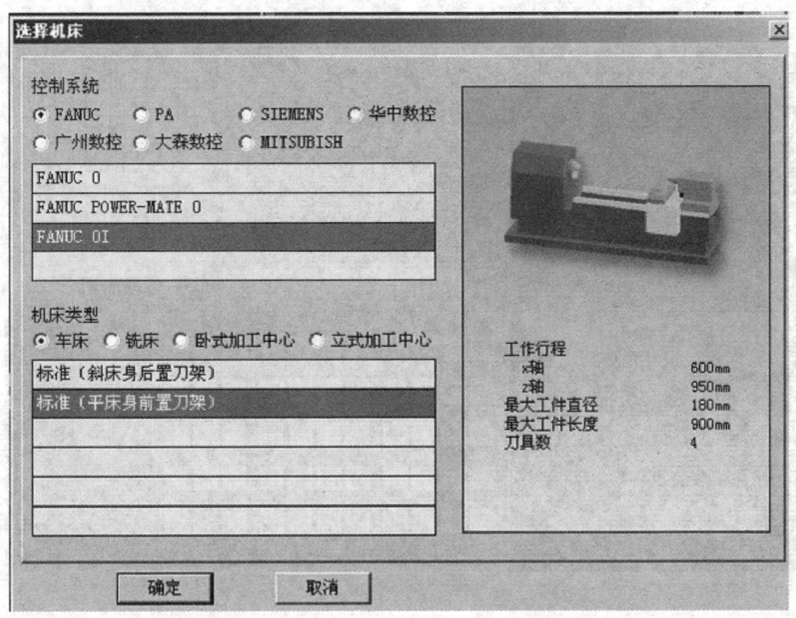

图 3—3—2 “选择机床”对话框

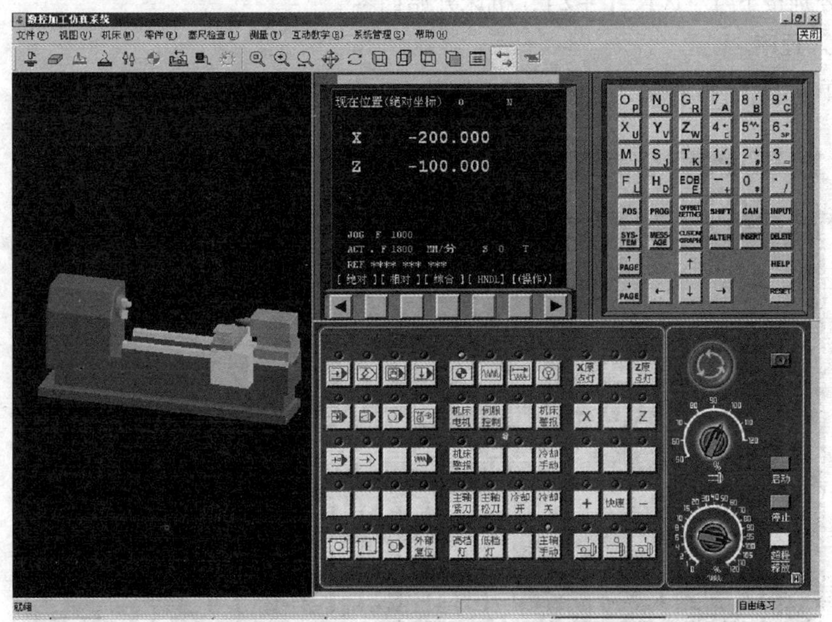

图 3—3—3 数控加工仿真系统面板

3. 回零操作

（1）将【急停】按钮 旋起。

（2）按面板右下角【启动】按钮，接通机床电源。

（3）将机床置于【回参考点】状态，如图 3—3—4 所示。

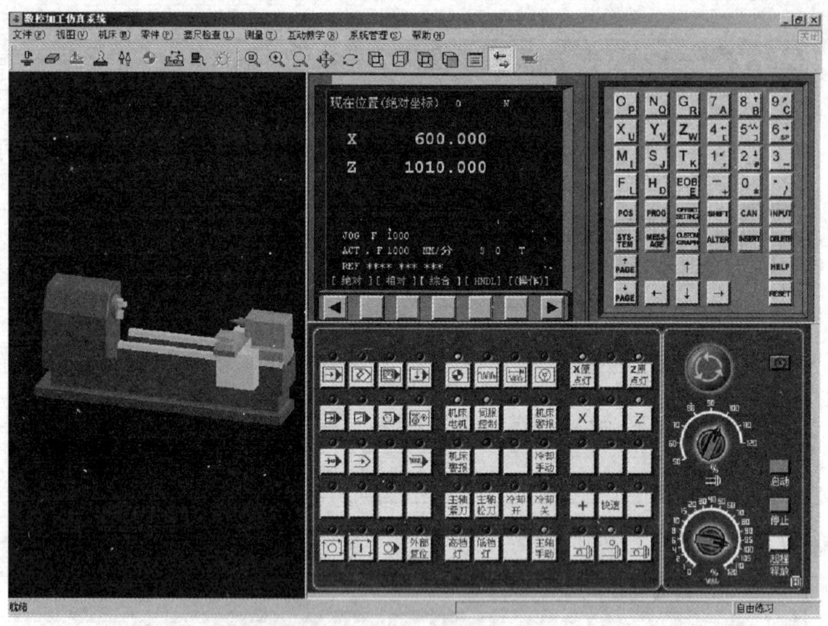

图 3—3—4　回零操作状态

（4）分别按下【+X】、【+Z】，机床开始回零。

4. 输入程序

（1）单击 ，按 PROG ，进入程序编制状态，如图 3—3—5 所示。

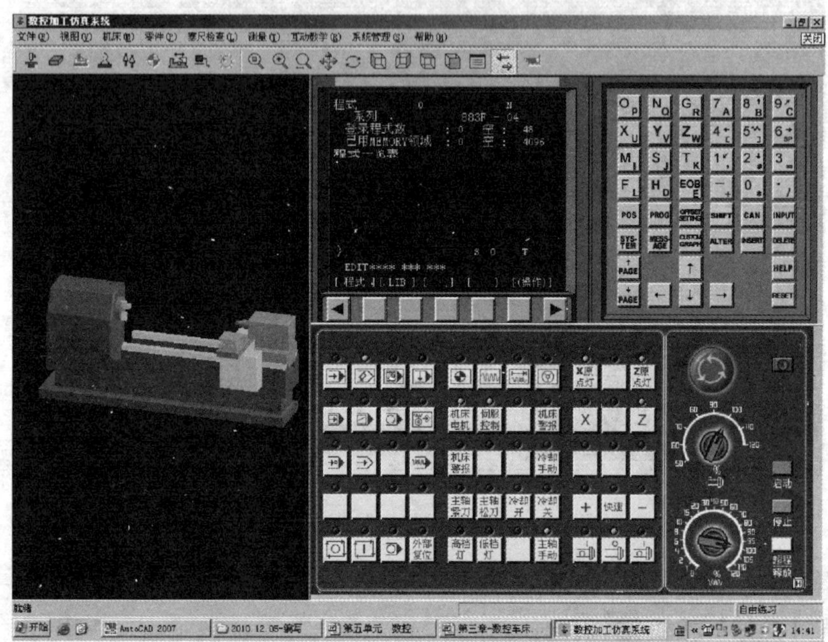

图 3—3—5　程序管理界面

（2）单击 O0001→【INSERT】→【EOB】→【INSERT】，完成程序名输入操作。

（3）输入程序内容。

5．设定和安装毛坯

（1）单击 或单击【零件】，在下拉菜单中选择【定义毛坯】，如图 3—3—6 所示，弹出“定义毛坯”对话框，输入毛坯尺寸，如图 3—3—7 所示。

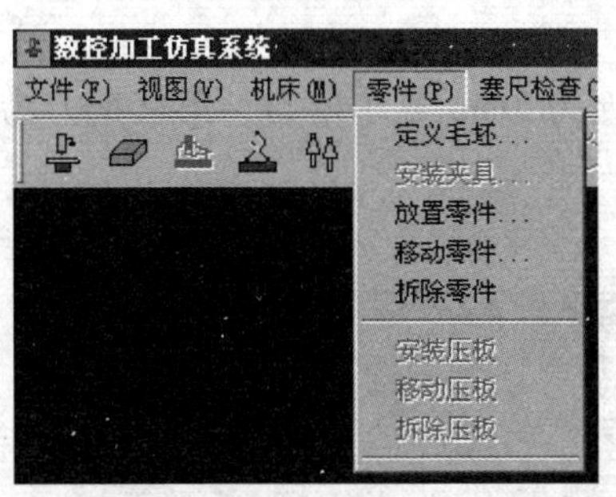

图 3—3—6　“定义毛坯”下拉菜单

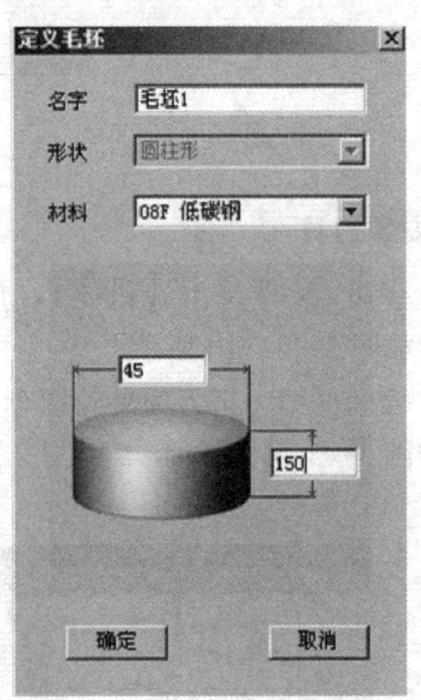

图 3—3—7　定义毛坯尺寸

（2）单击 或单击【零件】，在下拉菜单中选择【放置零件】，弹出“选择零件”对话框，选择毛坯 1，然后单击【安装零件】，如图 3—3—8 所示，毛坯的安装位置可通过图 3—3—9 所示的操作对话框调整。

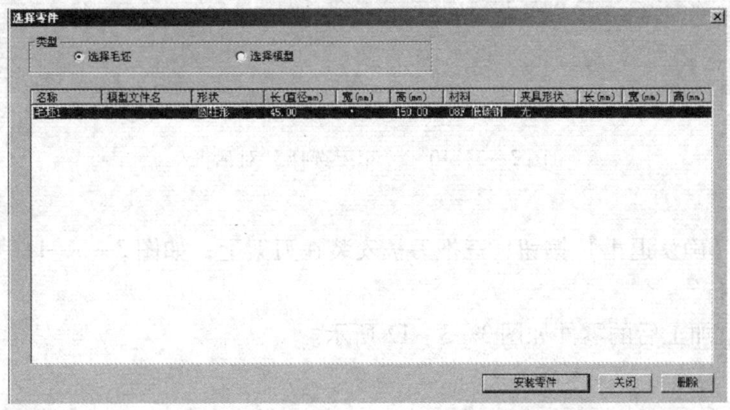

图 3—3—8　“选择零件”对话框

图 3—3—9　调整毛坯安装位置

6. 安装刀具

（1）单击 或单击【机床】，在下拉菜单中选择【选择刀具】，弹出“车刀选择”对话框，如图 3—3—10 所示。

（2）安装的第一把刀为外轮廓车刀，第二把刀为 3mm 宽车槽刀，第三把刀为 60°螺纹车刀，如图 3—3—10 所示。

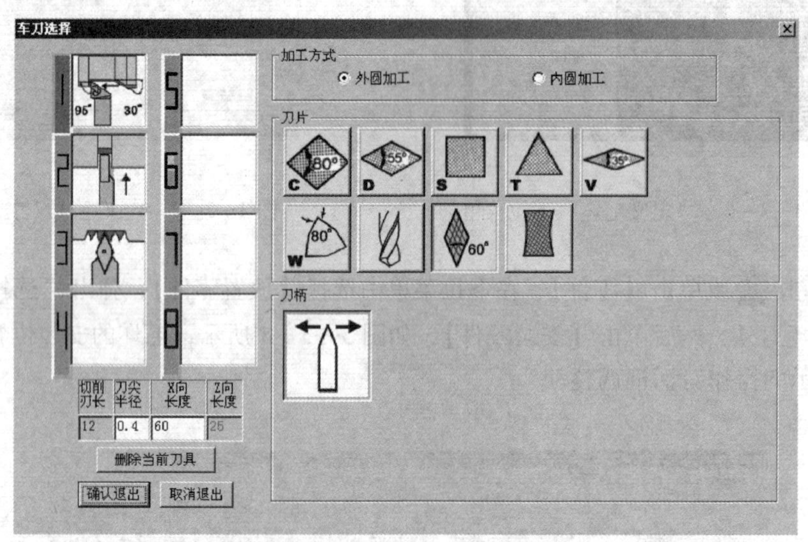

图 3—3—10　“车刀选择”对话框

（3）单击【确认退出】按钮，三把刀被安装在刀架上，如图 3—3—11 所示。

7. 自动运行

经过仿真，加工后的零件如图 3—3—12 所示。

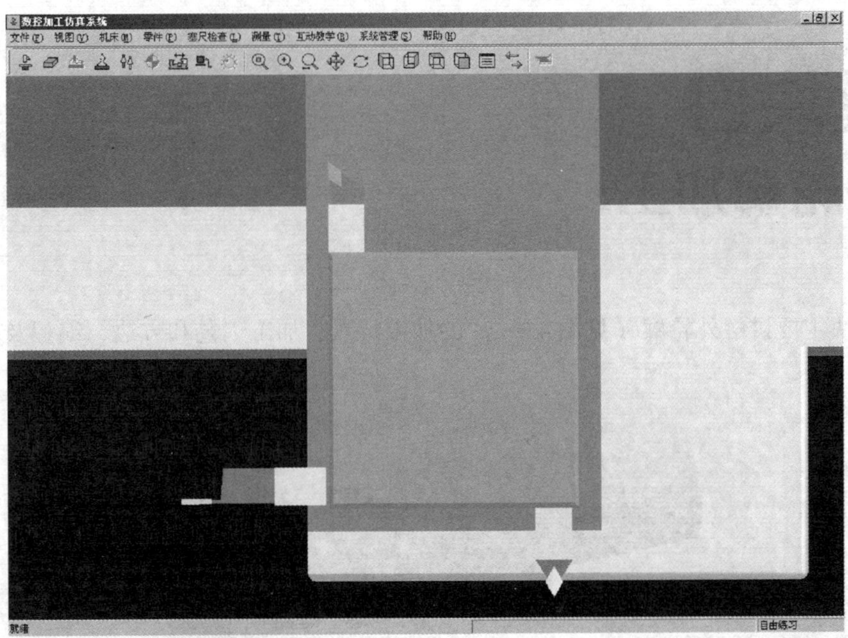

图 3—3—11　安装刀具

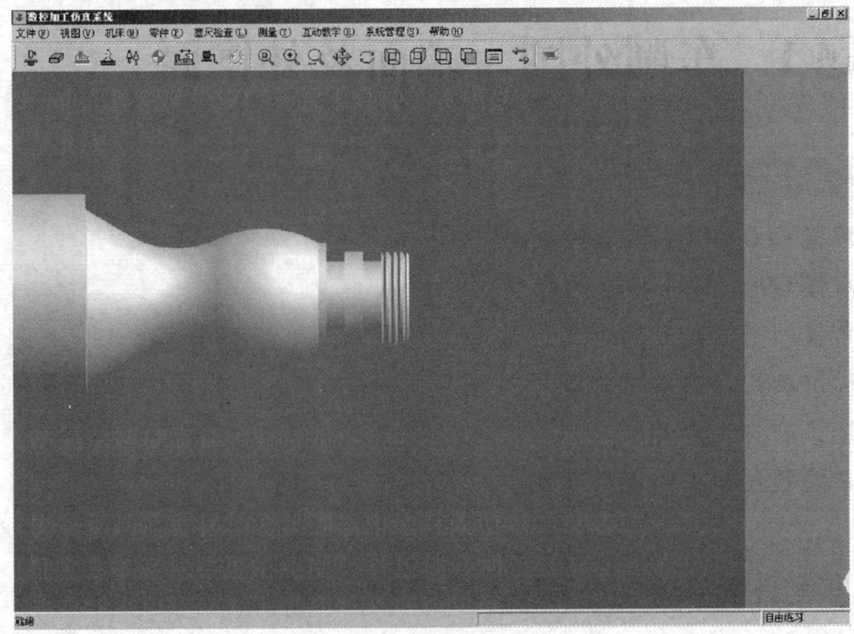

图 3—3—12　零件加工结束

模块四 外轮廓加工

本模块主要讲解外轮廓（见图 4—1）的加工特点、加工工艺和方法、编程及加工误差分析。

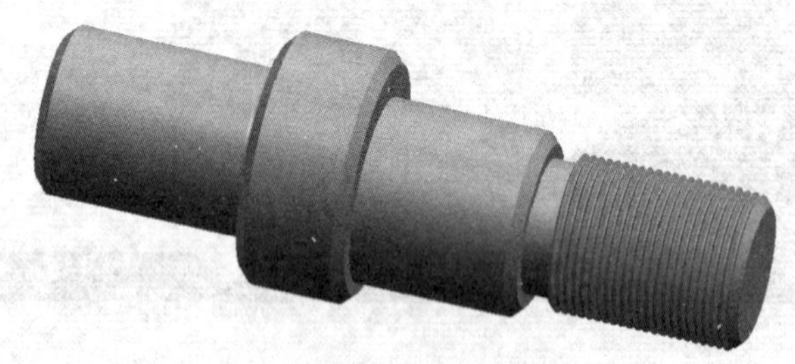

图 4—1　中间轴

课题 1　车削外圆、端面及外锥面

学习目标

1. 掌握 G00、G01 指令的应用。
2. 掌握 G90、G94 指令的应用。
3. 掌握外圆、端面的加工方法和工艺要求。
4. 认识数控外圆车刀的牌号。
5. 能正确安装刀具。
6. 掌握数控加工的操作步骤。

一、车削外圆与端面的工艺要求

1. 外圆车削工艺要求

外圆车削分为粗车、半精车、精车三个过程。粗车时对零件表面质量及尺寸没有严格的要求，只需尽快去除各表面多余的材料，同时给各表面留出一定的精车余量即可，一般在数控车床动力条件允许的情况下，采用较大背吃刀量、较大进给量、较低转速的方法，对车刀的要求主要是有足够的强度、刚度和耐磨性。精车是车削的末道工序，目的是使工件获得准确的尺寸和规定的表面粗糙度，对车刀的要求主要是锋利，切削刃平直、光洁，切削时必须使切屑排向工件待加工表面。

2. 端面车削工艺要求

用右偏刀（90°）车削端面时，背吃刀量不能过大。在通常情况下，是使用右偏刀的副切削刃对工件端面进行切削的，当背吃刀量过大时，向床头方向的切削力（F）会使车刀扎入端面而形成凹面，如图 4—1—1 所示。

主偏角不能小于 90°，否则会使端面的平面度超差或者在车削台阶端面时造成台阶端面与工件轴线不垂直的现象，通常，在车削端面时右偏刀的主偏角应为 90° ~93°。

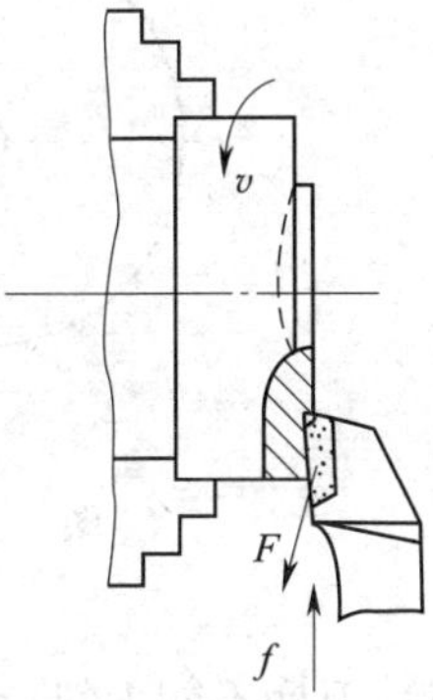

图 4—1—1　用右偏刀车削端面向中心进给时产生凹面

3. 车削外圆与端面时对车刀安装的工艺要求

车削外圆与车削端面时车刀的安装要求和方法基本相同，车刀安装得是否正确，将直接影响切削能否顺利进行和工件的加工质量。即使刃磨合理的车刀，如果安装得不正确，也会改变车刀工作时的实际角度。因此，车刀安装后必须保证做到以下几点：

（1）车刀的伸出长度不宜过长，否则在车削过程中会减弱刀柄的刚度，容易产生振动，影响工件的表面粗糙度，严重时会损坏车刀。通常车削外圆时，在不影响切削和观察的情况下，尽量缩短车刀伸出刀架部分的长度，一般为刀柄厚度的 1.5 倍左右。

（2）车刀下面的垫片数量不宜过多，否则易使车刀在加工中产生振动。通常在保证车刀高度的情况下，应尽量减少垫片数量，且垫片要平整，并应与刀架前端对齐，以防止车刀产生振动。

（3）压紧车刀用的螺钉不能少于两个，否则在车削过程中易使车刀移动，从而影响工件的加工。因此，为确保可靠装夹车刀，车刀至少要用两个螺钉压紧在刀架上，并轮流逐个拧紧。

（4）车刀的刀尖不宜高于或低于工件的回转中心，否则，由于切削平面和基面的位置发生变化，使车刀工作时的前角和后角数值发生改变。若刀尖装得高于工件回转中心（见图 4—1—2a），会使后角减小，增大了车刀后面与工件加工表面之间的摩擦，使工件表面产生硬化现象，并降低了表面质量；若刀尖装得低于工件回转中心（见图 4—1—2b），会使前角减小，切削力增大，导致切削不顺畅。通常，车削外圆时，刀尖一般应与工件轴线等高（见图 4—1—2c）。

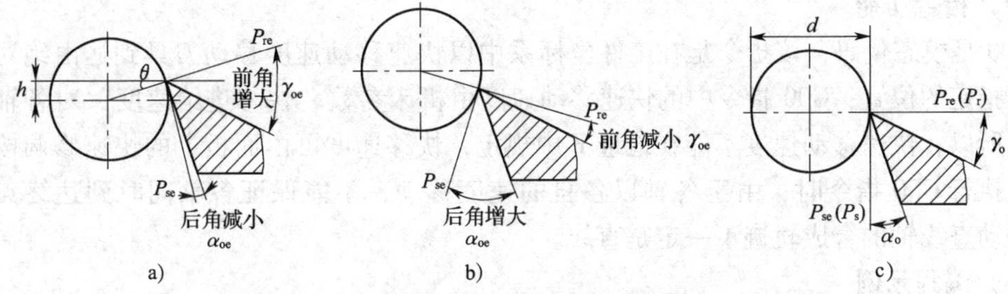

图 4—1—2　刀尖与工件不等高时前角和后角的变化

车削端面时，要严格保证车刀的刀尖对准工件的回转中心，以防车削后工件端面的中心处留有凸头，甚至车刀车到中心处会使刀尖崩碎（见图 4—1—3）。

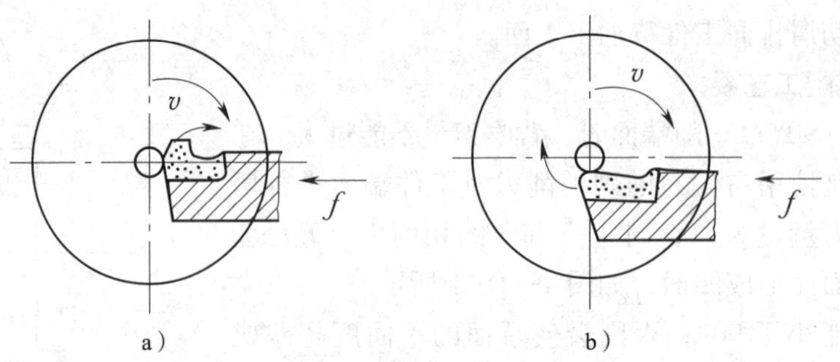

图 4—1—3　车刀刀尖不对准工件的回转中心使车刀崩碎

a）工件中心留有凸头　b）刀尖崩碎

（5）刀柄不能歪斜，否则会使车刀的主偏角和副偏角发生变化。其原因在于：当车刀的角度一定时，若主偏角增大，会使副偏角减小，加剧副切削刃与工件已加工表面之间的摩擦，容易引起振动，使工件表面产生振纹；若主偏角减小，则副偏角增大，影响工件的表面粗糙度，降低表面质量。同时，由于主偏角减小，使得径向切削力增大，当工件刚度较差时，易产生弯曲变形。因此，安装车刀时应使刀柄中心线与主轴轴线垂直。

4. 车削外圆与端面时工件安装的工艺要求

车削外圆与端面时，工件一般采用三爪自定心卡盘安装。工件安装在卡盘上，必须校正平面和外圆，两者必须同时兼顾。尤其是在加工余量较小的情况下，应着重注意校正余量小的部分，否则会使毛坯车不到规定的尺寸而产生废品。为了防止车削时因工件变形和振动而影响加工质量，工件在三爪自定心卡盘中装夹时，若工件直径小于等于 30 mm，其悬伸长度应不大于直径的 3 倍；若工件直径大于 30 mm，其悬伸长度应不大于直径的 4 倍，且应夹紧，以避免工件被车刀顶弯、顶落而造成打刀事故。

二、编程指令

1. G00——快速定位

（1）指令格式

G00 X（U）__ Z（W）__；

说明：

X、Z：快速定位的目标位置绝对坐标值（U、W 表示增量值）。

（2）指令功能

G00 是模态代码，该指令是在工件坐标系中以快速移动速度移动刀具到达由绝对或增量指令指定的位置；G00 指令中的快速移动速度由机床参数“快移进给速度”对各轴分别设定，所以，快速移动速度不能在地址 F 中规定，快移速度可由面板上的快速修调按钮修正。在执行 G00 指令时，由于各轴以各自的速度移动，不能保证各轴同时到达终点，因此，联动直线轴的合成轨迹不一定是直线。

（3）编程示例

如图 4—1—4 所示，要求刀具快速从 *A* 点移到 *B* 点，编程如下：

G00 X33. 0 Z2. 0；

说明：

1）G00 为模态指令，可由 G01、G02、G03 或 G33 功能注销。

2）移动速度不能用程序指令设定，而是由系统参数预先设置的。

3）G00 的执行过程：刀具由程序起始点加速到最大速度，然后快速移动，最后减速到终点，实现快速定位。

4）刀具实际运动路线并不是直线，而是折线，如图 4—1—4 所示，刀具先沿两轴夹角 45°同时移动，再移动剩余一轴，移动时要注意刀具是否与工件发生干涉。

5）G00 一般用于加工前的快速定位或加工后的快速退刀。

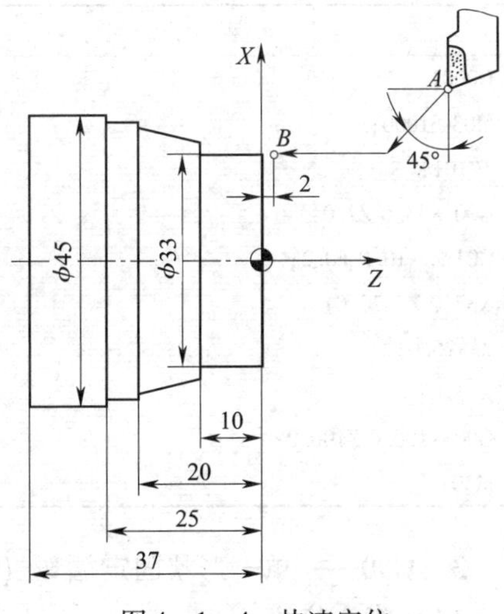

图 4—1—4　快速定位

2. G01——直线插补

（1）指令格式

G01 X（U）__ Z（W）__　F __；

说明：

X、Z：直线插补的目标位置绝对坐标值（U、W 表示增量值）；

F：进给率。

（2）指令功能

G01 是模态代码，该指令是以直线方式和命令给定的移动速率从当前位置移动到指定位置。

注意：

1）G01 指令后的坐标值可用绝对值，也可用增量值，由编程者根据情况确定。

2）进给速度由 F 指令确定，F 指令也是模态指令。

（3）编程示例

如图 4—1—5 所示，加工该零件外轮廓，用 G00、G01 指令编写精加工程序。

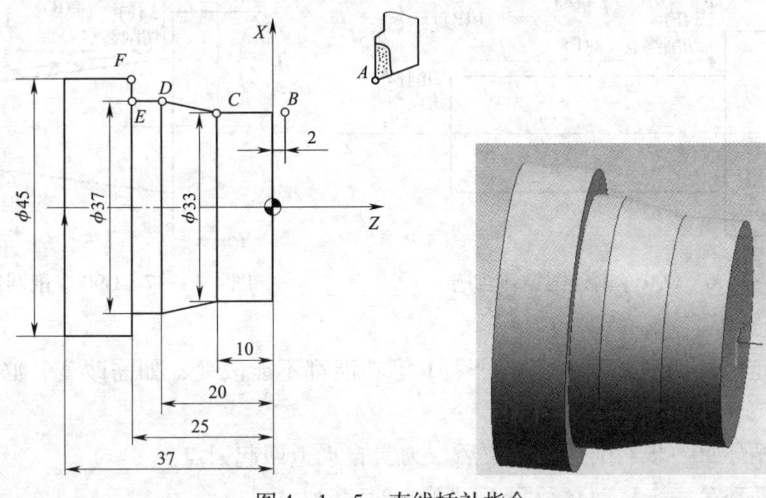

图 4—1—5　直线插补指令

程　序	说　明
O0001；	程序名
M03 S1000；	启动主轴，转速为 1 000 r/min
T0101；	选择 1 号刀
G00 X33.0 Z2.0；	快速定位至起点 *B*
G01 Z－10.0 F0.2；	加工 ϕ33 mm 外圆至 *C* 点
X37.0 Z－20.0；	加工锥面至 *D* 点
Z－25.0；	加工 ϕ37 mm 外圆至 *E* 点
X45.0；	加工端面至 *F* 点
G00 X100.0 Z100.0；	退刀至安全点
M30；	程序结束

3. G90——单一形状固定循环（外圆/圆锥）

（1）指令格式

G90　X（U）__　Z（W）__　R__　F__；

说明：

X、Z：切削终点的绝对坐标值；

U、W：切削终点的增量坐标值。

R：锥面起始端减终止端的半径差；

F：进给率。

（2）指令功能

如图 4—1—6 和图 4—1—7 所示，分别是 G90 车削外圆和圆锥循环轨迹，刀具从循环起点开始按矩形（或梯形）循环，最后又回到循环起点。图中刀具移动轨迹按照 1→2→3→4 进行，其中 1（R）、4（R）表示快速运动，2（F）、3（F）表示按照 F 指定的进给速度运行，车削外圆可省略 R。

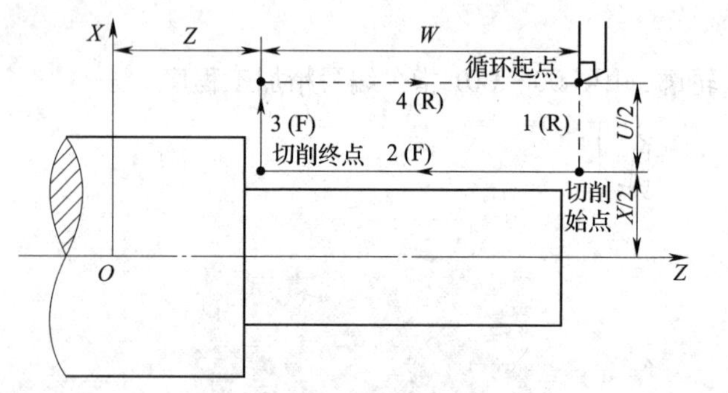

图 4—1—6　G90 车削外圆循环轨迹

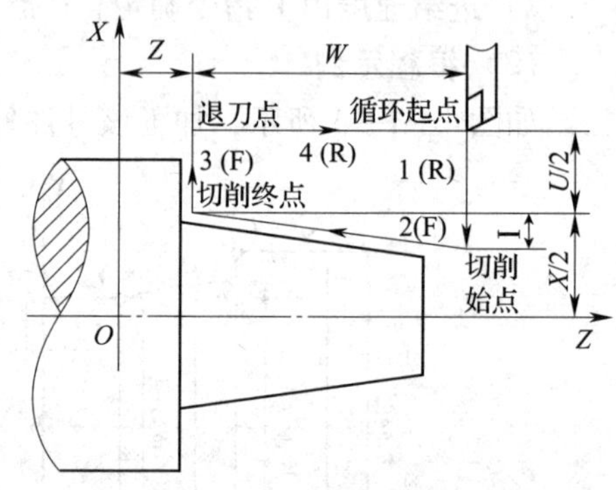

图 4—1—7　G90 车削圆锥循环轨迹

注意：

1）在固定循环切削过程中，M、S、T 等功能都不能改变，如需改变，必须在 G00 或 G01 的指令下变更。

2）G90 循环每一步切削加工结束后，刀具自动返回起刀点。

3）G90 循环第一步移动必须是 *X* 轴单方向移动。

（3）编程实例

如图 4—1—8 所示零件图，采用 G90 循环指令编写该零件的加工程序。

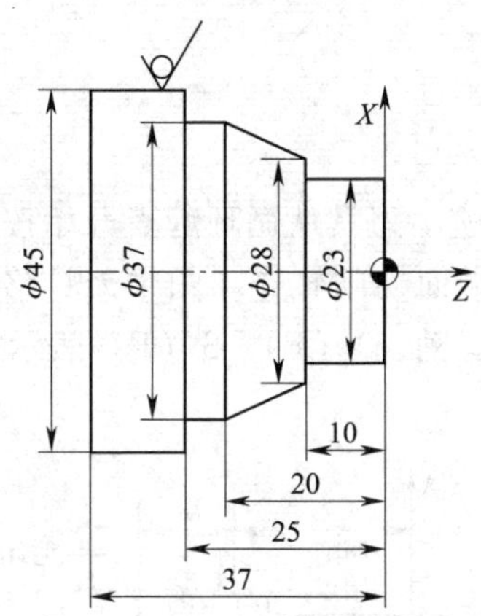

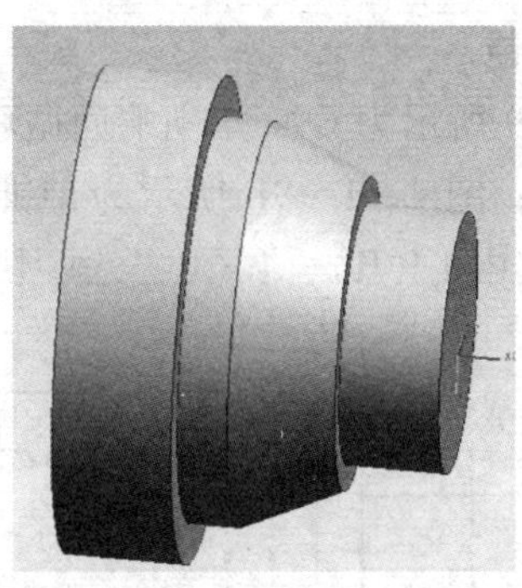

图 4—1—8　零件图

程　序	说　明
O0002;	程序名
M03 S600;	启动主轴，转速为 600r/min
T0101;	选择 1 号刀
G00 X46.0 Z2.0;	快速定位至循环前的起点（46，2）
G90 X41.0 Z-25.0 F0.2;	循环第一刀将图样上 ϕ37 外圆车至 ϕ41 mm
X37.5;	循环第二刀将图样上 ϕ37 外圆车至 ϕ37.5 mm
X33.0 Z-10.0;	循环第三刀将图样上 ϕ23 外圆车至 ϕ33 mm
X29.0;	循环第四刀将图样上 ϕ23 外圆车至 ϕ29 mm
X25.0;	循环第五刀将图样上 ϕ23 外圆车至 ϕ25 mm
X23.5;	循环第六刀将图样上 ϕ23 外圆车至 ϕ23.5 mm
G00 X40.0 Z-10.0;	重新定位至锥面循环起点
G90 X41.0 Z-20.0 R-4.5 F0.2;	循环第一刀车圆锥
X37.5;	循环第二刀车圆锥
G00 X46.0 Z2.0;	返回起点
S1200;	变速精车
G00 X23.0;	快速定位
G01 Z-10.0 F0.1;	精加工 ϕ23 mm 外圆
X28.0;	退刀至 ϕ28 mm 外圆
X37.0 Z-2.0;	精加工圆锥
Z-25.0;	精加工 ϕ37 mm 外圆
X46.0;	退刀
G00 X100.0 Z100.0;	快速退刀至（100，100）
M30;	结束程序并返回

4. G94——单一形状固定循环（端面）

（1）指令格式

G94　X（U）__　Z（W）__　F__;

说明：

X、Z：切削终点的绝对坐标值；

U、W：切削终点的增量坐标值；

F：进给率。

（2）指令功能

如图4—1—9所示为G94车削端面循环轨迹，刀具从循环起点开始按矩形循环，最后又回到循环起点；图4—1—9b所示为带锥度端面切削轨迹。图中刀具移动轨迹按照1→2→3→4进行，其中1（R）、4（R）表示快速运动，2（F）、3（F）表示按照F指定的进给速度运行。

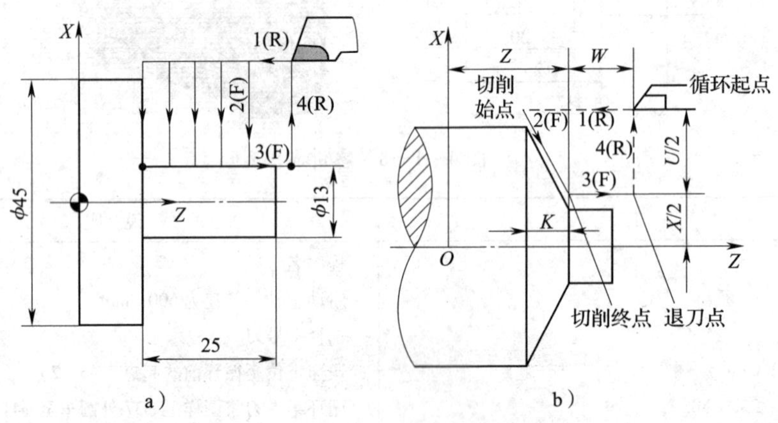

图4—1—9　G94车削端面循环轨迹

a）无锥度端面切削　b）带锥度端面切削

（3）编程示例

如图4—1—10所示零件图，应用G94循环指令编写该零件的加工程序。

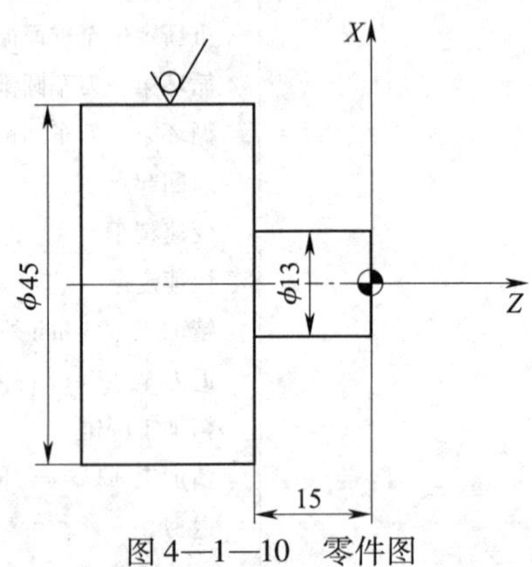

图4—1—10　零件图

程　序	说　明
O0003；	程序名
M03 S600；	启动主轴，转速为600r/min
T0101；	选择1号刀
G00 X46.0 Z2.0；	快速定位至循环前的起点（46，2）

续表

程　序	说　明
G94 X13.0 Z-3.0 F0.15;	循环第一刀车 ϕ13 mm 外圆至 Z-3
Z-6.0;	循环第二刀车 ϕ13 mm 外圆至 Z-6
Z-9.0;	循环第三刀车 ϕ13 mm 外圆至 Z-9
Z-12.0;	循环第四刀车 ϕ13 mm 外圆至 Z-12
Z-15.0;	循环第五刀车 ϕ13 mm 外圆至 Z-15
G00 X100.0 Z100.0;	退刀
M30;	程序结束并返回

三、技能训练

如图 4—1—11 所示，毛坯为 ϕ45 mm × 75mm 的 45 钢，用 FANUC 0i 系统及所学的 G00、G01、G90 指令编程加工该零件。

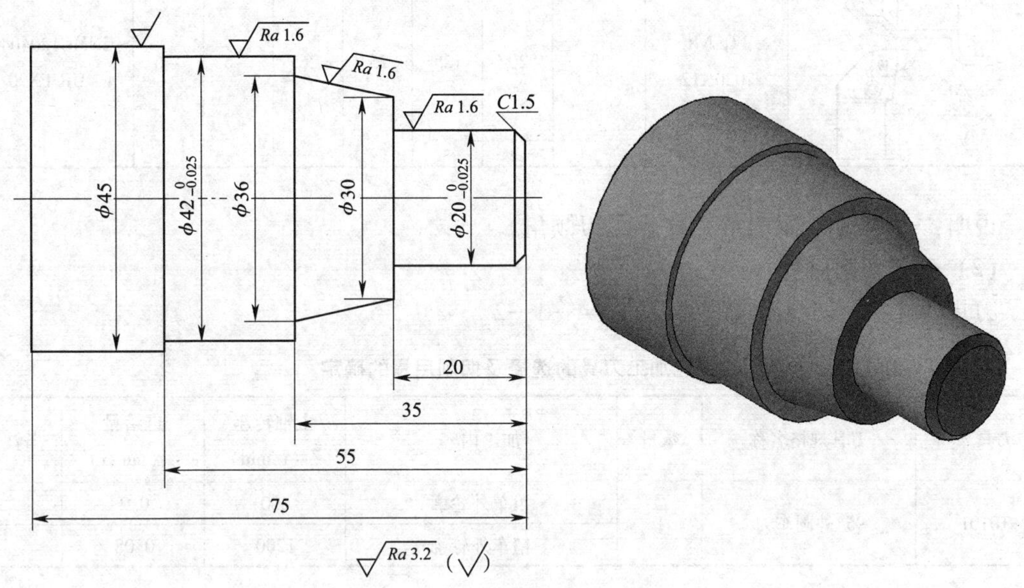

图 4—1—11　轴类零件加工实例

1. 工艺分析

（1）夹住毛坯 ϕ45 mm 外圆，伸出长度大于 55 mm→粗车图样上 $\phi 42_{-0.025}^{0}$ mm 外圆至 ϕ42.5 mm→粗车图样上 $\phi 20_{-0.025}^{0}$ mm 外圆至 ϕ20.5mm→粗车锥面。

（2）精车外轮廓至尺寸。

2. 选择刀具及确定切削用量

（1）刀具选择

选择如图 4—1—12 所示的机夹外圆车刀，刀具型号为 PCLNR2020K12，具体参数见表 4—1—1。

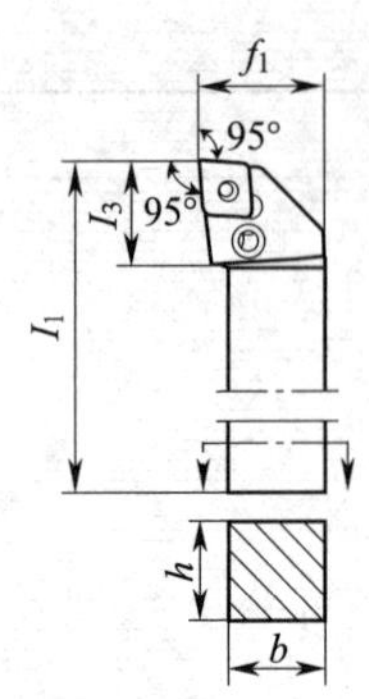

图 4—1—12 机夹外圆车刀

表 4—1—1 刀具参数

应用	刀具型号	尺寸/mm					γ_o /（°）	λ_s /（°）	
		h	b	l_1	f_1	l_3			
95°	PCLNR 2020K12	20	20	125	25	26	-6	-6	CNMG120404 - UR PX90

说明：表中 γ_o 表示前角，λ_s 表示刃倾角。

（2）确定切削用量

刀具的选择及切削用量的确定见表 4—1—2。

表 4—1—2 数控加工刀具的选择及切削用量的确定

刀具号	刀具规格名称	数量	加工内容	主轴转速 /（r/min）	进给量 /（mm/r）	备注
T0101	95°外圆车刀	1	粗车外轮廓	600	0.2	
			精车外轮廓	1200	0.08	

3. 程序编制

程 序	说 明
O0002;	程序名
M03 S600;	启动主轴，转速为 600r/min
T0101;	选择 1 号刀
G00 X46.0 Z2.0;	快速定位至循环前的起点（46，2）
G90 X42.5 Z-55.0 F0.2;	应用 G90 循环粗加工 ϕ42 mm 外圆
X39.5 Z-20.0;	应用 G90 循环粗加工 ϕ20 mm 外圆
X36.5;	
X33.5;	

续表

程　序	说　明
X30.5;	
X27.5;	
X24.5;	
X20.5;	
G00 X43.0 Z-20.0;	定位至锥面加工起点
G90 X40.0 Z-35.0 F0.2;	应用G90循环粗加工锥面部分外圆
X37.5;	
G90 X39.5 Z-35.0 R-3.0 F0.2;	粗加工锥面
X36.5;	
G00 X46.0 Z5.0;	定位
S1200;	变速精车
G04 X3.0;	延时3 s（变速）
G00 X17.0 Z1.0;	定位靠近加工起点
G01 Z0 F0.08;	
X20.0 Z-1.5;	倒角 $C1.5$ mm
Z-20.0;	精车外轮廓
X30.0;	
X36.0 Z-35.0;	
X42.0;	
Z-55.0;	
X46.0;	
G00 X100.0 Z100.0;	退刀
M30;	程序结束并返回

4. 质量分析

数控车床加工外圆和端面时经常遇到的加工误差、产生原因、预防和消除措施见表4—1—3。

表4—1—3　　外圆和端面加工误差分析

问题现象	产生原因	预防和消除措施
工件外圆尺寸超差	1. 刀具参数不准确 2. 切削用量选择不当产生让刀 3. 程序错误 4. 工件尺寸计算错误	1. 调整或重新设定刀具参数 2. 合理选择切削用量 3. 检查、修改程序 4. 正确计算工件尺寸
外圆表面粗糙度差	1. 切削速度太低 2. 安装刀具高于中心 3. 切屑缠绕在工件表面 4. 刀具磨损 5. 切削液选择不合理	1. 选择较高的主轴转速 2. 调整刀具中心高度 3. 选择合理的进刀方式和背吃刀量 4. 及时更换刀具或刀片 5. 正确选择切削液

续表

问题现象	产生原因	预防和消除措施
台阶处不清角	1. 程序错误 2. 刀具选择错误 3. 刀具损坏	1. 检查修改程序 2. 正确选择加工刀具 3. 更换刀片
加工时扎刀致工件报废	1. 进给量过大 2. 切屑阻塞 3. 工件安装不合理 4. 刀具角度选择不合理	1. 降低进给速度 2. 采用断、退屑方式切入 3. 检查工件安装，增加刚度 4. 正确选择刀具
台阶端面出现倾斜	1. 程序错误 2. 车刀安装不正确	1. 检查、修改程序 2. 正确安装刀具
工件圆度超差或产生锥度	1. 车床主轴间隙过大 2. 程序错误	1. 调整车床主轴间隙 2. 检查、修改程序

思考与练习

如图4—1—13所示零件，材料为45钢，在FANUC 0i系统数控车床上加工该零件，试编写其加工程序并进行加工。

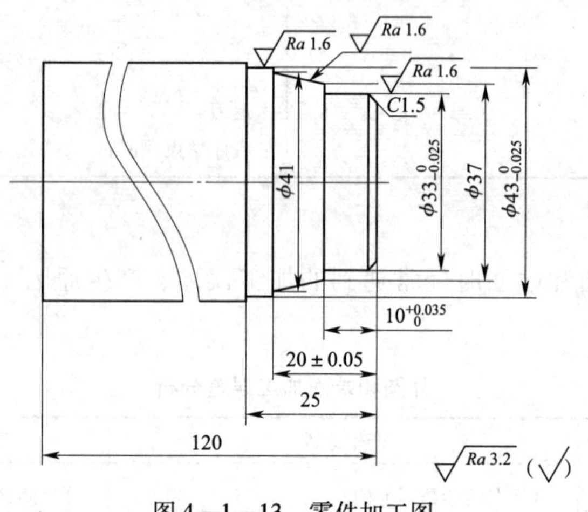

图4—1—13　零件加工图

课题2　车削圆弧面

学习目标

1. 掌握G02、G03指令的应用。
2. 掌握G40、G41、G42指令的应用。
3. 能正确合理地安排圆弧加工工艺路线。

一、加工工艺路线的确定和对刀具的要求

1. 圆弧加工工艺路线的确定

应用 G02 或 G03 指令车削圆弧时，当余量较大时采用一刀成形将圆弧加工出来，背吃刀量太大，容易扎刀。因此，实际车削圆弧时，需要先粗加工切除较大的余量，再精车成形。

图 4—2—1 所示为车削圆弧的阶梯形切削路线，即先粗车成阶梯形状，最后一刀精车出圆弧。该方法在确定了背吃刀量 a_p后，需精确计算出粗车的终刀距 S，即求圆弧与直线的交点。此方法刀具切削距离运动较短，但计算较烦琐。

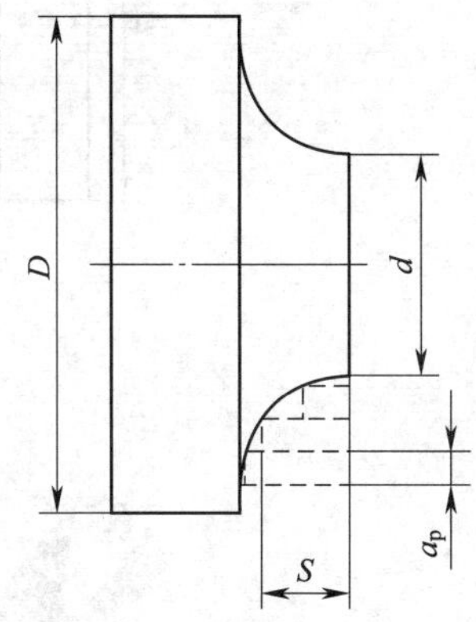

图 4—2—1 阶梯形切削路线车削圆弧

图 4—2—2 所示为采用圆弧的同心圆弧切削路线，即沿不同的半径圆来车削，最后将所需圆弧加工出来。此方法在确定了背吃刀量 a_p后，90°圆弧的起点、终点坐标比较容易确定，数值计算简单，编程方便，因此常被采用。但用图 4—2—2b 所示路线加工时，空行程较长。

如图 4—2—3 所示为车圆弧的车锥法切削路线，即先车一个圆锥，再车圆弧。但要注意车圆锥时起点和终点的确定，若确定不好，则可能损坏圆弧表面，也可能将余量留的过大。确定方法如图 4—2—3 所示，连接 OC 交圆弧于 D，过 D 点作圆弧的切线 AB。由几何关系可知：$CD = OC - OD = 0.414R$，此为车锥时的最大切削余量，即车锥时的加工路线不能超过 AB 线。由图示关系，可得 $AC = BC = 0.5R$。此方法数值计算比较烦琐，刀具切削线路较短。

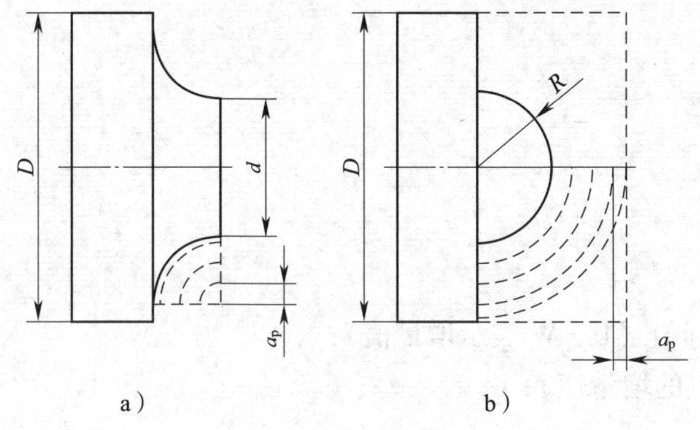

图 4—2—2 同心圆切削路线车削圆弧

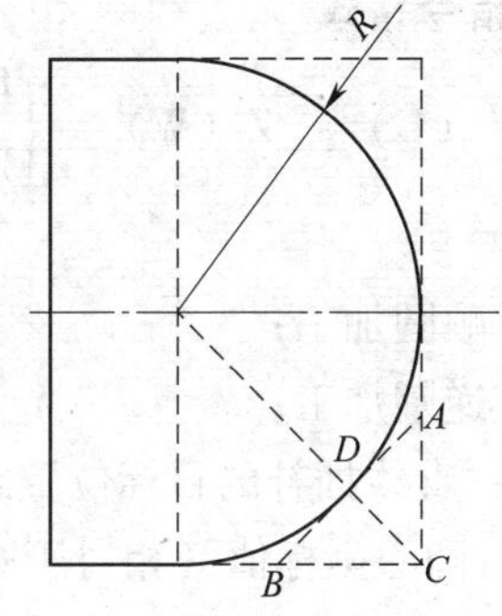

图 4—2—3 车锥法切削路线车削圆弧

如图 4—2—4 所示为车圆弧的平移轨迹路线，即在加工圆弧时，根据圆弧总切削深度和背吃刀量综合考虑，将圆弧起点和终点同时向外平移，圆弧半径不变。此方法在加工时计算简单，但有空刀，如图 4—2—4a 所示为凹圆弧平移轨迹路线加工，图 4—2—4b 所示为凸圆弧平移轨迹路线加工。

2. 圆弧车削对刀具的要求

车削圆弧时，应该使用标准半径的圆弧车刀，这类刀具通过手工磨削往往无法达到要求，应选用图 4—2—5 所示的标准数控车刀。

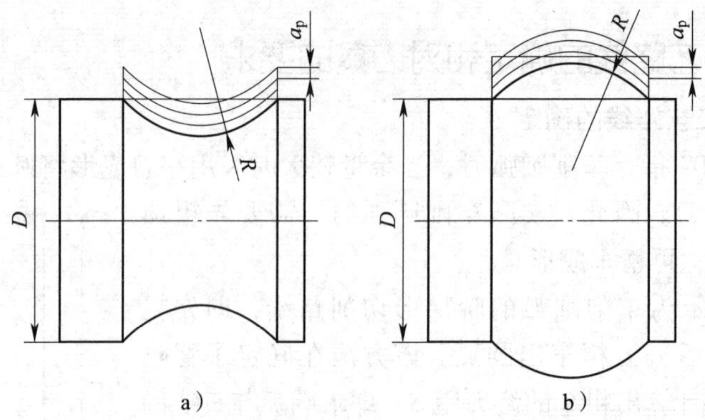

图 4—2—4　车削圆弧的平移轨迹路线图

图 4—2—5　标准刀尖圆弧半径的外圆车刀

二、编程指令

1．G02/G03——顺圆加工/逆圆加工

（1）指令格式

$$\left.\begin{matrix}G02\\G03\end{matrix}\right\}X（U）\_\_\ Z（W）\_\_\left\{\begin{matrix}I\_\_\quad K\_\_\\R\_\_\end{matrix}\right.\quad F\_\_;$$

说明：

G02：顺圆加工；

G03：逆圆加工；

X、Z：直线插补的目标位置绝对坐标值（U、W 表示增量值）；

I、K：圆心坐标值（相对于圆弧起点的增量值）；

R：圆弧半径；

F：进给率。

（2）指令功能

G02/G03 是模态代码，该指令是以顺时针或逆时针圆弧方式、给定的半径和指定移动速率从当前位置移动到指定位置。

注意：

1）顺、逆圆弧判断。圆弧插补顺逆方向的判断方法是：如图 4—2—6 所示，从正对着处在圆弧所在平面（如 *ZX* 平面）的另一根轴（*Y* 轴）的正方向看该圆弧，顺时针方向圆弧为 G02，逆时针方向圆弧为 G03。

2）加工圆弧前，刀具必须停到圆弧起点。

3）用半径 R 指定圆心位置时，由于在同一半径 R 的情况下，从圆弧的起点到终点有两个圆弧的可能性，如图 4—2—7 所示，为区别二者，规定圆心角 $\alpha \leqslant 180°$时，即图中的圆弧 1，R 取正值；圆心角 $\alpha > 180°$时，即图中的圆弧 2，R 取负值。一般情况下，在数控车床加工时一般不会出现 $\alpha > 180°$情况。

X
逆时针圆弧（G03）
顺时针圆弧（G02）
Z
Y

图 4—2—6　圆弧插补方向的判断

（3）编程实例

加工如图 4—2—8 所示零件的外轮廓，试编写其数控车削精加工程序。

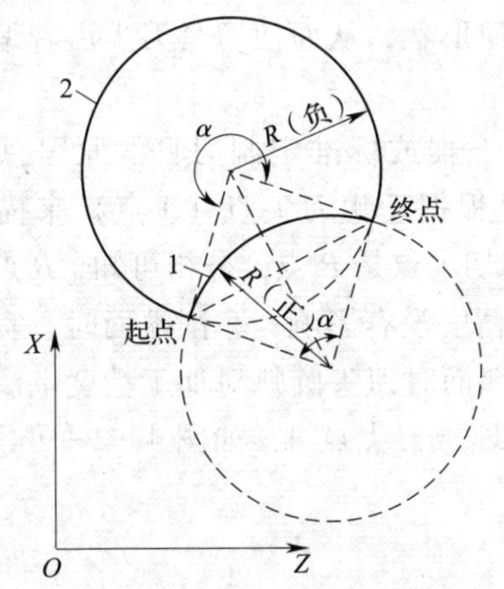

图 4—2—7　指定圆心位置的圆弧半径确定

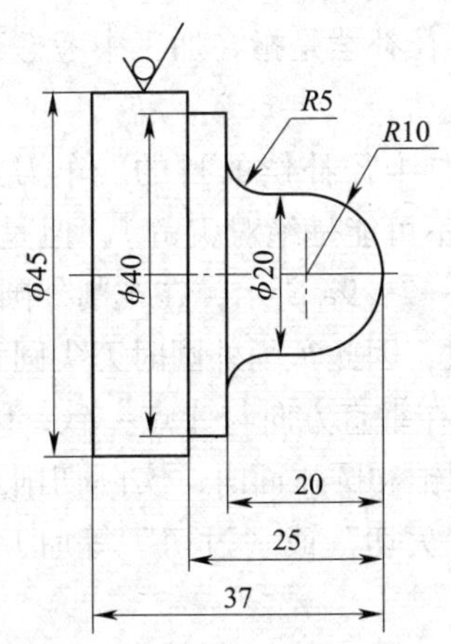

图 4—2—8　圆弧加工实例

程　序	说　明
O0001；	程序名
M03 S1000；	启动主轴，转速 1 000 r/min
T0101；	选择 1 号刀
G00 X0 Z2.0；	快速移动靠近工件
G01 Z0 F0.2；	定位至起点
G03 X20.0 Z－10.0 R10.0 F0.08；	加工 $R10$ mm 凸圆弧
G01 Z－15.0 F0.08；	加工 $\phi20$ mm 外圆
G02 X30.0 Z－20.0 I10.0 K0；	加工 R 圆弧
G01 X40.0；	加工端面至 $\phi40$ mm
Z－25.0；	加工 $\phi40$ mm 外圆
X46.0；	退刀
G00 X100.0 Z100.0；	退刀至安全点
M30；	程序结束

注意：在加工锥面或圆弧面轮廓时，因刀尖圆弧半径 $R = 0.4$ mm，若加工时不进行刀尖圆弧半径补偿，加工轮廓会出现“欠切”或“过切”等加工误差。

2. G41/G42/G40——刀尖圆弧半径补偿

(1) 指令格式

G41
G42 } G00/G01 X __ Z __;
G40

说明:

G41:刀尖圆弧半径左补偿;

G42:刀尖圆弧半径右补偿;

G40:取消刀尖圆弧半径补偿。

(2) 指令功能

刀具半径补偿是指在加工中考虑刀具的几何形状,从而使刀具刀尖沿着编程中设定的加工轨迹运动。

1)刀具半径补偿的目的。车刀刀尖由于磨损或标准定制刀具的原因总有一个圆弧(车刀刀尖不可能是绝对尖的),但是,编程是根据理想刀尖点(*A* 点)来描述刀具轨迹的。如图 4—2—9a 所示,在车削外圆时,实际切削点是 *B* 点,分析可知,*B* 点在水平方向与 *A* 点一致,因此车削外圆时刀尖圆弧对加工精度没有影响;车削端面时,实际切削点是 *C* 点,*C* 点在垂直方向与 *A* 点一致,因此车削端面时刀尖圆弧对加工精度也没有影响;但是在车削圆锥和圆弧面时,实际切削点并不是理想刀尖点 *A*,如图 4—2—9b 所示,因此,就会造成“欠切”或“过切”等加工误差。

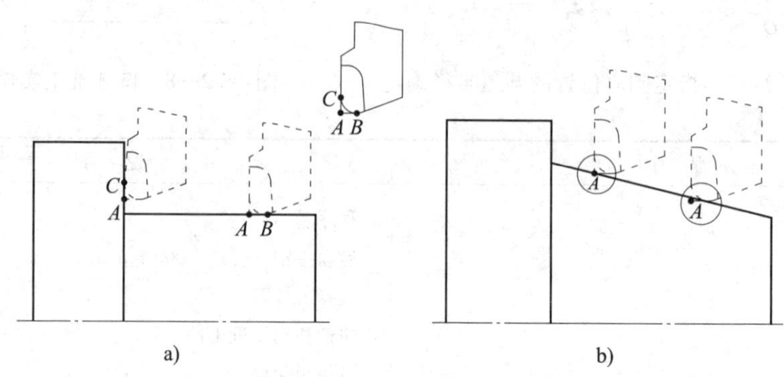

图 4—2—9 刀尖圆弧对加工产生的影响

a)车削外圆和端面 b)车削锥面时产生的误差

消除数控车削加工误差的方法通常采用车床的刀具半径补偿功能,编程时只需按工件轮廓编程,执行刀具半径补偿后,刀具自动补偿误差值,从而消除了刀尖圆弧半径对工件形状和尺寸的影响。

2)刀尖方位号。对应每个刀具补偿号,都有一组偏置量 *X*、*Z*,刀尖圆弧半径补偿量 *R* 和刀尖方位号 TIP。如果在程序中输入“G00 G42 X100.0 Z3.0 T0101”,则数控系统会按照 01 号刀具补偿值自动修正刀具的安装误差,并根据刀尖圆弧半径补偿值,自动将刀尖移至正确的位置。

刀尖方位号如图 4—2—10 所示。

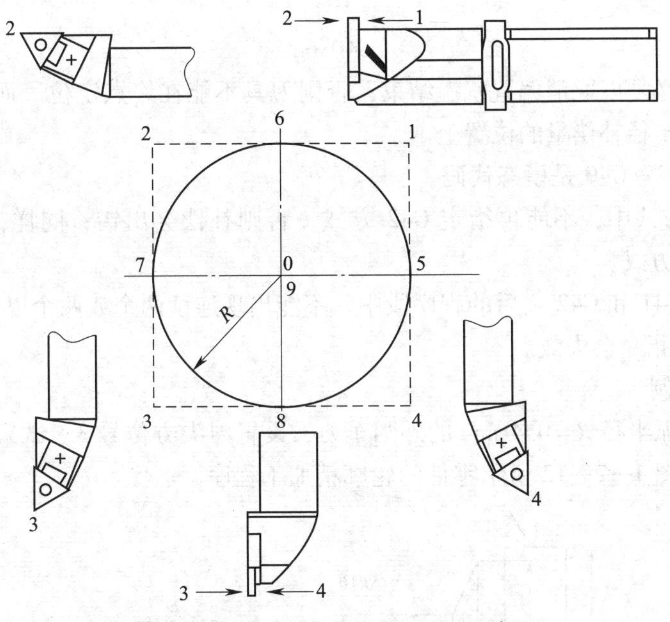

图 4—2—10　刀尖方位号（后置刀架）

（3）刀尖圆弧半径补偿的使用方法

如图 4—2—11 所示，刀尖圆弧半径 R 值和刀尖方位号通过操作面板上的 OFFSET 参数设置。在程序中使用 G41/G42/G40 指令进行刀尖圆弧半径补偿。具体注意事项如下：

工具补正　　　O0001　　N　0001

番号	X	Z	R	T
01	211.289	646.953	0.400	3
02	0.000	0.000	0.000	0
03	0.000	0.000	0.000	0
04	0.000	0.000	0.000	0
05	0.000	0.000	0.000	0
06	0.000	0.000	0.000	0
07	0.000	0.000	0.000	0
08	0.000	0.000	0.000	0

现在位置（相对坐标）

U　257.289　W　647.953

〉　　　S　500　　1

MEM　****　***　***

[NO检索] [测量] [C.输入] [+输入] [输入]

图 4—2—11　刀补参数输入画面

1）G41、G42、G40 指令不能与圆弧切削指令写在同一个程序段内，但可以与 G00、G01 指令写在同一程序段内，即它是通过直线运动来建立或取消刀具补偿的。

2）在调用新刀具前或更改刀具补偿方向时，中间必须取消前一个刀具补偿，避免产生加工误差。

3）在 G41 或 G42 程序段后面加 G40 程序段，便可以取消刀尖圆弧半径补偿，其格式为

G41（或 G42）…；

…;

G40…;

程序的最后必须以取消偏置状态结束，否则刀具不能在终点定位，而是停在与终点位置偏移一个刀尖半径补偿量的位置上。

4）G41、G42、G40 是模态代码。

5）在 G41 方式中，不能再指定 G42 方式，否则补偿会出错；同样，在 G42 方式中，不能再指定 G41 方式。

6）在使用 G41 和 G42 之后的程序段中，不能出现连续两个或两个以上的不移动指令，否则 G41 和 G42 指令会失效。

（4）编程实例

选择刀尖圆弧半径 $R=0.4$ mm 的外圆车刀，设置刀尖方位号 3，试采用刀尖圆弧半径补偿指令编制如图 4—2—12 所示零件的轮廓精加工程序。

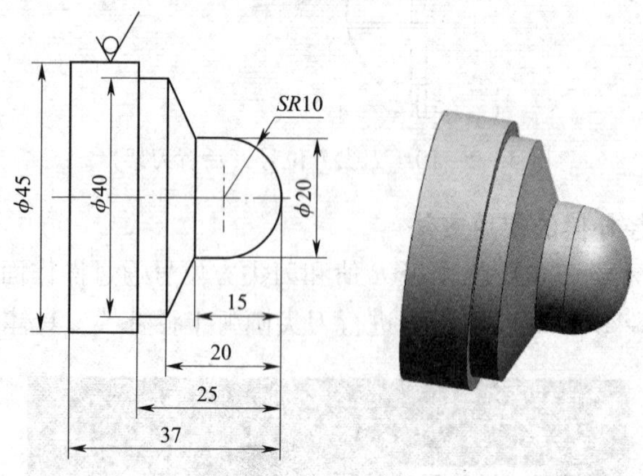

图 4—2—12　应用刀尖圆弧半径补偿加工实例

程　序	说　明
O0001;	程序名
M03 S1000;	启动主轴，转速 1 000 r/min
T0101;	选择 1 号刀
G00 X0 Z2.0;	快速定位靠近起点
G42 G01 X0 Z0 F0.2;	定位至起点，建立刀尖圆弧半径右补偿
G03 X20.0 Z-10.0 R10.0 F0.08;	加工 $R10$ mm 凸圆弧
G01 Z-15.0 F0.08;	加工 $\phi20$ mm 外圆
X40.0 Z-20.0;	加工锥面
Z-25.0;	加工 $\phi40$ mm 外圆
X46.0;	退刀
G40 G00 X100.0 Z100.0;	退刀至安全点，取消刀尖圆弧半径补偿
M30;	程序结束

三、技能训练

如图 4—2—13 所示，毛坯为 $\phi45$ mm × 75mm 的 45 钢，用 FANUC 系统所学的指令编程加工该零件。

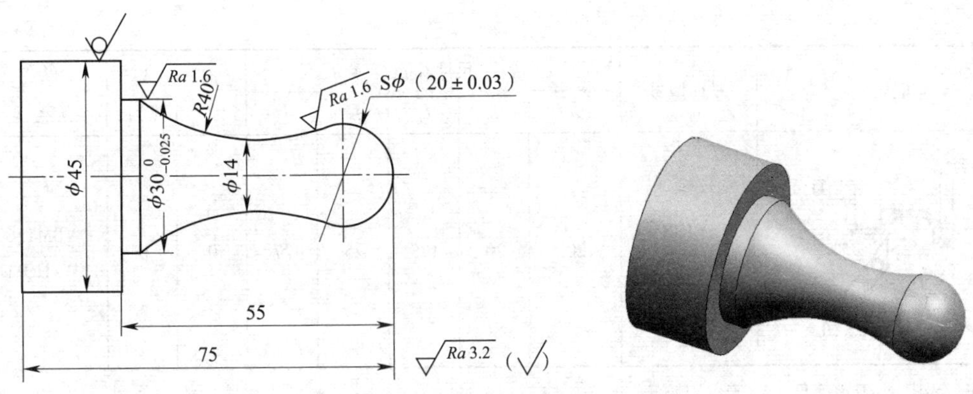

图 4—2—13　轴类零件加工实例

1. 工艺分析

（1）夹住毛坯 $\phi45$ mm 外圆，伸出长度 60 mm→粗车 $\phi30$ mm 外圆至 $\phi30.5$ mm→粗车 $\phi20.5$ mm 至 Z－40→倒角法粗车半球→粗车成形面。

（2）精车外轮廓至尺寸。

2. 选择刀具及确定切削用量

（1）刀具选择

选择如图 4—2—14 所示机夹外圆车刀，刀具型号分别为 PCLNR2020K12 和 SVJBR2020K11，具体参数见表 4—2—1。

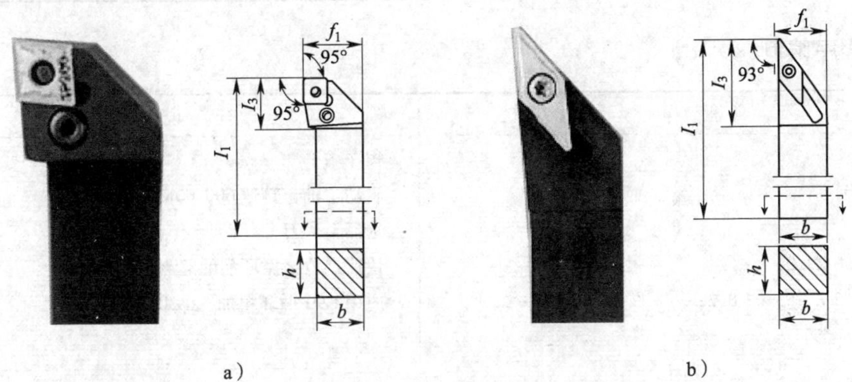

图 4—2—14　外圆车刀

a）PCLNR2020K12　b）SVJBR2020K11

表 4—2—1　　刀具参数表

应用	刀具型号	尺寸/mm					γ_o	λ_s	
		h	b	l_1	f_1	l_3	（°）	（°）	
95°	PCLNR 2020K12	20	20	125	25	26	－6	－6	CNMG120404 －UR PX90

续表

应用	刀具型号	尺寸/mm					γ_o (°)	λ_s (°)	
		h	b	l_1	f_1	l_3			
93° 50°	SVJBR 2020K11	20	20	125	25	27	0	0	VBMT1604 14 - HQ TN60

注：表中 γ_o 表示前角，λ_s 表示刃倾角。

(2) 确定切削用量

刀具的选择及切削用量的选择见表 4—2—2。

表 4—2—2　　数控加工刀具及切削用量选择

刀具号	刀具规格名称	数量	加工内容	主轴转速 / (r/min)	进给量 / (mm/r)	备注
T0101	95°外圆车刀	1	粗车外轮廓	600	0.2	
T0202	93°外圆车刀	1	粗车成形面	600	0.15	
			精车外轮廓	1200	0.08	

3. 程序编制

程　序	说　明
O0002;	程序名
M03 S600;	启动主轴，转速 600 r/min
T0101;	选择 1 号刀
G00 X46.0 Z2.0;	快速定位至循环前的起点（46，2）
G90 X42.5 Z-55.0 F0.2;	应用 G90 循环粗加工 ϕ30 mm 外圆
X39.5;	
X36.5;	
X33.5;	
X30.5;	
X27.5 Z-40.0;	应用 G90 循环粗加工成形面至 ϕ20 mm 外圆
X24.5;	
X20.5;	
G00 X21.0 Z0;	用倒角法粗车半球
G01 U-6.0 F0.5;	
U6 W-3.0 F0.15;	
G00 Z0;	
G01 U-12.0 F0.5;	
U12 W-5.0 F0.15;	
G00 Z0;	

续表

程　序	说　明
X100.0 Z100.0;	
T0202 S600;	粗车外轮廓
G00 X0.5 Z2.0;	
G01 Z0 F0.08;	
G03 X21.3 Z-13.41 R10.0;	
G02 X30.5 Z-51.06 R40.0;	
G00 X60.0 Z5.0;	退刀
S1200;	变速精车
G00 X0 Z2.0;	快速移动靠近工件
G01 Z0 F0.08;	定位至起点
G03 X18.8 Z-13.41 R10.0;	精车 $S\phi20$ mm 球
G02 X30.0 Z-51.06 R40.0;	精车凹圆弧
G01 Z-55.0;	精车 $\phi30$ mm 外圆
X46.0;	精车端面
G00 X100.0 Z100.0;	退刀
M05;	主轴停
M30;	程序结束并返回

4. 质量分析

数控车床加工圆弧时经常遇到的加工误差、产生原因、预防和消除的措施见表4—2—3。

表4—2—3　　圆弧加工误差分析

问题现象	产生原因	预防和消除措施
切削过程中产生干涉	1. 刀具参数选择不正确 2. 刀具安装不正确 3. 程序编制错误	1. 正确选择刀具 2. 正确安装刀具 3. 正确编制程序
圆弧凹凸方向错误	程序不正确	正确编制程序
圆弧尺寸不符合要求	1. 程序不正确 2. 刀具磨损 3. 未正确使用刀尖圆弧半径补偿	1. 正确编制程序 2. 及时更换刀具 3. 正确使用刀尖圆弧半径补偿

思考与练习

1. 如何判断圆弧是顺圆还是逆圆？

2. 为什么要用刀尖圆弧半径补偿？如何使用刀尖圆弧半径补偿的指令？

3. 刀尖圆弧半径对圆锥面、圆弧面加工是否有影响？为什么？

5. 如图4—2—15所示零件，在FANUC 0i系统数控车床上加工该零件，试编写其加工程序并进行加工。

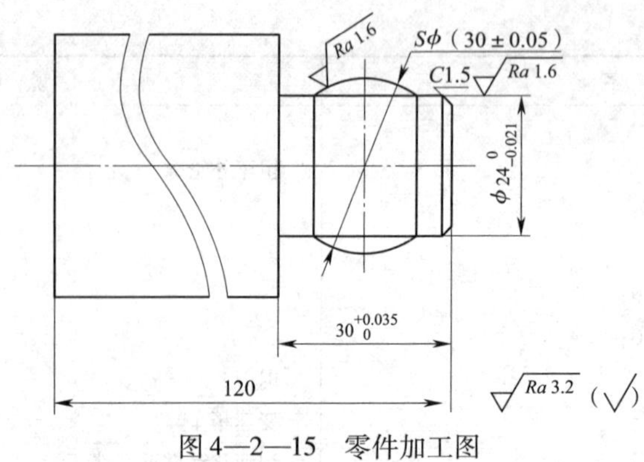

图 4—2—15　零件加工图

课题 3　外圆粗车复合循环 G71/G70 的应用

学习目标

1. 理解 G71 功能的特点，掌握 G71、G70 指令的应用。
2. 掌握台阶轴零件加工的工艺方法。
3. 能合理设置 G71 的参数。
4. 能在粗加工后调整磨耗值，控制加工精度。

一、复合循环功能加工特点

1. G71 外圆粗车复合循环特点

外圆粗车复合循环指令适合切除棒料毛坯的大部分加工余量，主要用于径向尺寸要求比较高、轴向尺寸大于径向尺寸的毛坯工件的粗车循环。

如图 4—3—1a 所示为 G71 指令粗车外轮廓的走刀轨迹，图中 *C* 点为粗车循环起刀点，*A* 点是毛坯外圆与端面轮廓的交点，Δw 为轴向精加工余量，Δu 是径向精加工余量，Δd 是背吃刀量，*e* 是径向退刀量。该循环根据编程参数，以阶梯轨迹法自动实现轮廓粗加工，并在最后一刀沿轮廓表面留均匀余量加工零件。

2. G70 外圆精车循环特点

当用 G71、G72、G73 指令粗加工工件后，用 G70 来指定精车循环，切除粗加工余量，如图 4—3—1b 所示为精加工轨迹。

二、G71 指令——外圆粗车复合循环

1. 指令格式

G71 U（Δd）　R（e）；

G71 P（ns）　Q（nf）　U（Δu）　W（Δw）　F（f）；

说明：

Δd：背吃刀量（半径量，无符号）；

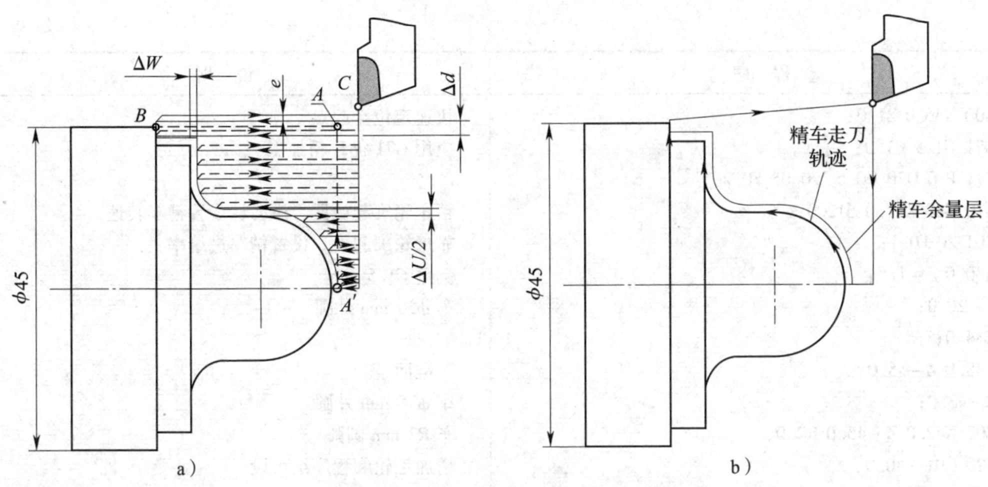

图 4—3—1　G71/G70 走刀轨迹

a）G71 粗车循环轨迹　b）G70 精车循环轨迹

e：退刀量；

ns：指定精加工路线的第一个程序段号；

nf：指定精加工路线的最后一个程序段号；

Δu：*X* 方向上的精加工余量（直径量）和方向（外轮廓用"+"，内轮廓用"-"）；

Δw：*Z* 方向上的精加工余量和方向。

在 *ns* ~ *nf* 程序段内的 F、S、T 功能无效。在整个粗车循环中，只执行循环开始前指令的 F、S、T 功能。

2. 编程示例

加工如图 4—3—2 所示零件，毛坯尺寸为 ϕ45 mm × 75mm，材料为 45 钢，试采用 G71/G70 指令编写其数控车加工程序。

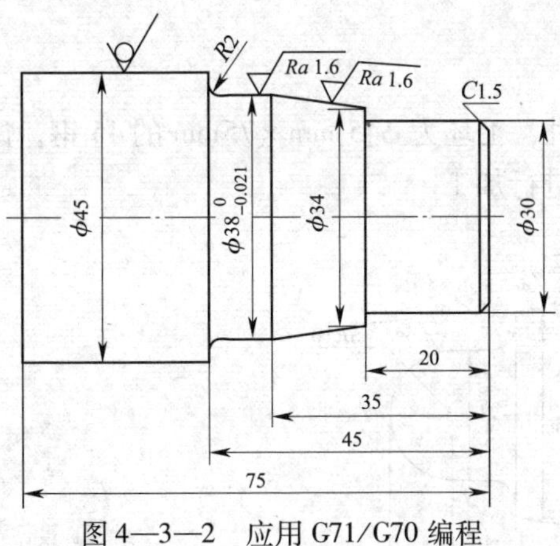

图 4—3—2　应用 G71/G70 编程

程　序	说　明
O0001;	程序名
M03 S600;	启动主轴，转速 600 r/min
T0101;	选择 1 号刀

续表

程　序	说　明
G00 X46.0 Z1.0;	快速定位至起点
G71 U1.5 R1.0;	应用 G71 循环粗加工
G71 P10 Q20 U0.5 W0.05 F0.2;	
N10 G00 X27.0 S1200;	精车轮廓起始段，进刀，设置精车转速
G01 Z0 F0.1;	靠近轮廓起点，设置精车进给率
X30.0 Z-1.5;	倒角 C1.5 mm
Z-20.0;	车 ϕ30 mm 外圆
X34.0;	
X38.0 Z-35.0;	车锥面
Z-43.0;	车 ϕ38 mm 外圆
G02 X42.0 Z-45.0 R2.0;	车 R2 mm 圆弧
N20 G01 X46.0;	精加工轮廓程序结束段
G70 P10 Q20;	应用 G70 指令精加工轮廓
G00 X100.0 Z100.0;	退刀
M05;	主轴停
M30;	程序结束

提示

（1）G71 循环前的定位点必须是毛坯以外并且靠近工件毛坯的点，该点会被用于确定毛坯的大小，即从该点起开始粗加工零件。

（2）应用 G71 循环粗加工时，精加工轮廓程序起始段必须是 X 轴单方向运动，不可以有 Z 轴动作，否则会产生程序报警，轮廓形状在平面构成轴（Z 轴、X 轴）方向上必须是单调增加或单调减小。

（3）G70 精车循环之前的定位点，要求必须是毛坯外的点，该点将被系统认为精加工结束后的退刀点，若小于毛坯，将会出现撞刀事故。

三、技能训练

如图 4—3—3 所示零件，毛坯为 ϕ45 mm×75mm 的 45 钢，试采用 G71、G70 循环指令编写其数控车加工程序并进行加工。

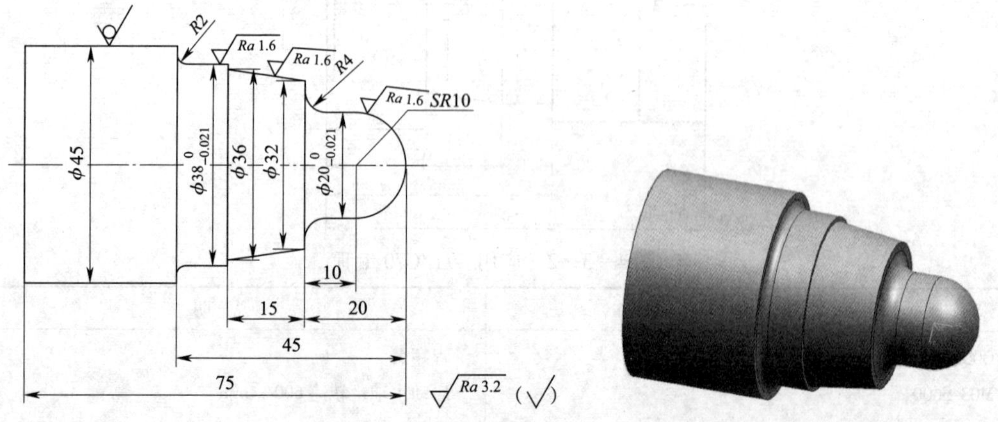

图 4—3—3　轴类零件加工实例

1. 工艺分析

（1）夹住毛坯 ϕ45 mm 外圆，伸出长度 50 mm，应用 G71 循环指令粗加工外轮廓。

（2）应用 G70 循环指令精车外轮廓。

2. 选择刀具及确定切削用量

（1）刀具选择

选择如图 4—3—4 所示机夹外圆车刀，刀具型号 PCLNR2020K12，具体参数见表 4—3—1。

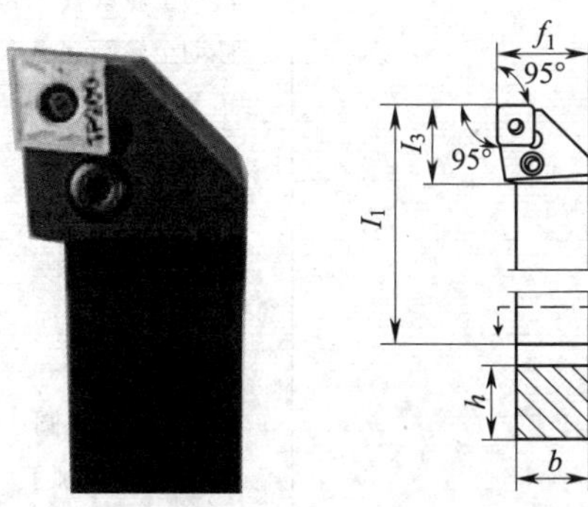

图 4—3—4 外圆车刀

表 4—3—1 刀具参数表

应用	刀具型号	尺寸/mm					γ_o (°)	λ_s (°)	
		h	b	l_1	f_1	l_3			
95°	PCLNR 2020K12	20	20	125	25	26	-6	-6	CNMG120404 - UR PX90

注：表中 γ_o 表示前角，λ_s 表示刃倾角。

（2）确定切削用量

刀具的选择及切削用量的确定见表 4—3—2。

表 4—3—2 数控加工刀具及切削用量选择

刀具号	刀具规格名称	数量	加工内容	主轴转速 /（r/min）	进给量 /（mm/r）	备注
T0101	95°外圆车刀	1	粗车成形面	600	0.2	
			精车外轮廓	1200	0.08	

3. 程序编制

程　序	说　明
O0003；	程序名
M03 S600；	启动主轴，转速 600 r/min
T0101；	选择 1 号刀
G00 X46.0 Z2.0；	快速定位至循环前的起点（46，2）
G71 U2.0 R1.0；	设置 G71 循环参数
G71 P10 Q20 U0.5 W0.03 F0.2；	
N10 G00 X0 S1200；	精加工轮廓程序起始段，进刀
G42 G01 Z0 F0.08；	移动至轮廓起点，刀尖圆弧半径右补偿
G03 X20.0 Z－10.0 R10.0；	车 *SR*10 mm 半球
G01 Z－16.0；	车 ϕ20 mm 外圆
G02 X28.0 Z－20.0 R4.0；	车 *R*4 mm 圆弧
G01 X32.0；	车台阶端面
X36.0 Z－35.0；	车锥面
X38.0；	车台阶端面
Z－43.0；	车 ϕ38 mm 外圆
G02 X42.0 Z－45.0 R2.0；	车 *R*2 mm 圆弧
N20 G40 G01 X46.0；	退刀，取消刀尖圆弧半径补偿
G00 X100.0 Z100.0；	退刀
M05；	主轴停
M00；	程序暂停（测量，修改磨耗值补偿误差）
M03 S1200；	启动主轴
T0101；	执行刀补
G00 X46.0 Z2.0；	定位
G70 P10 Q20；	精加工
G00 X100.0 Z100.0；	退刀
M05；	主轴停
M30；	程序结束并返回

4. 操作注意事项

（1）设置如图 4—3—5 所示刀具参数，在 01 号刀具形状参数中设置 R＝0.4，T＝3。

（2）如图 4—3—6 所示零件加工过程，当程序 G71 循环粗加工执行结束后，此时主轴和程序均暂停，测量工件尺寸，若存在误差，应当在刀具参数表 01 号参数磨耗值中进行补偿。如检测外圆尺寸 ϕ38 mm 为 ϕ38.63 mm，比理论值 ϕ38.5 mm 偏大 0.13 mm，则需要在 01 号参数磨耗值 X 位置输入“－0.13”，以便在精加工时进行补偿。

（3）调整参数完毕后，按“循环启动”键继续执行程序，精加工零件，最终状态如图 4—3—6c 所示。为了确保加工质量，此时仍需检测，符合加工要求后方可拆卸工件。

5. 质量分析

数控车床加工轴类零件经常遇到的加工误差、产生的原因、预防和消除的措施见表 4—3—3。

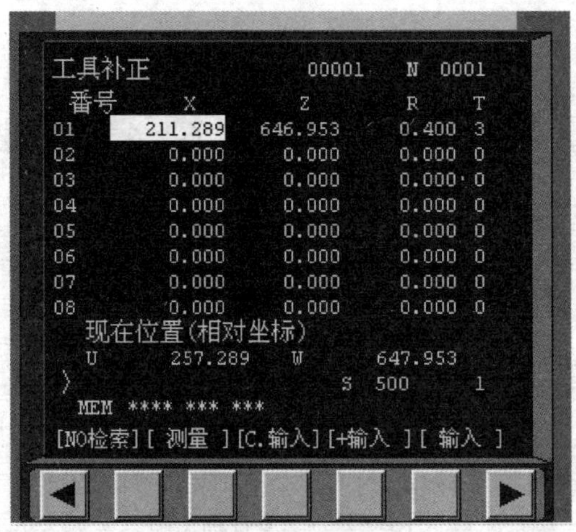

图 4—3—5　刀具参数输入画面

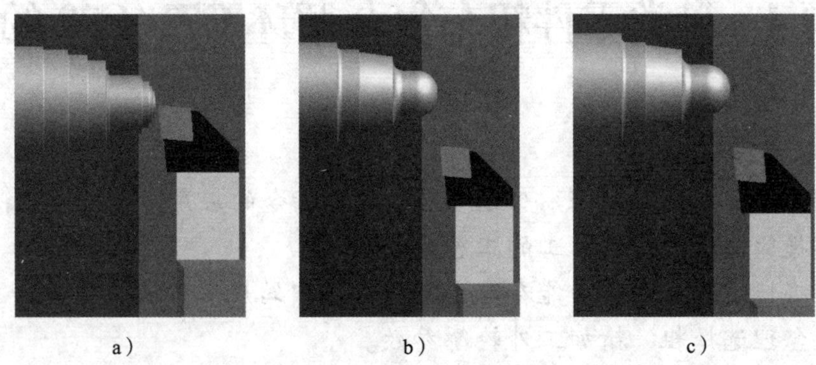

a)　　b)　　c)

图 4—3—6　加工过程状态图

a）粗加工过程中　b）粗加工结束　c）精加工结束

表 4—3—3　轴类零件误差分析

问题现象	产生原因	预防和消除措施
基本尺寸超差	1. 对刀测量误差大 2. 粗车结束未进行测量调整	1. 对刀时认真测量 2. 粗车结束测量，补偿误差
圆弧或锥面超差	1. 编程错误 2. 未正确使用刀尖圆弧半径补偿	1. 检查并修改程序 2. 正确使用刀尖圆弧半径补偿
精车结束退刀时撞刀	精车 G70 前的定位点错误	正确定位精车前的定位点

思考与练习

1. 在应用 G71、G70 循环加工轴类零件时，应注意哪些问题？
2. 如图 4—3—7 所示零件图样，应用 FANUC 0i 系统编程加工该零件。

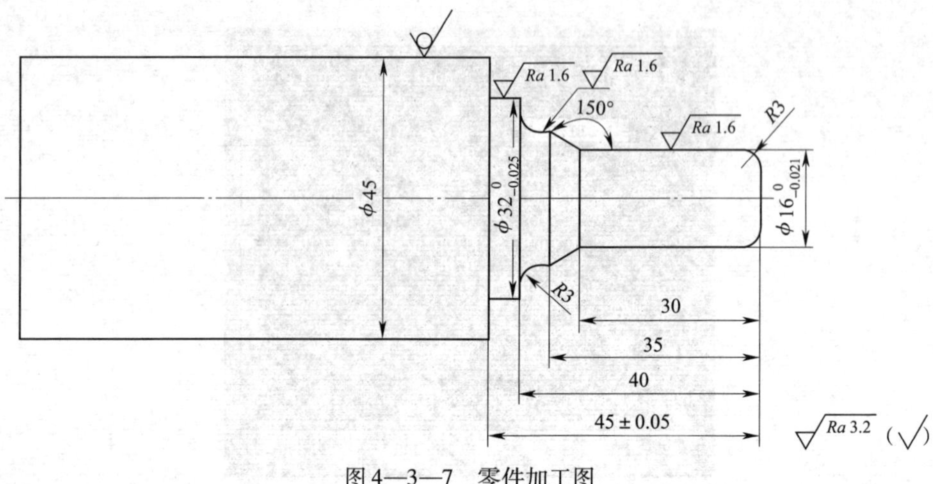

图 4—3—7　零件加工图

课题 4　盘类零件粗车复合循环 G72/G70 的应用

学习目标

1. 理解 G72 功能的特点，掌握 G72、G70 指令的应用。
2. 掌握简易盘类零件加工的工艺方法。
3. 掌握恒线速度切削功能在盘类零件加工中的应用方法。
4. 能合理选择粗、精加工外轮廓参数。

盘类零件是机械加工中常见的典型零件之一，由于用途不同，其结构和尺寸有着较大的差异，盘类零部件一般长度较短，直径较大。其应用范围很广，如支撑传动轴的各种形式的轴承、夹具上的导向套、气缸套等。盘类零件通常起支撑和导向作用。不同的盘类零件也有很多的相同点，如主要表面基本上都是圆柱形的，它们都有较高的尺寸精度、形状精度和表面粗糙度要求，而且有高的同轴度等。

一、盘类零件的夹具

加工小型盘类零件常采用三爪自定心卡盘装夹工件，若有形位精度要求的表面不可能在三爪自定心卡盘安装中加工完成时，通常在内孔精加工完成后，然后以孔定位上心轴或弹簧心轴加工外圆或端面，以保证形位精度要求。加工大型盘类零件时，因三爪自定心卡盘尺寸不够大，所以常采用四爪单动卡盘或花盘装夹工件。

(1) 心轴

当工件用已加工过的孔作为定位基准，并能保证外圆轴线和内孔轴线的同轴度要求时，可采用心轴装夹。这种装夹方法可以保证工件内外表面的同轴度，适用于一定批量生产。

心轴的种类很多，工件以圆柱孔定位时常用圆柱心轴和小锥度心轴；对于带有锥孔、螺纹孔、花键孔的工件定位，常用相应的锥体心轴、螺纹心轴和花键心轴，圆锥心轴或锥体心轴定位装夹时，要注意其与工件的接触情况。工件在圆柱心轴上的定位装夹如图 4—4—1 所示，圆锥心轴或锥体心轴定位装夹时与工件的接触情况如图 4—4—2 所示。

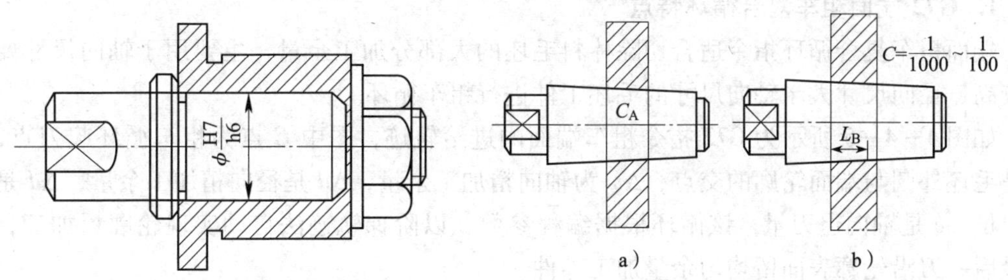

图 4—4—1　工件在圆柱心轴上定位装夹

图 4—4—2　圆锥心轴安装工件的接触情况
a）锥度太大　b）锥度合适

圆柱心轴是以外圆柱面定心、端面压紧来装夹工件的，心轴与工件孔一般用 H7/h6、H7/g6 的间隙配合，所以工件能很方便地套在心轴上，但由于配合间隙较大，一般只能保证同轴度在 0.02 mm 左右。为了消除间隙，提高心轴定位精度，心轴可以做成锥体，但锥体的锥度很小，否则工件在心轴上会产生歪斜，常用的锥度为 $C=1/1\ 000\sim1/100$。定位时，工件压紧在心轴上，压紧后孔会产生弹性变形，从而使工件不致倾斜。

当工件直径较大时，则应采用带有压紧螺母的圆柱形心轴，它的夹紧力较大，但对中精度比心轴低。

（2）花盘

花盘是安装在车床主轴上的一个大圆盘。形状不规则的工件，无法使用三爪自定心卡盘或四爪单动卡盘装夹的工件，可用花盘装夹，它也是加工大型盘套类零件的常用夹具。花盘上面开有若干个 T 形槽，用于安装定位元件、夹紧元件和分度元件等辅助元件，可加工形状复杂盘套类零件或偏心类零件的外圆、端面和内孔等。用花盘装夹工件时，要注意平衡，应采用平衡装置以减少由离心力产生的振动及主轴轴承的磨损。一般平衡措施有两种：一种是在较轻的一侧加平衡块（配重块），其位置距离回转中心越远越好；另一种是在较重的一侧加工减重孔，其位置距离回转中心越近越好，平衡块的位置和重量最好可以调节。花盘如图 4—4—3 所示，在花盘上装夹工件及其平衡铁如图 4—4—4 所示。

图 4—4—3　花盘

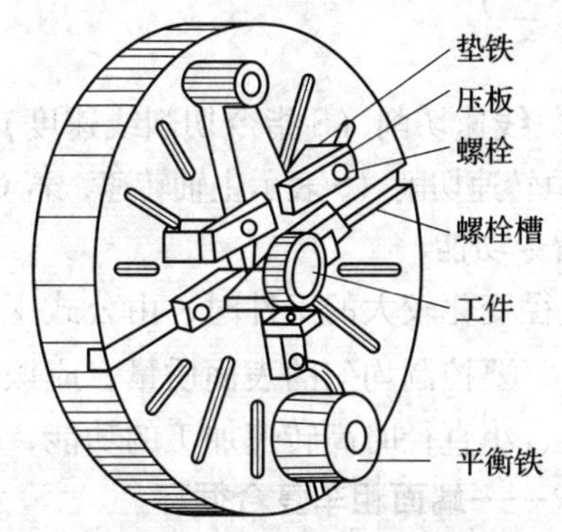

图 4—4—4　在花盘上装夹工件及其平衡铁

二、复合循环功能加工特点

1. G72 端面粗车复合循环特点

端面粗车复合循环指令适合切除棒料毛坯的大部分加工余量，主要用于轴向尺寸要求比较高、径向尺寸大于轴向尺寸的毛坯工件进行粗车循环。

如图 4—4—5 所示为 G72 指令粗车端面的进给轨迹，图中 *C* 点为粗车循环起刀点，*A* 点是毛坯外圆与端面轮廓的交点，Δw 为轴向精加工余量，Δu 是径向精加工余量，Δd 是背吃刀量，*e* 是轴向退刀量。该循环根据编程参数，以阶梯轨迹法自动实现轮廓粗加工，并在最后一刀沿轮廓表面留均匀余量加工零件。

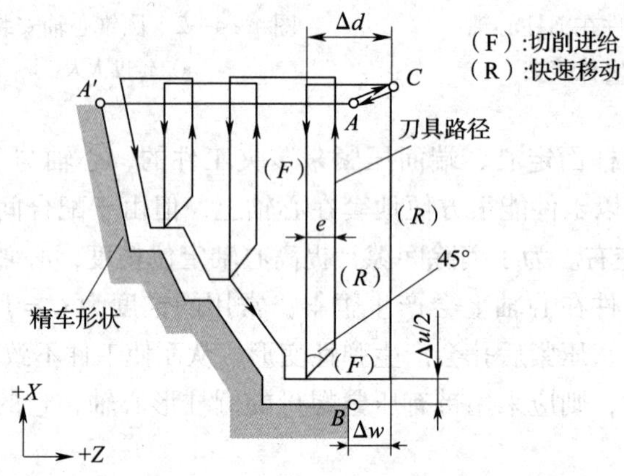

图 4—4—5　G72/G70 进给轨迹

2. G70 外圆精车循环特点

当用 G72 指令粗加工完工件后，用 G70 来指定精车循环，切除粗加工余量，如图 4—4—5所示 $A' \rightarrow B$ 为精加工轨迹。

三、编程指令

1. 恒线速切削指令

（1）指令格式

G96　S __

G97（S __）

说明：

G96：恒线速切削（S 指令切削线速度）；

G97：恒转速切削（S 表示主轴转速，若 G97 后不指定 S 时，默认前面已经指定的转速）。

（2）指令功能

车削直径变化较大的工件时，由公式 $V_c = n\pi d/1\ 000$ 可知，切削速度与工件直径大小成反比关系，要控制均匀的表面质量，应该使用恒线速功能加工，这样可以自动实现大直径时低转速、小直径时高转速加工的功能，从而得到均匀的表面质量。

2. G72——端面粗车复合循环

（1）指令格式

G72 W（Δd）　R（*e*）

G72 P（ns） Q（nf） U（Δu） W（Δw） F（f）

说明：

Δd：背吃刀量（半径量，无符号）；

e：轴向退刀量；

ns：指定精加工路线的第一个程序段号；

nf：指定精加工路线的最后一个程序段号；

Δu：为 X 方向上的精加工余量（直径量）和方向（外轮廓用“+”，内轮廓用“-”）；

Δw：为 Z 方向上的精加工余量和方向；

在 $ns \sim nf$ 程序段内的 F、S、T 功能无效。在整个粗车循环中，只执行循环开始前指令的 F、S、T 功能。

（2）编程示例

如图 4—4—6 所示零件，毛坯尺寸为 ϕ120 mm × 40 mm，试采用 G72/G70 指令编写其数控车削加工程序。

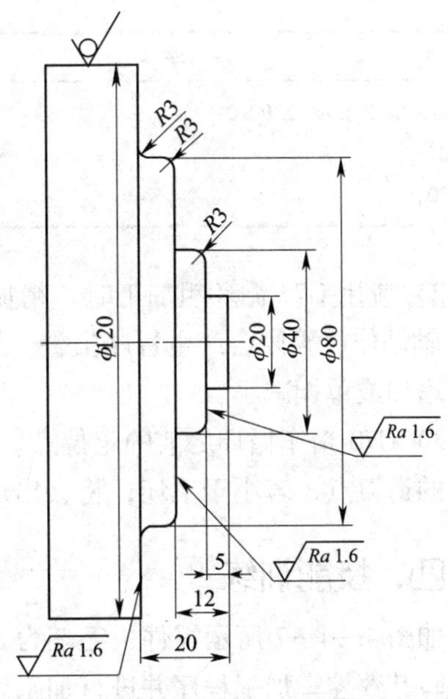

图 4—4—6 应用 G72/G70 编程

说明：

1）G72 循环前的定位点必须是毛坯以外并且靠近工件毛坯的点，该点会被系统认为是毛坯的大小，即从该点起开始粗加工零件。

程 序	说 明
O0001;	程序名
M03 S500;	启动主轴，转速 500 r/min
T0101;	选择 1 号刀
G00 X121.0 Z1.0;	快速定位至起点
G72 W1.5 R1.0;	应用 G72 循环粗加工
G72 P10 Q20 U0.2 W0.3 F0.2;	
N10 G00 Z-20.0;	进刀
G50 S1200;	精车轮廓起始段，设最高转速为 1 200 r/min
G96 S120;	恒线速切削，线速度 120 m/min
G01 X86.0 F0.1;	
G03 X80.0 Z-17.0 R3.0;	
G01 Z-15.0;	
G02 X74.0 Z-12.0 R3.0;	
G01 X40.0;	
Z-8.0;	
G02 X34.0 Z-5.0 R3.0;	
G01 Z0;	
N20 X0;	
G70 P10 Q20;	应用 G70 精加工轮廓

续表

程 序	说 明
G97 G00 X100.0 Z100.0; M05; M30;	退刀，取消恒线速切削功能 主轴停 程序结束

2）应用 G72 循环粗加工时，精加工轮廓程序起始段必须是 Z 轴单方向运动，不可以有 X 轴动作，否则会产生程序报警，轮廓形状在平面构成轴（X 轴、Z 轴）方向上必须是单调增加或单调减小。

3）G70 精车循环之前的定位点，要求必须是毛坯外的点，该点将被系统认为精加工结束后的退刀点，若小于毛坯，将会出现撞刀事故。

四、技能训练

如图 4—4—7 所示零件，毛坯为 ϕ160 mm × 90mm 的 45 钢，试采用 G72、G70 循环指令编写其数控车加工程序并进行加工。

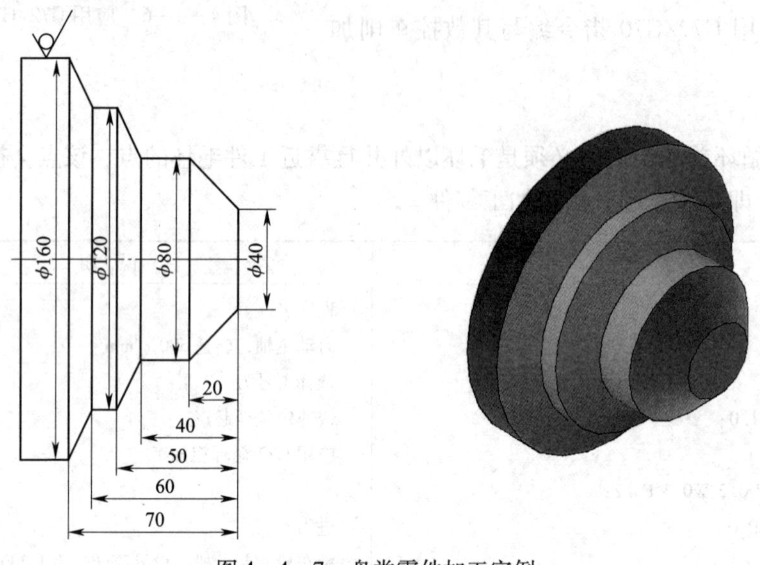

图 4—4—7　盘类零件加工实例

1．工艺分析

（1）夹住毛坯 ϕ160mm 外圆，应用 G72 循环指令粗加工外轮廓。

（2）应用 G70 循环指令精车外轮廓。

2．选择刀具及确定切削用量

（1）刀具选择

选择如图 4—4—8 所示机夹外圆车刀，刀具型号 PCLNR2020K12，具体参数见表 4—4—1。

（2）确定切削用量

刀具的选择及切削用量的确定见表 4—4—2。

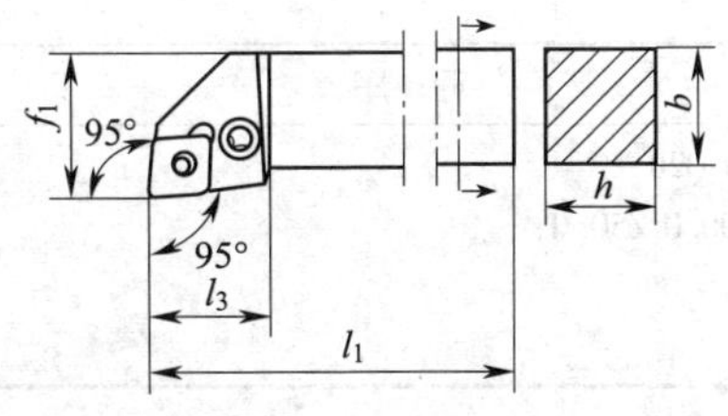

图 4—4—8　外圆车刀

表 4—4—1　　　　　　　　　　　刀具参数表

应用	刀具型号	尺寸/mm					γ_o	λ_s	
		h	b	l_1	f_1	l_3	/(°)	/(°)	
	PCLNL 2020K12	20	20	125	25	26	-6	-6	CNMG120404 - UR PX90

注：表中 γ_o 表示前角，λ_s 表示刃倾角。

表 4—4—2　　　　　　　数控加工刀具及切削用量选择

刀具号	刀具规格名称	数量	加工内容	主轴转速 /（r/min）	进给量 /（mm/r）	切削速度 /（m/min）	备注
T0101	95°外圆车刀	1	粗车成形面	600	0.2		
			精车外轮廓		0.08	120	

3. 程序编制

程　序	说　明
O0003;	程序名
M03 S600;	启动主轴，转速 600 r/min
T0101;	选择 1 号刀
G00 X162.0 Z2.0;	快速定位至循环前的起点（46，2）
G72 W1.5 R1.0;	设置 G71 循环参数
G72 P10 Q20 U0.2 W0.3 F0.2;	
N10 G00 Z-70.0;	进刀
G50 S1200;	限制最高主轴转速 1 200 r/min
G96 S120;	恒线速切削，线速度为 120 m/min
G41 G01 X160.0 F0.08;	精加工轮廓
X120.0 W10.0;	
W10.0;	
X80.0 W10.0;	
W20.0;	
X40.0 W20.0;	
N20 G40 G01 W2.0;	退刀，取消刀尖圆弧半径补偿
G00 X300.0 Z50.0;	退刀
M05;	主轴停
M00;	程序暂停（测量，修改磨耗值补偿误差）
M03 S1200;	启动主轴
T0101;	执行刀补
G00 X162.0 Z2.0;	定位

续表

程　序	说　明
G70 P10 Q20; G00 X300.0 Z50.0; M05; M30;	精加工 退刀 主轴停 程序结束并返回

4. 操作注意事项

（1）合理选择刀具，选择车削端面车刀。

（2）当程序 G72 循环粗加工执行完毕后，此时主轴和程序均暂停，测量工件尺寸，若存在误差，应当在刀具参数表 01 号参数磨耗值中进行补偿。

5. 质量分析

数控车床加工盘类零件经常遇到加工误差、产生的原因、预防和消除的措施见表 4—4—3。

表 4—4—3　　轴类零件误差分析

问题现象	产生原因	预防和消除措施
端面尺寸超差	1. 对刀测量不准 2. 粗车结束未进行测量调整	1. 对刀时认真测量 2. 粗车结束测量，补偿误差
圆弧或锥面超差	1. 编程错误 2. 未正确使用刀尖圆弧半径补偿	1. 检查并修改程序 2. 正确使用刀尖圆弧半径补偿
精车结束退刀时撞刀	精车 G70 前的定位点错误	正确定位精车前的定位点
端面车削不平	1. 刀具几何角度不合理 2. 刀具磨损	1. 合理选择刀具 2. 及时更换刀片

思考与练习

1. 应用 G72、G70 循环加工盘类零件时应注意哪些问题?
2. 如图 4—4—9 所示零件图样，应用 G72/G70 指令编程加工该零件。

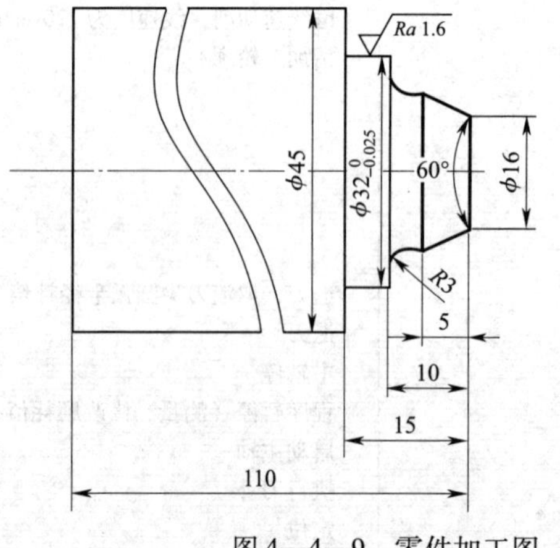

图 4—4—9　零件加工图

课题 5　仿形切削粗车复合循环 G73/G70 的应用

学习目标

1. 了解复合循环功能的加工特点，掌握 G73、G70 指令的应用。
2. 清楚仿形切削粗车复合循环功能的应用场合。

一、复合循环功能加工特点

1. G73 仿形切削粗车复合循环特点

仿形切削粗车复合循环指令的每一刀切削路线的轨迹形状是相同的，只是位置不同。每走完一刀，就把切削轨迹向工件移动一个位置，该指令主要用于加工毛坯轮廓形状与零件轮廓形状基本接近的铸、锻造毛坯件，可实现高效加工。

如图 4—5—1 所示为 G73 指令粗车外轮廓的进给轨迹，$A'\to B$ 为精车轮廓形状，粗加工轨迹与 $A'\to B$ 形状一致，只是由外向内逐步平移，实现轮廓的粗加工，最终分别在 X 向和 Z 向留精加工余量 $\Delta u/2$ 和 Δw。

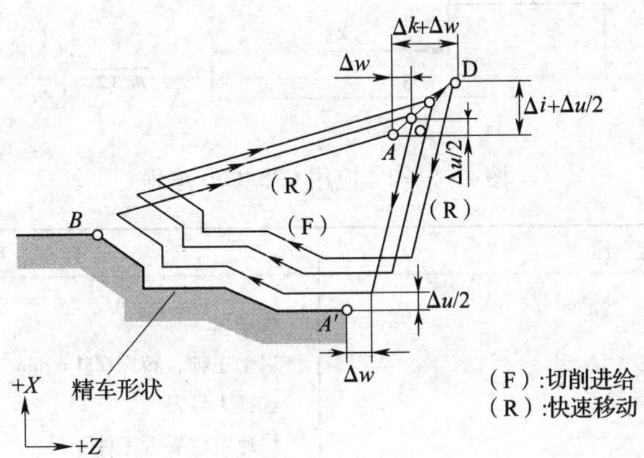

图 4—5—1　G73/G70 进给轨迹

2. G70 外圆精车循环特点

用 G73 指令粗加工完工件后，再用 G70 来指定精车循环，切除粗加工余量。

二、G73——外圆粗车复合循环

1. 指令格式

G73 U（Δi）　W（Δk）　R（d）；

G73 P（ns）　Q（nf）　U（Δu）　W（Δw）　F（f）；

说明：

Δi：X 方向的退刀距离（半径量）；

Δk：Z 方向的退刀距离；

d：粗车循环刀数；

ns：指定精加工路线的第一个程序段号；

nf：指定精加工路线的最后一个程序段号；

Δu：X 方向上的精加工余量（直径量）和方向（外轮廓用“+”，内轮廓用“-”）；

Δw：Z 方向上的精加工余量和方向；

在 $ns \sim nf$ 程序段内的 F、S、T 功能无效。在整个粗车循环中，只执行循环开始前指令的 F、S、T 功能。

2. 编程示例

如图 4—5—2 所示零件，毛坯尺寸为 ϕ45 mm×75mm，试采用 G73/G70 指令编写其数控车削加工程序。

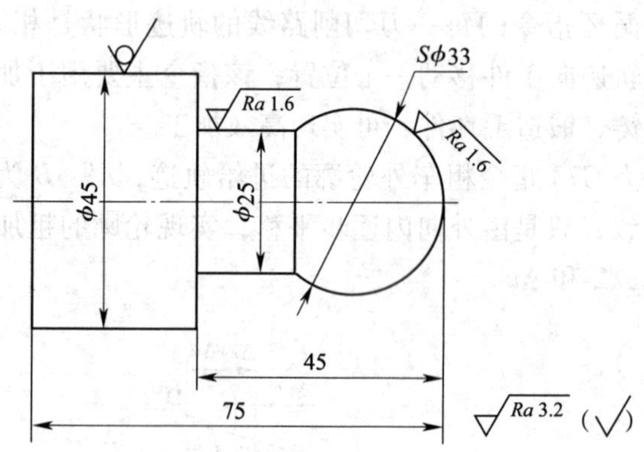

图 4—5—2 应用 G73/G70 编程

程 序	说 明
O0001；	程序名
M03 S600；	启动主轴，转速 600 r/min
T0101；	选择 1 号刀
G00 X46.0 Z1.0；	快速定位靠近工件
G73 U22.5 W0 R10.0；	应用 G73 循环粗加工
G73 P10 Q20 U0.5 W0 F0.2；	
N10 G00 X0 S1200；	快速定位，设置精加工转速
G42 G01 Z0 F0.1；	移动至起点，刀尖圆弧半径右补偿
G03 X25.0 Z-27.27 R16.5；	车圆球
G01 Z-45.0；	车外圆
N20 G40 G01 X46.0；	退刀，取消刀尖圆弧半径补偿
G70 P10 Q20；	精加工
G00 X100.0 Z100.0；	退刀
M30；	程序结束

说明：

（1）G73 循环前的定位点必须是毛坯以外的安全点，进刀起点由系统根据 G73 所设置的参数和零件轮廓大小计算后自动调整定位。

（2）应用 G73 加工棒料毛坯零件时，由于是采用平移轨迹法加工，如图 4—5—3 所示，会出现很多空刀，因此要求编程者应考虑更为合理的加工工艺方案。

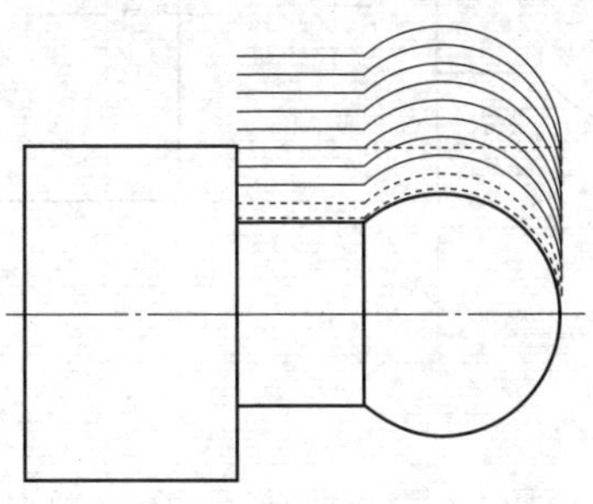

图 4—5—3　平移轨迹加工示意图

三、技能训练

如图 4—5—4 所示，毛坯为 ϕ45 mm × 75 mm 的 45 钢，试采用 G71、G70 循环指令编写该零件的加工程序并进行加工。

1. 工艺分析

（1）夹住毛坯 ϕ45mm 外圆，伸出长度 55mm，选择 95°外圆车刀，应用 G71 循环指令粗加工外轮廓，留精加工余量 0.5mm，如图 4—5—5a 所示。

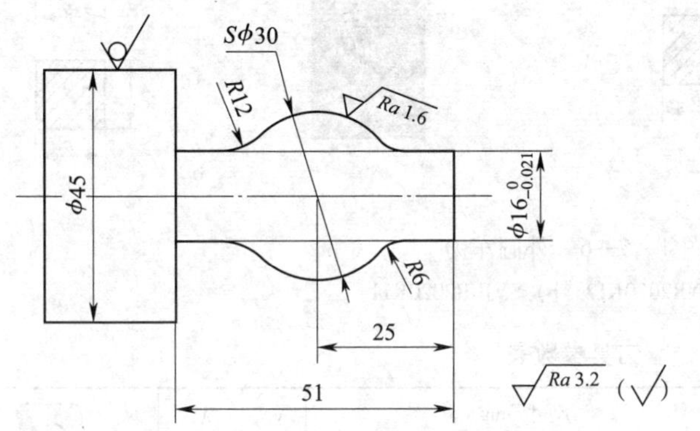

图 4—5—4　轴类零件加工实例

（2）选择 93°外圆尖刀，应用 G73 循环指令粗车凹轮廓，留精加工余量 0.5mm，如图 4—5—5b 所示。

（3）按图样尺寸要求，精加工完整轮廓。

2. 选择刀具及确定切削用量

（1）刀具选择

选择机夹外圆车刀，刀具型号为 PCLNR2020K12 和 SVJBR2020K11，如图 4—5—6 所示，具体参数见表 4—5—1。

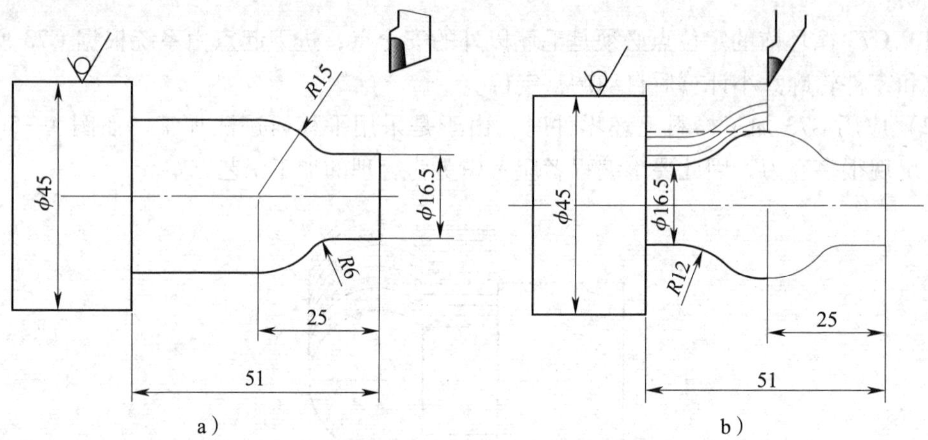

图 4—5—5　粗加工轨迹示意图

a）应用 G71 粗车外轮廓　b）应用 G73 粗车凹轮廓

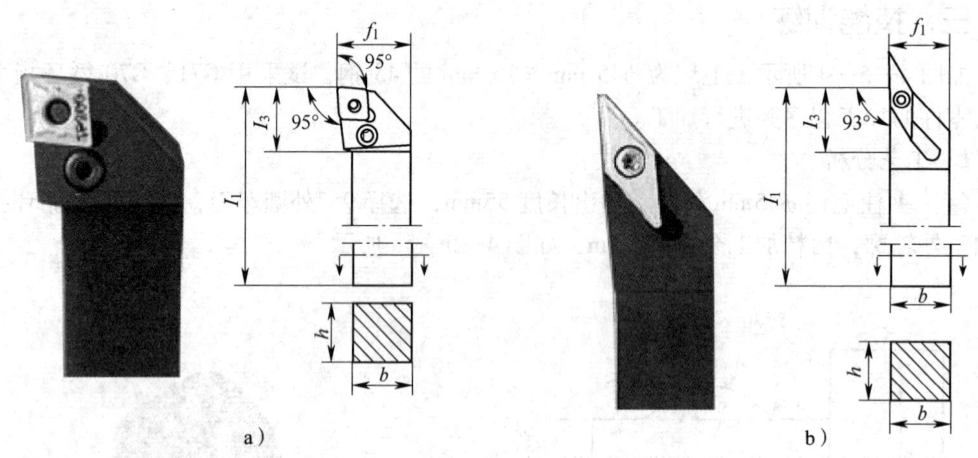

图 4—5—6　外圆车刀

a）PCLNR2020K12　b）SVJBR2020K11

表 4—5—1　　刀具参数表

应用	刀片型号	尺寸/mm					γ_o (°)	λ_s (°)	
		h	b	l_1	f_1	l_3			
95°	PCLNR 2020K12	20	20	125	25	26	−6	−6	CNMG120404 - UR PX90

续表

应用	刀片型号	尺寸/mm					γ_o	λ_s	
		h	b	l_1	f_1	l_3	(°)	(°)	
93° 50°	SVJBR 2020K11	20	20	125	25	27	0	0	VBMT160414 – HQ TN60

注：表中 γ_o 表示前角，λ_s 表示刃倾角。

(2) 确定切削用量

刀具的选择及切削用量的确定见表 4—5—2。

表 4—5—2　　数控加工刀具及切削用量选择

刀具号	刀具规格名称	数量	加工内容	主轴转速 /（r/min）	进给量 /（mm/r）	备注
T0101	95°外圆车刀	1	粗车外轮廓	600	0.2	
T0202	93°外圆车刀	1	粗车成形面	600	0.15	
			精车外轮廓	1 200	0.08	

3. 程序编制

程　序	说　明
O0003;	程序名
M03 S600;	启动主轴，转速 600 r/min
T0101;	选择 1 号刀
G00 X46.0 Z2.0;	快速定位至循环前的起点（46，2）
G71 U2.0 R1.0;	设置 G71 循环参数
G71 P10 Q20 U0.5 W0 F0.2;	
N10 G00 X16.0;	粗车外轮廓程序
G01 Z0;	
Z–9.35;	
G02 X20.0 Z–13.82 R6.0;	
G03 X30.0 Z–25.0 R15.0;	
G01 Z–51.0;	
N20 G01 X46.0;	
G00 X100.0 Z100.0;	
T0202;	换刀
G00 X46.0 Z–25.0;	定位至加工凹轮廓位置
G73 U7.0 R4.0;	设置 G73 循环参数

续表

程　序	说　明
G73 P30 Q40 U0.5 W0 F0.15；	
N30 G42 G01 X30.0；	粗车外形凹轮廓程序
G03 X22.22 Z-35.08 R15.0；	
G02 X16.0 Z-42.51 R12.0；	
G01 Z-51.0；	
N40 G40 G01 X32.0；	
G00 X100.0 Z100.0；	
M05；	主轴停止
M00；	程序暂停，测量工件
M03 S1200；	设置精加工转速
T0202；	选择刀具
G00 X46.0 Z1.0；	快速定位
X16.0；	精加工完整轮廓
G01 Z-9.35 F0.08；	
G02 X20.0 Z-13.82 R6.0；	
G03 X22.22 Z-35.08 R15.0；	
G02 X16.0 Z-42.51 R12.0；	
G01 Z-51.0；	
G01 X46.0；	
G00 X100.0 Z100.0；	
M30；	程序结束并返回

4. 质量分析

数控车床加工轴类零件经常遇到的加工误差产生原因、预防和消除的措施见表4—5—3。

表4—5—3　　轴类零件误差分析

问题现象	产生原因	预防和消除措施
基本尺寸超差	1. 对刀测量不准 2. 粗车结束未进行测量调整	1. 对刀时认真测量 2. 粗车结束测量，补偿误差
圆弧或锥面超差	1. 编程错误 2. 未正确使用刀尖圆弧半径补偿	1. 检查并修改程序 2. 正确使用刀尖圆弧半径补偿
精车结束退刀时撞刀	精车G70前的定位点错误	正确选择精车前的定位点

思考与练习

1. 在应用G73、G70循环加工轴类零件时，应注意哪些问题？

2. 如图 4—5—7 所示零件图样，应用复合循环功能编程并加工该零件。

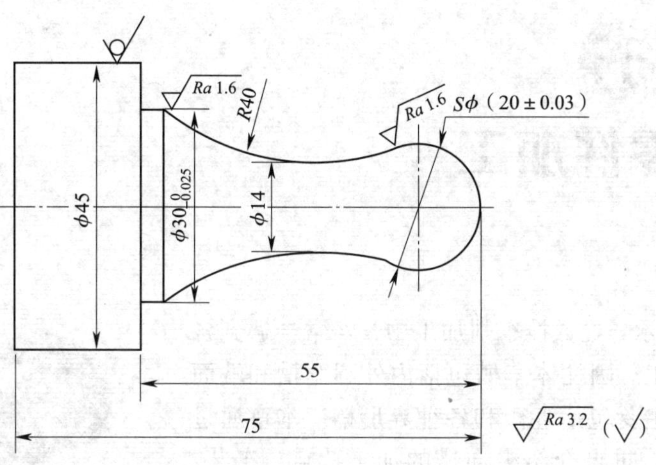

图 4—5—7　零件加工图

模块五
槽类零件加工

如图 5—1 所示，在数控车削加工中，经常会遇到各种槽类零件的加工。圆柱体车槽包括内外圆车槽和端面车槽。槽的类型主要包括直槽和各种异形槽。本章通过多个课题的训练，重点介绍纵向槽的加工特点、工艺、编程及加工误差分析。

图 5—1　槽类零件

课题 1　直槽加工

1. 掌握 G04 指令的应用。
2. 掌握 G94 指令在车槽中的应用。
3. 能合理选择车槽或切断刀具。
4. 能对槽类零件的加工误差进行分析。

一、车槽与切断刀具安装和加工方法

1. 车槽刀具的安装

（1）在满足加工要求时，车槽刀安装不宜伸出过长。

（2）刀具与工件旋转中心要等高。

（3）刀具主切削刃与工件轴线要平行。

2. 切断刀具的安装

（1）安装时，切断刀不宜伸出过长，同时切断刀的中心线与工件中心线垂直，以保证切断刀的两个副偏角对称。

（2）切断实心工件时，切断刀的主切削刃与工件中心等高，否则不能车到中心，而且容易崩刃，甚至折断车刀。

（3）切断刀的底平面应平整，以保证车削质量。

3. 车外直槽的加工方法

（1）车削深度较浅和宽度较窄的槽时，可选择刀宽等于槽宽的车槽刀，采用一次直进

法进行加工。

（2）车削宽度较宽的直槽，一般采用多次直进法进行加工。

4. 切断方法

（1）直进法切断工件

直进法是指垂直于工件轴线方向进行切断。这种方法切断效率高，但对机床车床、刀具和操作都有较高的要求，否则容易造成崩刀。

（2）左右借刀法切断工件

在切削刚度不足的情况下，可采用左右借刀法切断。这种方法是指切断刀在轴线方向反复地往返移动，随之两侧径向进给，直至工件切断

（3）反切法切断工件

反切法是指工件反转，车刀反向装夹进行切断。这种切断方法宜用于较大直径工件的切断。

二、编程指令

要完成本课题零件加工，首先应当围绕以下编程指令进行学习。

1. G04——延时

（1）指令格式

G04　X＿；

或　G04　U＿；

或　G04　P＿；

说明：X、U、P 指定延时时间。X（U）表示延时，单位为 s；P 表示延时，单位为 ms。

（2）指令功能

G04 指令可使程序执行到出现该指令的程序段时暂停。如车槽加工时，为使槽底圆整光滑，可采用该指令。

（3）编程实例

如图 5—1—1 所示，加工该零件槽，用 G00、G01、G04 指令编写精加工程序。

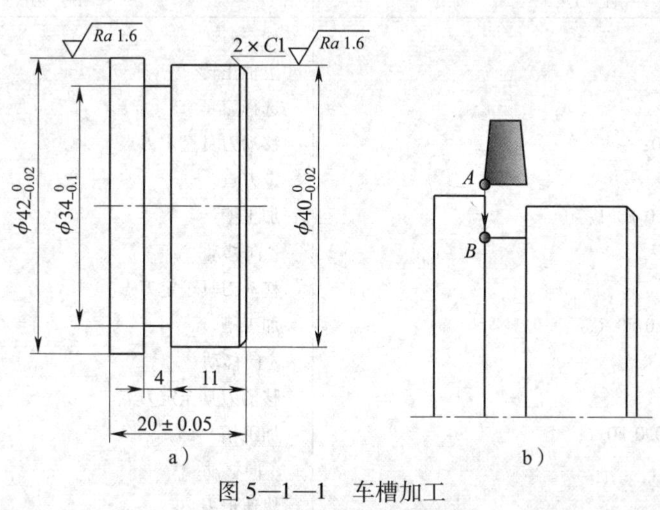

图 5—1—1　车槽加工

a）零件图　b）加工示意图

程　序	说　明
O0001；	程序名
M03 S500；	启动主轴，转速 500 r/min
T0202；	选择 2 号刀，宽度 4 mm 车槽刀
G00 X45.0 Z－15.0；	快速定位至起点 *A*
G01 X34.0 F0.1；	加工 ϕ34 mm 槽至 *B*
G04 X2.0；	延时 2 s
G00 X45.0；	退刀至 *A* 点
G00 X100.0 Z100.0；	远离零件
M30；	程序结束

2. 径向车槽循环指令——G94

G94 X（U）__ Z（W）__ F__；

说明：X、Z 为终点坐标，F 为切削进给率。

在指令使用时，如果设定 *Z* 轴不移动或设定 W 值为零时，就可用来进行车槽加工。如图 5—1—2 所示，毛坯为 ϕ30 mm×80 mm 的 45 钢，试采用 G94 指令编写该零件加工程序。

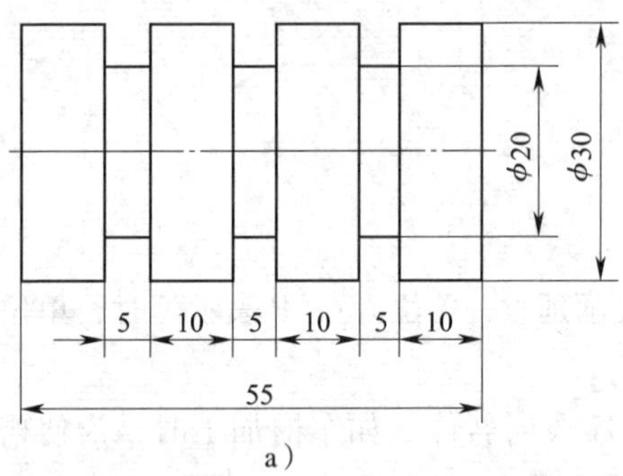

a）

b）

图 5—1—2　等距直槽

a）零件图　b）实物

程　序	说　明
O0002；	程序名
N10 M03 S200；	主轴正转
N15 T0303；	选择刀具
N20 G00 X32.0 Z2.0；	移动刀具至定刀点
N30 G00 Z－14.0；	定刀点
N40 G94 X20.0 W0.0 F0.1；	加工槽
N50 W－1.0；	*Z* 向移动
N60 G00 Z－24.0；	移动刀具至定刀点
N70 G94 X20.0 W0.0 F0.1；	加工槽
N80 W－1.0；	*Z* 向移动
N90 G00 Z－34.0；	移动刀具至定刀点
N100 G94 X20.0 W0.0 F0.1；	加工槽
N110 W－1.0；	*Z* 向移动
N120 G00 Z100.0；	快速退刀
N130 M30；	程序结束

三、技能训练

如图5—1—3所示，毛坯为ϕ45 mm×120 mm的45钢，用FANUC 0i系统所学指令G00、G01、G04进行编程加工该零件。

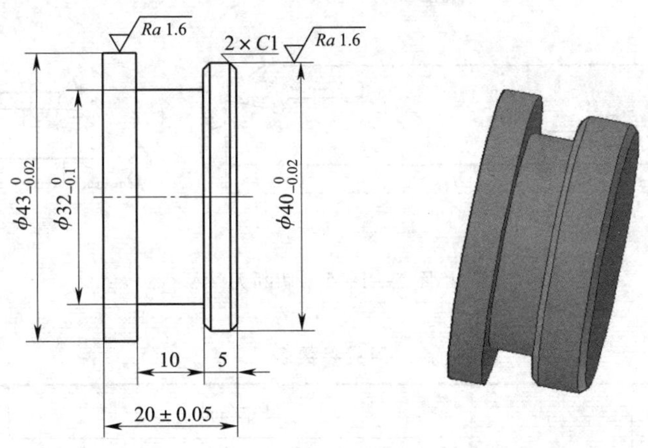

图5—1—3　零件图

1. 工艺分析

(1) 夹住毛坯ϕ45 mm外圆，伸出长度大于30 mm。应用G71循环指令粗车外轮廓，径向留精加工余量0.5 mm，外圆车至尺寸ϕ43.5 mm、ϕ40.5 mm。

(2) 精车外轮廓至尺寸。

(3) 更换车槽刀具T0202，加工槽以及侧面倒角。

(4) 选择切断刀将工件切断保证长度（20±0.05）mm。

2. 选择刀具及确定切削用量

(1) 刀具选择

选择如图5—1—4所示机夹车槽刀和图5—1—5所示的机夹切断刀，具体参数见表5—1—1、表5—1—2。

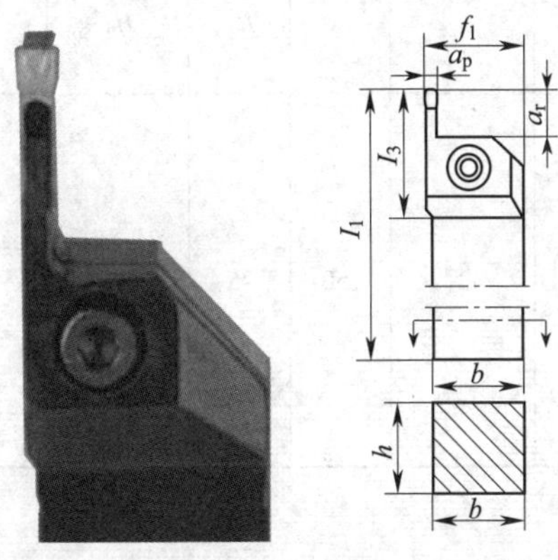

图5—1—4　车槽刀

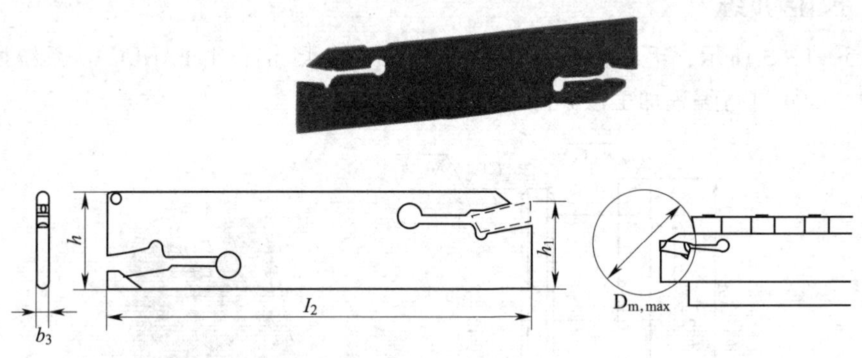

图 5—1—5　切断刀

表 5—1—1　　刀具参数表

应用	刀片型号	尺寸/mm						
		h	b	I_1	f_1	I_3	a_r	
	CFIR 2020K04	20	20	125	21.5	39	20	LCMF 160404 - 0400 - FT TP200

表 5—1—2　　刀具参数表

应用	刀片型号	尺寸/mm				$D_{m,max}$/mm	
		b_3	L_2	H_1	H_2		
	CFMN32 - 04	3	150	25	32	34	LCMF 160404 - 0400 - MT TP200

（2）确定切削用量

刀具的选择及切削用量的确定见表 5—1—3。

表 5—1—3　数控加工刀具及切削用量选择

刀具号	刀具规格名称	数量	加工内容	主轴转速 /（r/min）	进给量 /（mm/r）	备注
T0101	90°外圆车刀	1	粗车外轮廓	600	0.2	
			精车外轮廓	1 200	0.08	
T0202	车槽刀	1	车槽加工	500	0.1	
T0303	切断刀	1	切断	500	0.1	

3. 程序编制

程　序	说　明
O0002;	程序名
M03 S600;	启动主轴，主轴正转，转速 600 r/min
T0101;	选择 1 号刀，90°外圆刀
G00 X46.0 Z2.0;	快速定位，*X*46 mm、*Z*2 mm
G71 U2.0 R1.0;	循环指令，切削深度 2 mm，*X* 轴回退量 1 mm
G71 P10 Q20 U0.5 W0.05 F0.2;	*X* 轴余量 0.5 mm，*Z* 轴余量 0.05 mm
N10 G00 X38.0 S1200;	*X* 轴进刀
G01 Z0 F0.08;	*Z* 轴进刀
X40.0 Z-1.0;	倒角 *C*1 mm
Z-15.0;	加工 ϕ40 mm 外圆
X43.0;	车台阶面
Z-24.0;	加工 ϕ43 mm 外圆
N20 X46.0;	车台阶面
G00 X46.0 Z2.0;	快速定位
G70 P10 Q20;	循环精加工
G00 X100.0 Z100.0;	远离工件
T0202;	换刀
S500;	改变转速，500 r/min
G00 X46.0 Z-12.0;	快速定位
G01 X32.0 F0.1;	切槽
G04 X2.0;	延时 2 s
G00 X44.0;	*X* 轴退刀
Z-15.0;	*Z* 轴移动
G01 X32.0 F0.1;	切槽
G04 X2.0;	延时 2 s
G00 X100.0;	*X* 向退刀
Z100.0;	*Z* 向退刀
T0303;	换切断刀（刀宽 4 mm）
G00 X46.0 Z-24.0;	快速定位
G01 X0 F0.1;	切断
G00 X100.0;	*X* 轴退刀
Z100.0;	*Z* 轴退刀
M30;	程序结束并返回

4. 质量分析

数控车床加工外槽时经常出现的加工误差产生的原因、预防和消除的措施见表5—1—4。

表5—1—4　车削外槽时产生废品的原因及预防和消除措施

问题现象	产生原因	预防和消除措施
槽的宽度不正确	1. 刀具参数不准确 2. 程序错误	1. 调整或重新设定刀具参数 2. 检查修改程序
槽的位置不正确	1. 程序错误 2. 测量错误	1. 检查修改程序 2. 正确测量
槽的深度不正确	1. 程序错误 2. 测量错误	1. 检查修改程序 2. 正确测量
槽的侧面呈现凸凹面	1. 刀具安装角度不对称 2. 刀具两刀尖磨损不对称	1. 更换刀片 2. 正确安装刀具
槽底出现振动，留有振纹	1. 工件装夹不合理 2. 刀具安装不合理 3. 切削参数设置不合理 4. 程序延时太长	1. 正确装夹工件、保证刚度 2. 调整刀具安装位置 3. 降低切削速度和合理选择进给量 4. 缩短程序延时时间
车槽过程中出现扎刀现象，造成刀具断裂	1. 进给量 f 过大 2. 切屑阻塞	1. 降低进给量 f 2. 采用断、退方式切入

思考与练习

如图5—1—6所示零件，在FANUC 0i系统数控车床上，试采用G94指令编程并加工该零件的槽。

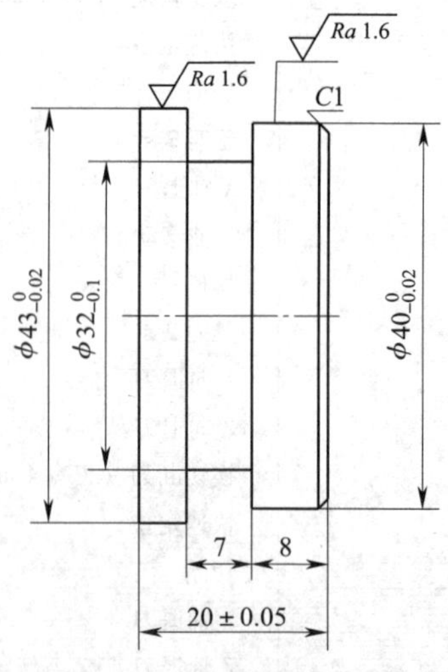

图5—1—6　零件图

课题 2 矩形槽加工

学习目标

1. 掌握 G75 指令的应用。
2. 掌握矩形槽加工的类型。
3. 能合理选择宽槽加工参数。

一、车槽的特点与工艺方法

1. 车槽的工艺特点

（1）一个主切削刃、两个副切削刃同时参与三面切削，被切削材料塑性变形复杂、摩擦阻力大，加工时进给量小、切削厚度薄、平均变形大、单位切削力增大。总切削力与功耗大，有统计一般比外圆加工大 20% 左右，同时切削热高，散热差，切削温度高。

（2）在加工过程中切削速度不断变化，特别是切断加工时，切削速度由最大一直变化至零。切削力和切削热也在不断变化。

（3）工件在旋转过程中，刀具不断切入，实际在槽底面形成的是阿基米德螺旋线，由此造成实际前角后角都在不断变化，使过程更为复杂。

（4）因刀具宽度窄，相对悬伸长，刀具刚度差，易振动，特别是切断、车深槽时该现象更加明显。

（5）数控加工中，由于被加工槽的形状、位置、宽度、深度不同，为尽可能减少刀具更换次数，因此要选择能够夹持多种规格刀片的刀具，才能优质、高效地完成多种类型的槽的加工。

2. 车槽的加工工艺

（1）车外宽槽

1）车削较宽的槽时，可采用多次直进法切削，并在槽壁两侧留一定的精车余量，如图 5—2—1 所示。

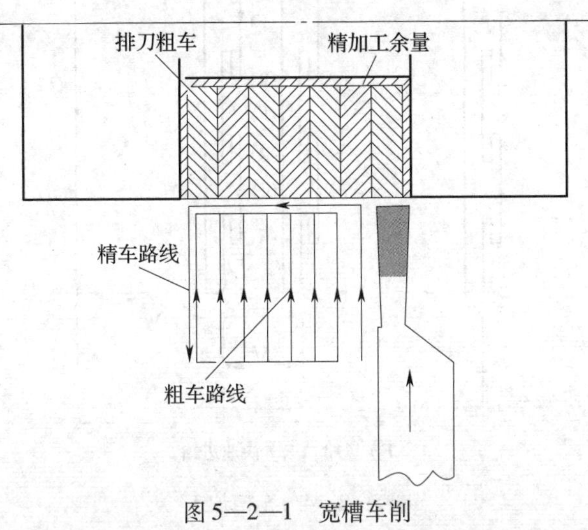

图 5—2—1 宽槽车削

2）槽侧面与外圆处的倒角，一般采用刀尖斜向进给车削。

（2）车斜沟槽

1）车削 45°外斜沟槽，可用 45°专用车刀，编制相应的加工程序，如图 5—2—2 所示。

2）车削圆弧沟槽时，采用专用端面圆弧刀，编制对应程序加工，如图 5—2—3 所示。

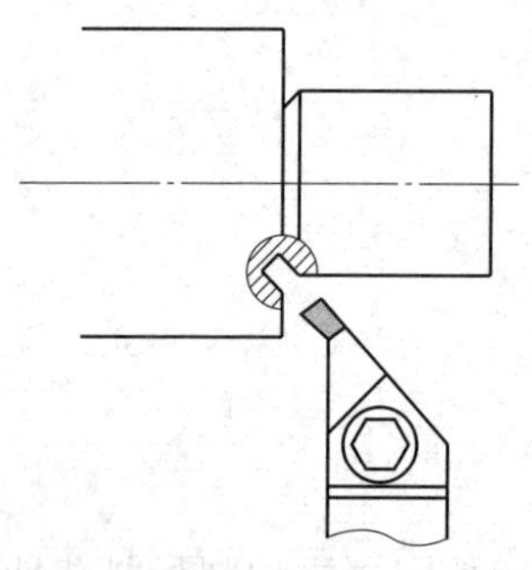

图 5—2—2　斜沟槽加工

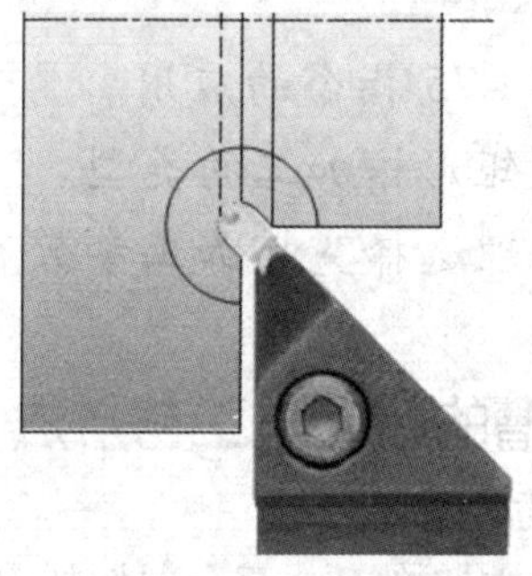

图 5—2—3　圆弧沟槽加工

二、编程指令

1. G75 指令功能

轴向（*Z* 轴）进刀循环复合径向断续切削循环，从起点 *X* 轴进给、回退、再进给……直至切削到与切削终点 *X* 轴坐标相同的位置，然后轴向退刀、径向回退至与起点 *X* 轴坐标相同的位置，完成一次径向切削循环；轴向再次进刀后，进行下一次径向切削循环；切削到切削终点后，返回起点（G75 起点和终点相同），径向车槽复合循环完成。

如图 5—2—4 所示，G75 循环能自动断屑，可用于径向车槽。G75 的轴向进刀和径向进刀方向由切削终点 X（U）、Z（W）与起点的相对位置决定，此指令用于加工径向环形槽或圆柱面，径向断续切削起到断屑和及时排屑的作用。

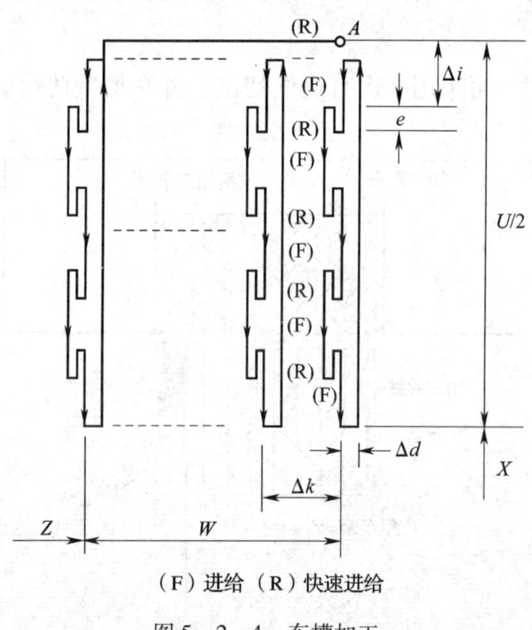

（F）进给（R）快速进给

图 5—2—4　车槽加工

2. G75——径向车槽复合循环

(1) 指令格式

G75 R __

G75 X（U）__ Z（W）__ P __ Q __ F __；

说明：

R：车槽的回退量，该值为模态值；

X、Z：车槽的终点坐标（U、Z）；

P：每次 *X* 向切削深度，单位为 μm；

Q：*Z* 向移动量，单位为 μm；

F：进给率。

(2) 编程实例

如图 5—2—5 所示，加工该零件槽，用 G00、G75 指令编写车槽加工程序。

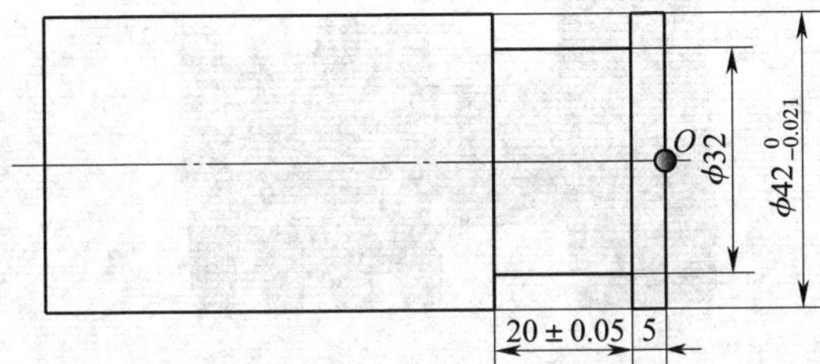

图 5—2—5 零件图

程 序	说 明
O0001；	程序名
M03 S500；	启动主轴，转速 500 r/min
T0202；	选择 2 号刀，宽度 4 mm 车槽刀
G00 X45.0 Z2.0；	快速定位，*X*46 mm，*Z*2 mm
Z－9.0；	*Z* 轴负向定位
G75 R2.0；	车槽回退 2 mm
G75 X32.0 Z－25.0 P3000 Q3000 F0.1；	每次切深 3 mm，*Z* 轴移动 3 mm
G00 X46.0；	*X* 轴退刀
G00 X100.0 Z100.0；	远离零件
M30；	程序结束并返回

三、技能训练

如图 5—2—6 所示零件，毛坯为 φ45 mm×120 mm 的 45 钢，试采用 FANUC 系统所学的 G00、G01、G71、G70、G75 等指令编程并加工该零件。

1. 工艺分析

（1）夹住毛坯 φ45 mm 外圆，伸出长度大于 55 mm。应用 G71 循环指令粗车外轮廓，留精加工余量 0.5 mm，外圆尺寸 φ43.5 mm、φ40.5 mm。

（2）精车外轮廓至尺寸。

（3）更换车槽刀 T0202，加工 3 个 5 mm 窄槽以及（20±0.05）mm 宽槽。

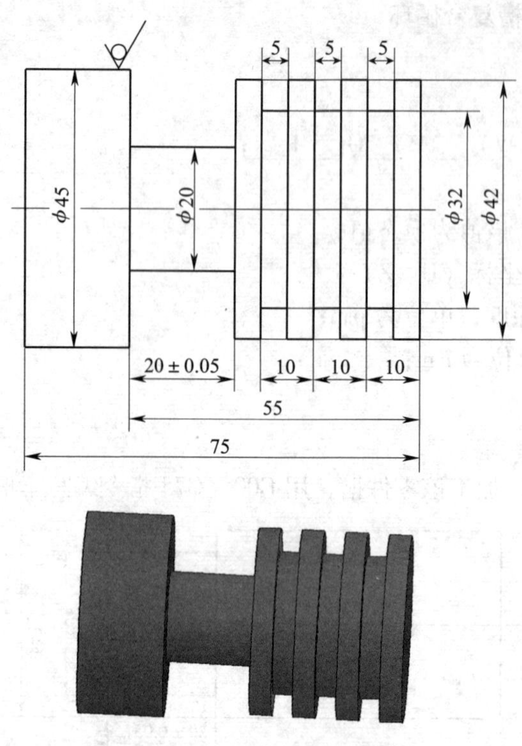

图 5—2—6　零件图

2. 选择刀具及确定切削用量

(1) 刀具选择

选择 PCLNR2020K12 机夹外圆车刀和 CFMR 2020K04 机夹车槽刀，刀具具体参数见表 5—2—1。

表 5—2—1　　**刀具参数表**

应用	刀具型号	尺寸/mm					γ_o(°)	λ_s(°)	
		h	b	l_1	f_1	l_3			
95°	PCLNR 2020K12	20	20	125	25	26	-6	-6	CNMG120404 - UR PX90
	CFMR 2020K04	20	20	25	21.5	39	1		LCMF 160404 - 0400 - FT TP200

（2）确定切削用量

刀具的选择及切削用量的确定见表5—2—2所示数控加工刀具卡片。

表5—2—2　　数控加工刀具及切削用量选择

刀具号	刀具规格名称	数量	加工内容	主轴转速/（r/min）	进给量/（mm/r）	备注
T0101	90°外圆车刀	1	粗车外轮廓	600	0.2	
			精车外轮廓	1 200	0.08	
T0202	车槽刀	1	车槽加工	500	0.1	

3. 程序编制

程序	说明
O0002;	程序名
M03 S600;	启动主轴，主轴正转，转速600 r/min
T0101;	选择1号刀，90°车刀
G00 X46.0 Z2.0;	快速定位，X46 mm，Z2 mm
G71 U2.0 R1.0;	设置G71粗车循环参数
G71 P10 Q20 U0.5 W0.05 F0.2;	
N10 G00 X42.0 S1200;	X轴进刀
G01 Z0 F0.08;	靠近起点
Z-55.0;	加工ϕ42 mm外圆
N20 X46.0;	车台阶面
G00 X46.0 Z2.0;	快速定位，X46 mm，Z2 mm
G70 P10 Q20;	精加工
G00 X150.0 Z10.0;	远离工件
T0202;	换刀
S500;	改变转速，500 r/min
G00 X46.0 Z-10.0;	快速定位，X46 mm，Z-10 mm
G75 R2.0;	设置G75切槽参数
G75 X32.0 Z-30.0 P5000 Q10000 F0.1;	
G00 X46.0 Z-39.0;	快速定位，X46 mm，Z-39 mm
G75 R2.0;	车槽回退2 mm
G75 X20.0 Z-55.0 P5000 Q10000 F0.1;	每次背吃刀量5 mm，Z轴移动4 mm
G00 X100.0;	X向退刀
Z100.0;	Z向退刀
M30;	程序结束并返回

4. 质量分析

数控车床加工矩形槽时经常遇到加工误差有多种，其问题现象、产生的原因、预防和消除的措施见表5—2—3。

表 5—2—3　　车削外槽时产生废品的原因及预防方法

问题现象	产生原因	预防和消除
槽的一侧或两个侧面出现小台阶 	1. 刀具数据不准确 2. 程序错误	1. 调整或重新设定刀具数据 2. 检查修改加工程序
槽底出现倾斜 	刀具安装不正确	正确安装刀具
槽的侧面呈现凹凸面 	1. 刀具刃磨角度不对称 2. 刀具安装角度不对称 3. 刀具两刀尖磨损不对称	1. 更换刀片 2. 重新刃磨刀具 3. 正确安装刀具
槽的两个侧面倾斜 	刀具磨损	重新刃磨刀具或更换刀片
槽底出现振动现象，留有振纹	1. 工件装夹不正确 2. 刀具安装不正确 3. 切削参数不正确 4. 程序延时时间太长	1. 检查工件安装，增加安装刚度 2. 调整刀具安装位置 3. 提高或降低切削速度 4. 缩短程序延时时间
切槽工程中出现扎刀现象，造成刀具断裂	1. 进给量过大 2. 切屑阻塞	1. 减小进给量 2. 采用断、退屑方式切入
切槽开始即过程中出现较强的振动。表现为工件刀具出现谐振现象，严重者机床也会一同产生谐振，切削不能继续	1. 工件装夹不正确 2. 刀具安装不正确 3. 进给速度过低	1. 检查工件安装，增加安装刚度 2. 调整刀具安装位置 3. 提高进给速度

思考与练习

如图 5—2—7 所示零件图样，使用 FANUC 0i 系统数控车床加工该零件。

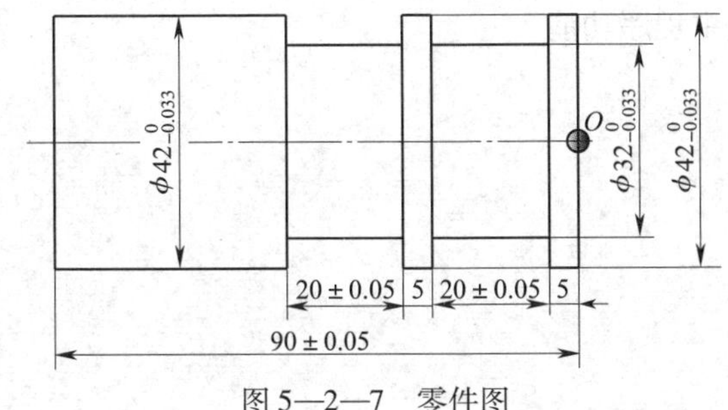

图 5—2—7　零件图

课题 3　异形槽加工

学习目标

1. 掌握 M98、M99 指令的应用。
2. 了解异形槽加工的常见类型。
3. 能合理安排异形槽的粗、精加工工艺。
4. 能用多个刀补控制同一把刀具，以简化异形槽编程。

一、异形槽的加工

异形槽的加工是采用车槽刀的左、右刀尖分别对槽的左、右侧面进行轮廓成形加工。

二、子程序的应用

1. 子程序定义

数控加工程序可以分为主程序和子程序两种。所谓主程序是一个完整的零件加工程序，或是零件加工程序的主体部分，它和被加工零件或加工要求一一对应，不同的零件或不同的加工要求，都有唯一的主程序。

在编制加工程序中，有时会遇到一组程序段在一个程序中多次出现，或者在几个程序中都要使用它，这个典型的加工程序可以做成固定程序，并单独命名，这组程序段就称为子程序。

子程序一般都不可以作为独立的加工程序使用，它只能通过调用，实现加工中的局部动作。子程序执行结束后，能自动返回到调用的程序中。

2. 子程序的嵌套

为了进一步简化程序，可以让子程序调用另一个子程序，这一功能称为子程序的嵌套。

当主程序调用子程序时，该子程序被认为是一级子程序，系统不同，其子程序的嵌套级别也不相同。一般情况下，在 FANUC－0i 系统中，子程序可以嵌套 4 级。

3. 子程序的格式

在大多数数控系统中，子程序和主程序并无本质区别。子程序和主程序在程序号及程序内容方面基本相同，但结束标记不同。主程序用 M02 或 M30 结束，而子程序则用 M99

结束，并实现自动返回主程序功能。

子程序格式如下：

O0100；

G91 G01 Z－2.0；

…

G91 G28 Z0；

M99；

对于子程序结束指令 M99 不一定要单独一行书写，如上面程序中最后两行写成“G91 G28 Z0 M99；”也是允许的。

4. 子程序调用

（1）指令格式

在 FANUC－0i 系统中，子程序的调用可通过辅助功能代码 M98 指令进行，且在调用格式中将子程序的程序号改为 P，其常用的子程序调用格式有两种。

格式：M98　P××××L××××；M98 P×××× ××××；

如　M98 P00100 L5 或 M98 P50010 都表示连续 5 次调用 0010 号程序。

（2）指令功能

地址 P 后面的四位数字为子程序序号，地址 L 后的数字表示重复调用的次数，子程序号及调用次数前的 0 可省略不写。如果只调用一次，则地址 L 及其后的数字可省略。

（3）编程实例

如图 5—3—1 所示，加工该零件中的两个直槽，用 G00、G01、G04、M98、M99 等指令编写精加工程序。

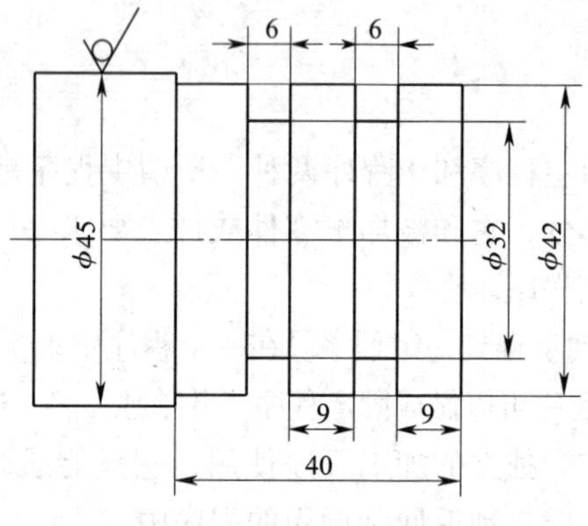

图 5—3—1　零件图

程　序	说　明
O0001；	主程序名
M03 S500；	启动主轴，转速 500 r/min
T0202；	选择 2 号刀，宽度 4 mm 车槽刀
G00 X46.0 Z0；	快速定位，X46，Z0
M98 P0002 L2；	调用子程序 O0002，循环两次

续表

程　序	说　明
G00 X46.0;	X 轴退刀
G00 X100.0 Z10.0;	远离零件
M30;	主程序结束
O0002;	子程序名
G00 W-15.0;	Z 轴负向增量移动
G01 X32.0 F0.05;	车槽至直径 ϕ32 mm
G04 X2.0;	槽底延时 2 s
G00 X42.0;	X 轴退刀
W2.0;	Z 轴正向移动 2 mm
G01 X32.0;	车槽至直径 ϕ32 mm
G04 X2.0;	槽底延时 2 s
G00 X46.0;	X 轴退刀
W-2.0;	Z 轴负向移动 2 mm
M99;	返回主程序

三、零件装夹方法

1. 一夹一顶装夹工艺

车削时，工件必须在车床夹具中定位并夹紧，工件装夹得是否正确可靠，将直接影响加工质量和生产效率，应十分重视。粗车时一般采用一夹一顶的装夹方法。

装夹时将工件的一端用三爪自定心卡盘 2 夹紧，而另一端用后顶尖 4 支顶的装夹方法称为一夹一顶装夹，如图 5—3—2 所示。为了防止由于进给力的作用而使工件轴向位移，可以在主轴前端锥孔内安装一个限位支撑 1，用这种方法装夹较安全可靠，能承受较大的进给力。

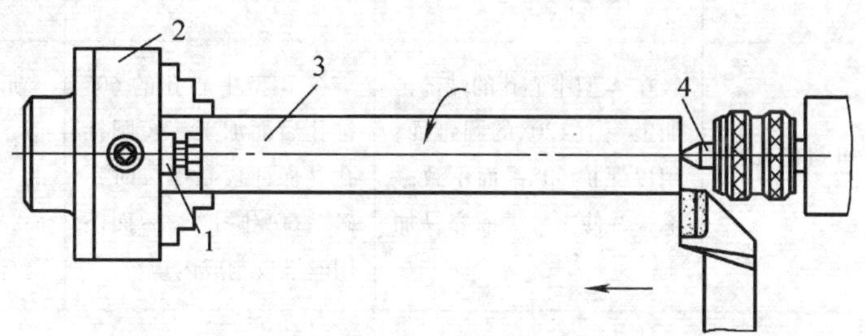

图 5—3—2　一夹一顶装夹

1—限位支撑　2—三爪自定心卡盘　3—工件　4—后顶尖

2. 一夹一顶车削工艺要求

一夹一顶车削轴类零件时为了保证零件的技术要求、保护机床、保护工具，应注意以下几点：

（1）工件端面中心必须钻中心孔。

（2）为了防止车削过程中工件产生轴向窜动，必须车削工艺台阶。

（3）卡盘部分不能夹持太长。

（4）车床尾座的轴线必须与主轴轴线重合。

（5）车床尾座套筒伸出长度不宜过长，在不影响进刀的前提下，应尽量伸出短些，以增加尾座套筒的刚度。

3. 钻中心孔的工艺要求

要用一夹一顶装夹工件，必须先在工件一端或两端的端面上加工出合适的中心孔。

(1) 中心孔和中心钻的类型

国家标准《中心孔》（GB/T 145—2001）规定中心孔有 A 型（不带护锥）、B 型（带护锥）、C 型（带护锥和螺纹）和 R 型（弧形）四种，其类型、结构及用途见表 5—3—1。

表 5—3—1　　中心孔的类型、结构及用途

类型	A 型	B 型	C 型	R 型
适用	精度要求一般的工件	精度要求较高或工序较多的工件	当需要把其他零件轴向固定在轴上时	轻型和高精度轴类工件
使用的中心钻	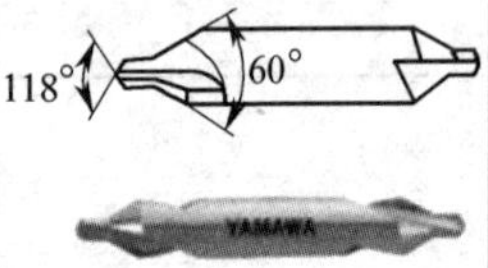	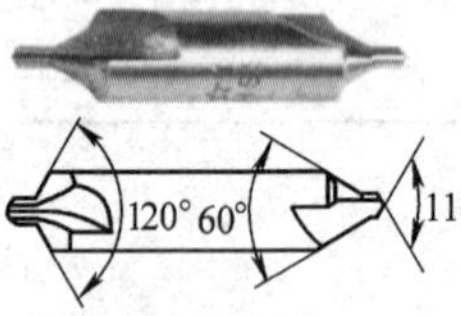		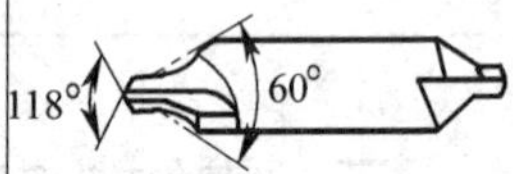
结构图	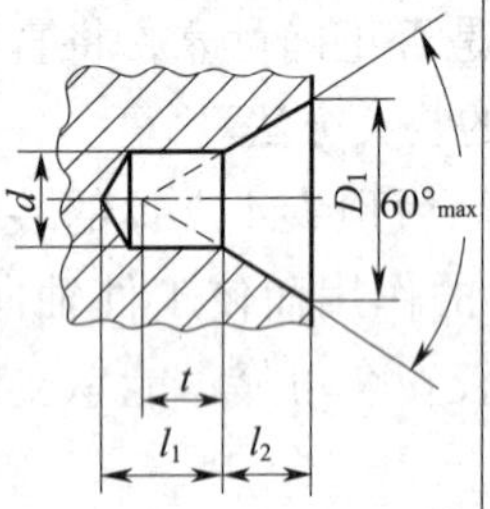	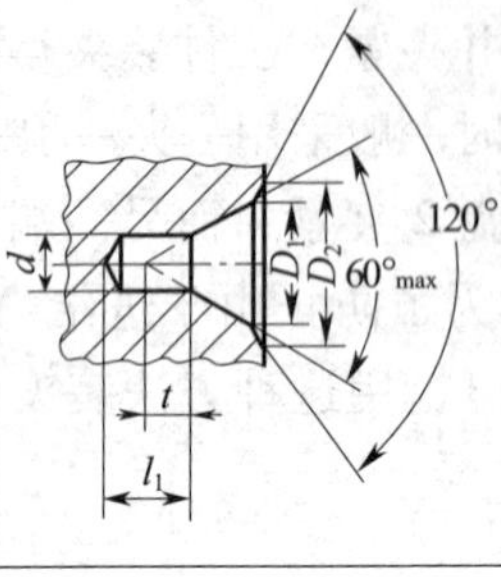	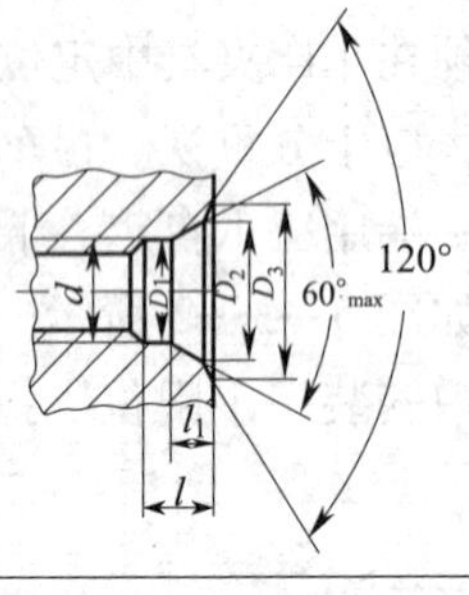	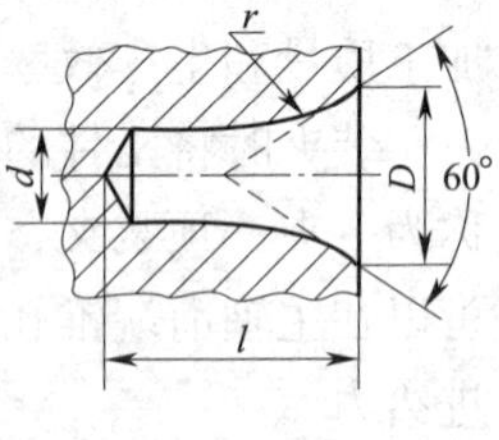
结构说明	由圆锥孔和圆柱孔两部分组成	在 A 型中心孔的端部再加工一个 120° 的圆锥面，用以保护 60° 锥面不致碰毛，并使工件端面容易加工	在 B 型中心孔的 60° 锥孔后面加工一短圆柱孔（保证攻制螺纹时不碰毛 60° 锥孔），后面还用丝锥攻制成内螺纹	形状与 A 型中心孔相似，只是将 A 型中心孔的 60° 圆锥面改成圆弧面，这样使其与顶尖的配合变成线接触
结构及作用 圆锥孔	圆锥孔的圆锥角一般为 60°，重型工件用 75° 或 90°。它与顶尖锥面配合，起定心作用并承受工件重力和切削力，因此圆锥孔的表面质量要求较高			线接触的圆弧面在工件装夹时，能自动纠正少量的位置偏差
结构及作用 圆柱孔	中心孔的基本尺寸为圆柱孔的直径 d，它是选择中心钻的依据； 圆柱孔可储存润滑脂，并能防止顶尖头部触及工件，保证顶尖锥面和中心孔锥面配合贴切，以达到正确定中心； 圆柱孔直径 $d \leqslant 6.3$ mm 的中心孔常用高速钢制成的中心钻直接钻出，$d > 6.3$ mm 的中心孔常用锪孔或车孔等方法加工			

(2) 钻中心孔的方法

1) 校正尾座中心。启动车床，移动尾座，使中心钻接近工件端面，观察中心钻头部是否与工件回转中心一致，校正并紧固尾座。

2) 切削用量的选择和钻削。由于中心钻直径小，钻削时应取较高的转速（一般为900~1 120 r/min），进给量应小而均匀（一般为0.05~0.2 mm/r）。手摇尾座手轮时切勿用力过猛，当中心钻钻入工件后应及时加切削液冷却、润滑；中心孔钻好后，中心钻在孔中应稍作停留，然后退出，以修光中心孔，提高中心孔的形状精度和表面质量。

3) 钻中心孔时的质量分析。由于中心钻的直径较小，钻中心孔时容易出现的问题及产生原因见表5—3—2。

表5—3—2　钻中心孔时容易出现的问题及产生原因

问题类别	产生原因
中心钻折断	1. 中心钻未对准工件回转中心 2. 工件端面未车平或中心处留有凸头，使中心钻偏斜，不能准确定心而折断 3. 切削参数选择不合适，转速太低、进给量过大 4. 磨钝后的中心钻强行钻入工件也易折断 5. 没有充分浇注切削液或没有及时清除切屑，也易因切屑堵塞而使中心钻折断
中心孔钻偏或钻得不圆	1. 工件弯曲未矫直，使中心孔与外圆产生偏差 2. 夹紧力不足，钻中心孔时工件移位，造成中心孔不圆 3. 工件伸出太长，回转时在离心力的作用下易造成中心孔不圆
工件装夹时顶尖不能与中心孔的锥孔贴合	中心孔钻得太深
装夹时顶尖尖端与中心孔底部接触	中心钻修磨后圆柱部分长度过短

4. 顶尖使用的工艺要求

后顶尖有固定顶尖和回转顶尖两种。

(1) 固定顶尖

固定顶尖的特点是刚度好，定心准确；但顶尖与工件中心孔间为滑动摩擦，容易产生过多热量而将中心孔或顶尖“烧坏”，尤其是普通固定顶尖（见图5—3—3a），更容易出现这类问题。因此，固定顶尖只适用于低速加工精度要求较高的工件。目前，多使用镶硬质合金的固定顶尖，如图5—3—3b所示。

a)　　　b)

图5—3—3　固定顶尖

a) 普通固定顶尖　b) 镶硬质合金固定顶尖

（2）回转顶尖

如图 5—3—4 所示，回转顶尖可使顶尖与中心孔之间的滑动摩擦变成顶尖内部轴承的滚动摩擦，故能在很高的转速下正常工作，克服了固定顶尖的缺点，应用非常广泛。但是，由于回转顶尖存在一定的装配累积误差，且滚动轴承磨损后会使顶尖产生径向圆跳动，从而降低了定心精度。

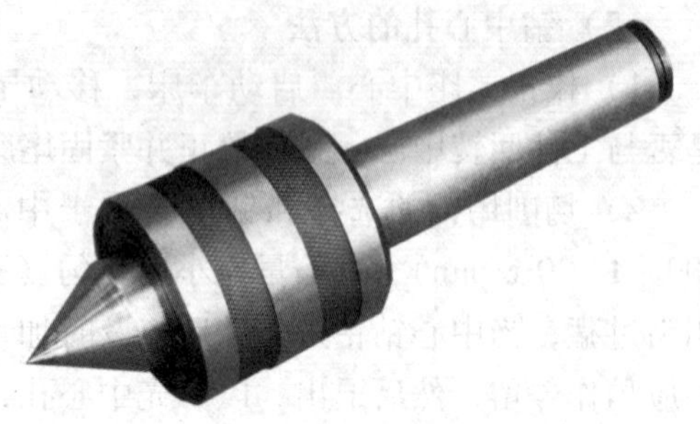

图 5—3—4　回转顶尖

四、技能训练

如图 5—3—5 所示，毛坯为 $\phi45$ mm × 120 mm 的 45 钢，用 FANUC 0i 系统的 G00、G01、G04、M98、M99 指令进行编程加工该零件。

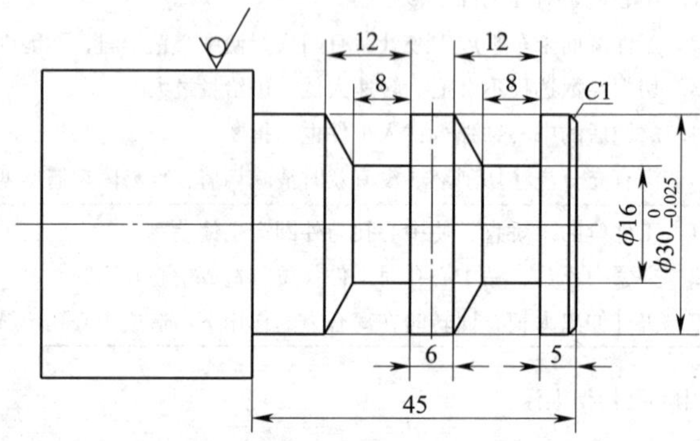

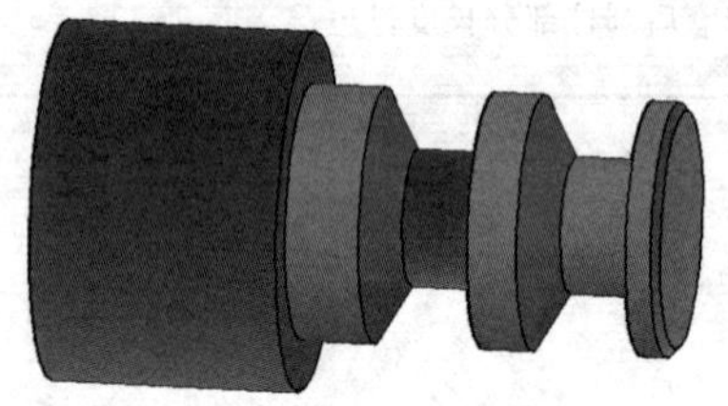

图 5—3—5　零件图

1. 分析加工工艺步骤

（1）夹住毛坯 $\phi45$ mm 外圆，伸出长度大于 45 mm，车端面，钻中心孔。

（2）采用一夹一顶装夹→应用 G71 循环指令粗车外轮廓，留精加工余量 0.5 mm，外圆尺寸 $\phi30.5$ mm。

（3）精车外轮廓至尺寸。

（4）更换车槽刀 T0202，调用子程序加工槽以及槽侧面。

2. 选择刀具及确定切削用量

（1）刀具选择

选择机夹外圆车刀，刀具型号 PCLNR2020K12；机夹车槽刀，刀具型号 CFMR 2020K04。

（2）确定切削用量

刀具的选择及切削用量的确定见表 5—3—3。

表 5—3—3　　数控加工刀具及切削用量选择

刀具号	刀具规格名称	数量	加工内容	主轴转速 /（r/min）	进给量 /（mm/r）	备注
T0101	90°外圆车刀	1	粗车外轮廓	600	0.2	
			精车外轮廓	1 200	0.08	
T0202	车槽刀	1	车槽加工	500	0.1	

3. 程序编制

程　序	说　明
O0003;	程序名
M03 S600;	启动主轴，主轴正转，转速 600 r/min
T0101;	选择 1 号刀，90°度外圆车刀
G00 X46.0 Z2.0;	快速定位，$X46$，$Z2$
G71 U2.0 R1.0;	循环指令，切削深度 2 mm，X 轴回退量 1 mm
G71 P10 Q20 U0.5 W0.05 F0.2;	X 轴余量 0.5 mm，Z 轴余量 0.05 mm
N10 G00 X28.0 S1200;	X 轴进刀
G01 Z0 F0.08;	Z 轴进刀
X30.0 Z-1.0;	倒角 $C1$ mm
Z-45.0;	加工 $\phi30$ mm 外圆
N20 X46.0;	车台阶面
G00 X46.0 Z2.0;	快速定位，$X46$，$Z2$
G70 P10 Q20;	精加工
G00 X150.0 Z10.0;	远离工件
T0202;	换刀
G00 X32.0 Z-9.0;	快速定位，$X32$，$Z-9$
M98 P0004 L2;	调用子程序 O0004 两次
G00 X100.0;	X 向退刀
Z100.0;	Z 向退刀
M30;	程序结束并返回
O0004;	子程序名
G1 U-16.0 F0.1;	车槽直径 $\phi16$ mm
G04 X2.0;	暂停延时 2 s
G00 U16.0;	X 轴退刀至 $\phi32$ mm
W-4.0;	Z 向进刀 4 mm
G01 U-16.0 F0.1;	车槽直径 $\phi16$ mm
G00 U16.0;	X 轴退刀至 $\phi32$ mm
W-4.0;	Z 向进刀 4 mm
G01 U-2.0;	X 轴进刀直径 $\phi30$ mm
U-14.0 W4.0;	车左侧斜面
G00 U16.0;	X 轴退刀 $\phi32$ mm
W-14.0;	Z 轴退刀
M99;	子程序结束并返回主程序

4. 质量分析

数控车床加工矩形槽时经常遇到的加工误差产生原因、预防和消除的措施见表5—3—4。

表5—3—4　车削异形槽时产生误差的原因及预防方法

问题现象	产生原因	预防和消除措施
槽底出现振动，留有振纹	1. 工件装夹不合理 2. 刀具安装不合理 3. 切削参数设置不合理 4. 程序延时太长	1. 正确装夹工件、保证刚度 2. 调整刀具安装位置 3. 合理选择切削参数 4. 缩短程序延时时间
切槽过程中出现扎刀现象，造成刀具断裂	1. 进给量 f 过大 2. 切屑阻塞	1. 降低进给量 f 2. 采用断、退方式切入

思考与练习

如图5—3—6所示零件图样，用FANUC系统加工该零件。

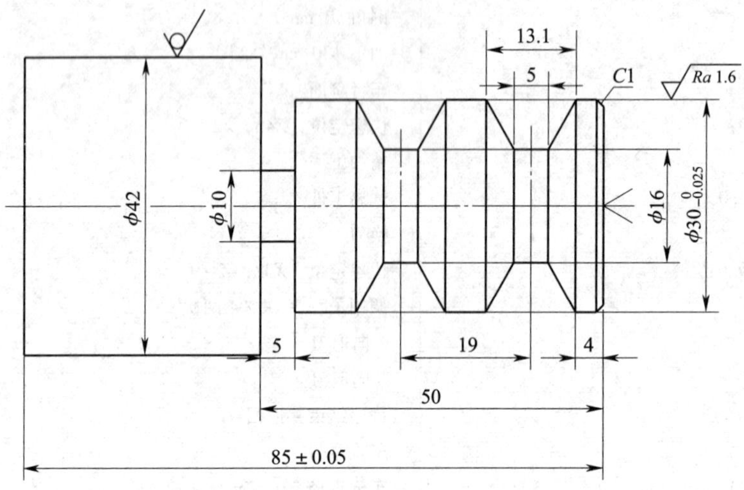

图5—3—6　零件图

模块六 螺纹加工

在各种机电产品中，螺纹的应用十分广泛，如螺钉、螺母、螺杆、丝杠等。它主要用于连接各种机件，也可用来传递运动和载荷。螺纹的分类方法很多，按螺纹的牙型可分为三角形、梯形、锯齿形、圆形等；按螺纹的外廓形状可分为圆柱螺纹和圆锥螺纹；还可按配合性质、尺寸单位等进行分类。

如图 6—1 所示，高精度的螺纹轴零件加工时，需用数控车床加工螺纹，由数控系统控制螺距的大小和精度，从而简化了计算，螺纹切削效率显著提高；专用数控螺纹切削刀具、较高的切削速度的选用又进一步提高了螺纹的加工精度和表面质量。

图 6—1　螺纹轴套零件

课题 1　等距螺纹的加工

学习目标

1. 掌握用 G32、G92 指令编写等螺距螺纹加工程序的方法。
2. 掌握螺纹加工的方法。
3. 能对螺纹的加工误差进行分析。
4. 会使用螺纹塞规、螺纹千分尺测量螺纹的精度。

一、螺纹的加工方法

1. 基本要素的计算公式

普通三角螺纹基本要素计算见表 6—1—1。

2. 螺纹的进刀方式

螺纹切削一般有两种进刀方式：一种是直进法（见图 6—1—10），另一种是斜进法。(见图 6—1—1b)。当螺纹牙型深度、螺距较大时，可分数次进给。切深的分配方法有常量式和递减式。

表 6—1—1　　普通三角螺纹基本要素计算表

基本参数	外螺纹	计算公式
牙型角	α	$\alpha=60°$
螺纹大径	d	d（螺纹公称直径）
螺纹中径	d_2	$d_2=d-0.649P$（P 表示螺距）
牙型高度	h_1	$h_1=0.541P$（P 表示螺距）
螺纹小径	d_1	$d_1=d-1.082P$

（1）直进法加工螺纹时，每次车削只有 X 方向进刀，螺纹车刀的左右切削刃同时参与切削的方法称为直进法，直进法编程比较简单，可以获得较正确的牙型，常用于螺距 P 小于 2 mm 和脆性材料的螺纹加工。

（2）车削螺距较大的螺纹时，由于螺纹牙槽较深，为了粗车顺利，采用两轴同时进给的方法，称为斜进法。

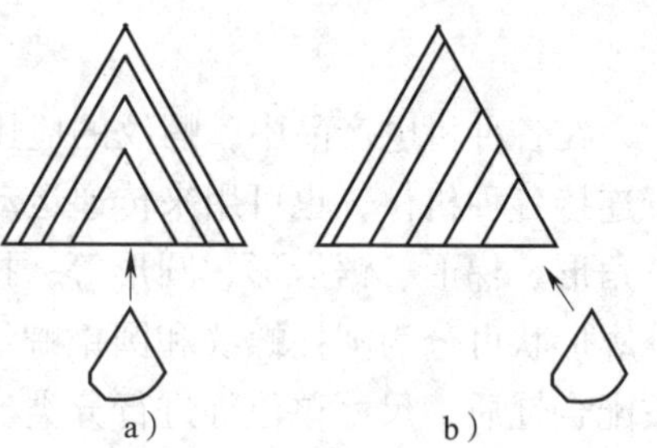

图 6—1—1　螺纹切削进刀方式
a）直进法　b）斜进法

直进法车螺纹是两切削刃同时切削；斜进法车螺纹则是单刃切削，车削中不易扎刀，且可获得较小的表面粗糙度值。

3. 螺纹车削的注意事项

（1）一般切削螺纹时，从粗车到精车，按照同样的螺距进行的。当安装在主轴上的位置编码器检测出第一转信号后，便开始切削，因此，即使很多次切削，工件圆周上的切削起点仍保持不变。但是从粗车到精车，主轴的转速必须是一定的，当主轴转速变化时，螺纹切削会产生乱牙现象。

（2）一般由于伺服系统的滞后，在螺纹切削的开始和结束部分，螺纹导程会出现不规则现象。为了保证这部分的螺纹精度，在数控车床上切削螺纹时必须设置升速进刀段和降速退刀段。因此加工螺纹的实际长度除了螺纹有效长度 L 外。还应该包括升速段和降速段的长度，其数值与工件的螺距和转速有关，由各系统设定，一般大于一个导程。

二、编程指令

1. G32——等螺距螺纹切削指令

（1）指令格式

G32 X（U）_ Z（W）_　F _;

说明：

X、Z：螺纹终点的绝对坐标值（U、W 表示增量值）；

F：长轴方向的导程。

（2）指令功能

该指令可用于加工圆柱螺纹、锥螺纹和平面螺纹。如图 6—1—2 所示，①→②为 G00 空刀快速进入，②→③为 G32 加工圆柱螺纹时的加工轨迹，③→④使用 G00 退刀，④→①使用 G00 使刀具返回螺纹加工起点。

（3）编程实例

如图 6—1—3 所示零件，在 FANUC 0i 系统数控车床上加工该零件的螺纹，试采用 G32 指令编写其加工程序。

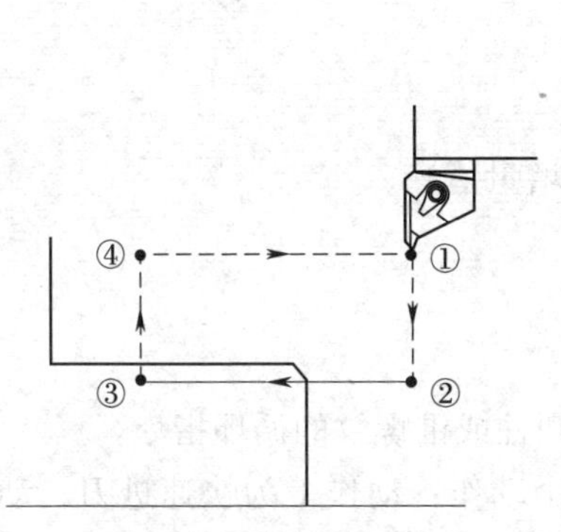

图 6—1—2　G32 轨迹

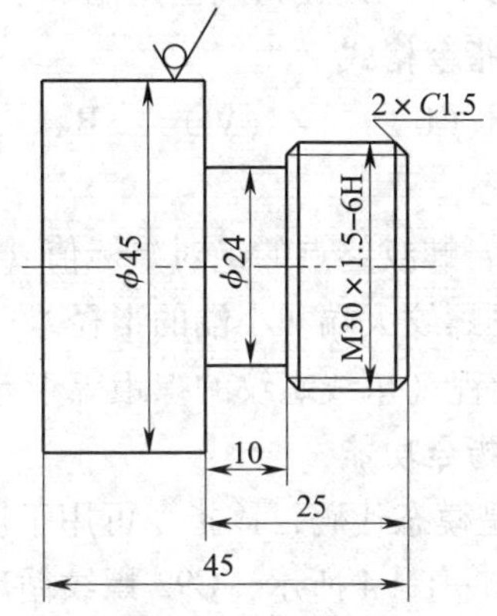

图 6—1—3　螺纹加工

编程如下：

程　序	说　明
O0001;	程序名
M03 S800;	启动主轴，主轴转速 800 r/min
T0303;	选择 3 号刀（螺纹刀）
G00 X33.0 Z5.0;	快速定位至起点
X29.3;	第一次切入
G32 Z-20.0 F1.5	螺纹车削
G00 X33.0;	X 方向退刀
Z5.0;	快速返回 Z 向起点
X28.7;	第二次切入
G32 Z-20.0 F1.5;	螺纹车削
G00 X33.0;	X 方向退刀
Z5.0;	快速返回 Z 向起点
X28.4;	第三次切入
G32 Z-20.0 F1.5;	螺纹车削
G00 X33.0;	X 方向退刀
Z5.0;	快速返回 Z 向起点
X28.05;	第四次切入
G32 Z-20.0 F1.5;	螺纹车削
G00 X33.0;	X 方向退刀
Z5.0;	快速返回 Z 向起点
G00 X100.0 Z100.0;	退刀至安全点
M30;	程序结束

说明：

1）圆柱螺纹切削加工时，X、U 值可以省略，格式为：G32 Z（W）__ F__；端面螺纹切削加工时，Z、W 值可以省略，格式为：G32 X（U）__ F__；

2）螺纹切削应注意在两端设置足够的空刀导入量和空刀退出量。

3）主轴速度从粗切到精切必须保持恒定，否则螺纹导程不正确。

2．G92——螺纹切削固定循环

（1）指令格式

G92 X（U）__ Z（W）__ R__ F__；

说明：

X、Z：螺纹终点的绝对坐标值（U、W 表示增量值）；

R：锥螺纹大端和小端的半径差；

F：导程（单线螺纹的螺距等于导程）。

（2）指令功能

G92 是模态代码，该指令可用于切削内、外圆柱或锥螺纹的循环指令。

如图 6—1—4 所示，G92 螺纹循环包含有 4 个动作：动作 1 为快速进刀，动作 2 为螺纹切削，动作 3 为退刀，动作 4 为返回起点。其中，在动作 4 螺纹加工至终点之前有 45°的倒角，倒角距离在 0.1 ~ 12.7*L* 指定，指定单位为 0.1*L*，由参数 5130 号决定（*L* 为螺距）。

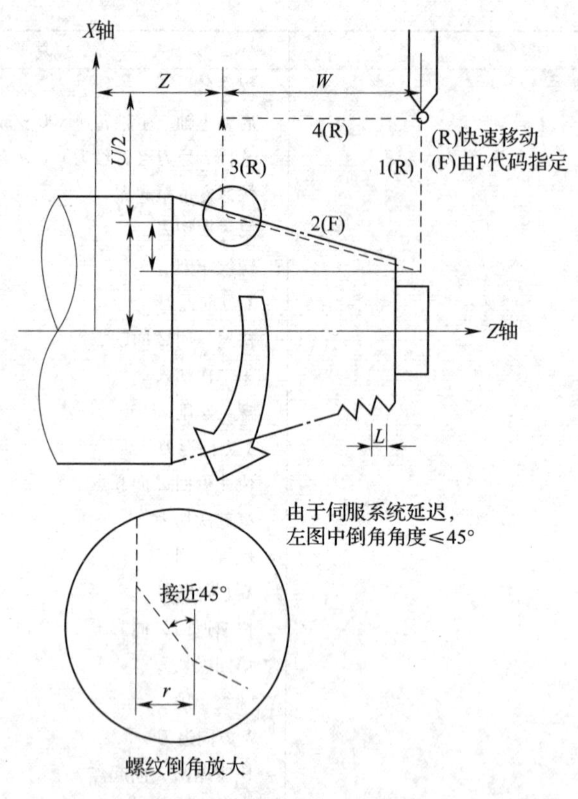

图 6—1—4　G92 循环轨迹

在增量编程中，U 和 W 地址后的数值的符号取决于轨迹 1 和 2 的方向。也就是说，如果轨迹 1 的方向沿 *X* 轴是负的，U 值也是负的。

（3）编程示例

加工如图 6—1—3 所示的零件外螺纹，试采用 G92 指令编写其螺纹加工程序。

程　序	说　明
O0001；	程序名
M03 S800；	启动主轴，主轴转速 800 r/min
T0303；	选择 3 号刀
G00 X33.0 Z2.0；	快速定位至起点
G92 X29.4 Z－20.0 F1.5；	螺纹车削第一刀
X28.8；	第二刀
X28.4；	第三刀
X28.05；	第四刀
G00 X100.0 Z100.0；	退刀至安全点
M30；	程序结束

说明：

1）G92 指令中 R 为圆锥螺纹起点和终点的半径差，加工圆柱螺纹时为零，可省略。

2）加工螺纹时，主轴转速不能变化，否则会产生乱牙。

3）在螺纹切削期间，按下进给暂停按钮时，刀具立即按斜线回退，先回到 *X* 轴起点再回到 *Z* 轴起点。

三、技能训练

加工如图 6—1—5 所示零件，毛坯为 ϕ45 mm × 75 mm 的 45 钢，试采用 FANUC 0i 系统所学的 G71、G92 等指令编写程序并加工该零件。

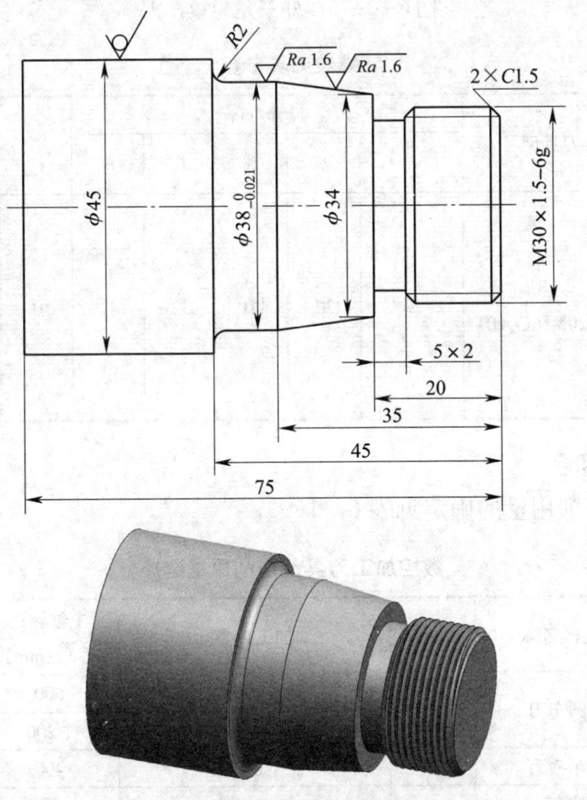

图 6—1—5　零件图

1. 工艺分析

(1) 夹住毛坯 ϕ45 mm 外圆，伸出长度大于 50 mm→粗车 ϕ38 mm 外圆至 ϕ38. 5 mm→粗车 30 mm 外圆至 ϕ30. 5 mm→粗车锥面，精车外轮廓至尺寸。

(2) 换车槽刀加工退刀槽。

(3) 换外三角螺纹车刀粗精加工 M30 ×1. 5—6g 外螺纹至尺寸。

2. 选择刀具及确定切削用量

(1) 刀具选择

选择如图 6—1—6 所示机夹外三角螺纹车刀，刀具型号 CRE2020M16CQHD，具体参数见表 6—1—2。

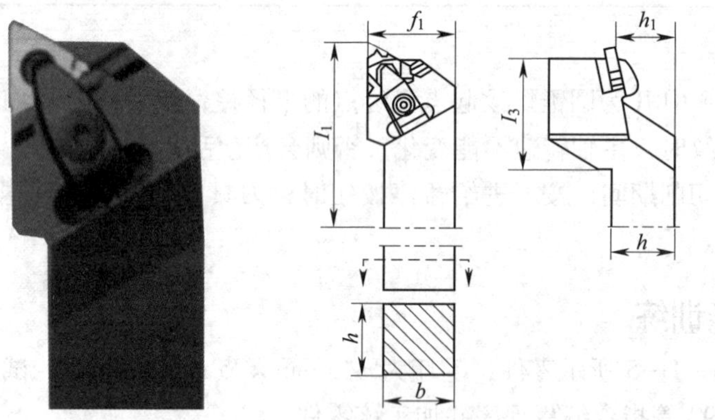

图 6—1—6　外三角螺纹车刀

表 6—1—2　　螺纹刀具参数

应用	刀具型号	尺寸/mm					γ_o(°)	λ_s(°)	
		h	b	l_1	f_1	l_3			
	CRE 2020M16CQHD	20	20	120	32	37	0	0	16ER AG60 CP200

(2) 确定切削用量

刀具的选择及切削用量的确定见表 6—1—3。

表 6—1—3　　数控加工刀具及切削用量选择

刀具号	刀具规格名称	数量	加工内容	主轴转速 / (r/min)	进给量 / (mm/r)	备注
T0101	90°外圆车刀	1	粗车外轮廓	600	0. 2	
			精车外轮廓	1 200	0. 08	
T0202	4 mm 车槽刀	1	加工退刀槽	400	0. 08	
T0303	60°螺纹车刀	1	加工螺纹	800	1. 5	

3. 程序编制

程序	说明
O0001;	
M03 S600;	启动主轴，转速 600 r/min
T0101;	选择 1 号刀具（90°外圆车刀）
G00 X46.0 Z2.0;	
G71 U2.0 R1.0;	设定 G71 粗加工参数
G71 P10 Q20 U0.5 W0.1 F0.2;	
N10 G00 X26.8 S1200;	精加工第一个程序段号
G01 Z0 F0.08;	
X29.8 Z-1.5;	
Z-20.0;	
X34.0;	
X38.0 Z-35.0;	
Z-43.0;	
G02 X42.0 Z-45.0 R2.0;	
N20 G01 X46.0;	精加工最后一个程序段号
G00 X100.0 Z100.0;	
M05;	
M00;	
M03 S1200;	启动主轴，转速 1 200 r/min
T0101;	
G00 X46.0 Z2.0;	
G70 P10 Q20;	外轮廓精加工
G00 X100.0 Z100.0;	快速退刀
M05;	
M00;	
M03 S400;	转速 400 r/min
T0202;	选择 2 号刀具（4 mm 车槽刀）
G00 X35.0 Z-20.0;	快速定位
G01 X26.0 F0.1;	车削退刀槽
G04 X1.0;	延时 1 s
G01 X35.0 F1.0;	径向退刀
G00 X100.0 Z100.0;	返回换刀点
S800;	主轴转速 800 r/min
T0303;	选择 3 号刀具（60°螺纹刀）
G00 X32.0 Z5.0;	快速定位
G92 X29.4 Z-18.0 F1.5;	应用固定螺纹循环车削三角螺纹
X28.9;	
X28.5;	
X28.2;	
X28.05;	
G00 X100.0 Z100.0;	快速退刀
M30;	程序结束

4. 质量分析

数控车床加工螺纹时经常遇到的加工误差、产生原因、预防和消除措施见表6—1—4。

表6—1—4　　螺纹加工误差分析

问题现象	产生原因	预防和消除措施
螺纹尺寸超差	1. 刀具角度不准确 2. 切削用量选择不当产生让刀 3. 程序错误 4. 工件尺寸计算错误	1. 调整或重新设定刀具参数 2. 合理选择切削用量 3. 检查、修改程序 4. 正确计算工件尺寸
螺纹表面粗糙度差	1. 切削速度太低 2. 安装刀具高于中心 3. 切屑缠绕工件表面 4. 刀具磨损 5. 切削液选择不合理	1. 选择较高的主轴转速 2. 调整刀具中心高度 3. 选择合理的进刀方式和背吃刀量 4. 及时更换刀具或刀片 5. 正确选择切削液
加工时扎刀致工件报废	1. 进给量过大 2. 工件安装不合理 3. 刀具三面切削刃同时切削	1. 降低进给速度 2. 检查工件安装，增加刚度 3. 检查刀具角度是否发生干涉，及时修正

思考与练习

加工如图6—1—7所示零件，试采用FANUC 0i系统编写该零件加工程序并进行加工。

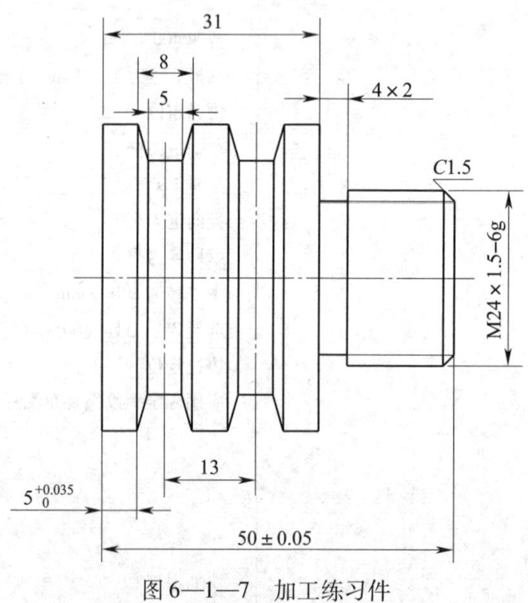

图6—1—7　加工练习件

课题 2　多线螺纹的加工

学习目标

1. 掌握多线螺纹加工程序的编写方法。
2. 掌握多线螺纹的加工方法。

螺纹用途十分广泛，有起连接（或固定）作用的，有起传递动力作用的，也有起减速作用的。由一条螺旋线形成的螺纹叫做单线螺纹，由两条或两条以上的轴向等距分布的螺旋线所形成的螺纹叫做多线螺纹。多线螺纹的各螺旋线沿轴向等距分布，解决等距分布的问题叫做分头（分线），等距误差的大小影响螺纹的啮合精度及使用寿命。

在数控车床加工多线螺纹能很大程度提高加工精度和生产效率，这也是加工多线螺纹的常见手段。

一、多线螺纹的加工方法

1. 多线螺纹的一般技术要求

加工多线螺纹时，应保证同一条螺旋线中相邻两牙之间的距离为一个导程，两条螺旋线的背吃刀量要一致。

2. 多线螺纹车刀的装夹

螺纹车刀的刀尖应与工件轴线等高，两切削刃夹角的平分线应垂直于工件轴线，装夹时用螺纹对刀样板校正，以免产生螺纹半角误差。

3. 多线螺纹车削注意事项

（1）车削第二条螺旋线时，定位点应偏移一个螺距。

（2）加工螺纹时必须保证中径尺寸的精度。

（3）合理选择螺纹加工刀具。

二、编程指令

1. G32——等螺距螺纹切削指令

（1）指令格式

G32 X（U）＿ Z（W）＿　F＿　Q＿；

说明：

X、Z：螺纹终点的绝对坐标值（U、W 表示增量值）；

F：长轴方向的导程；

Q：起始角（单位为 0.001°，取值范围在0～360 000，后面不可加小数点）。该值不具备模态功能，如果不写默认为0°。

（2）编程实例

如图 6—2—1 所示，要求运用 G32 指令编制双线螺纹加工程序。

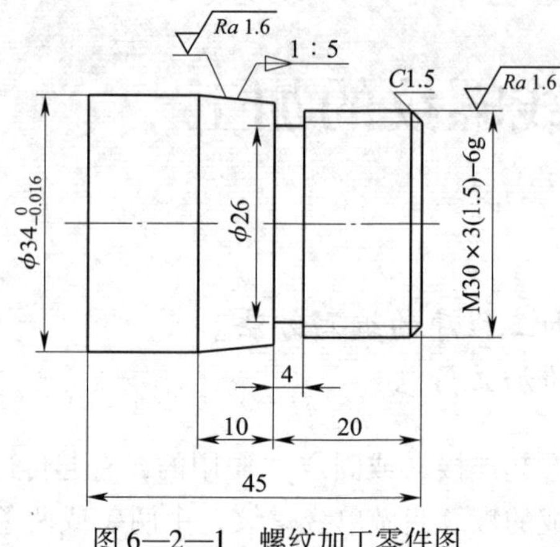

图 6—2—1　螺纹加工零件图

程　序	说　明
O0001;	程序名
M03 S800;	启动主轴，转速 800 r/min
T0303;	选择 3 号刀（螺纹车刀）
G00 X33.0 Z5.0;	快速定位至起点
X29.3;	第一条线第一刀切入
G32 Z-20.0 F1.5 Q0;	螺纹车削
G00 X33.0;	X 方向退刀
Z5.0;	快速返回 Z 向起点
X28.7;	第一条线第二刀切入
G32 Z-20.0 F1.5 Q0;	螺纹车削
G00 X33.0;	X 方向退刀
Z5.0;	快速返回 Z 向起点
X28.4;	第一条线第三刀切入
G32 Z-20.0 F1.5 Q0;	螺纹车削
G00 X33.0;	X 方向退刀
Z5.0;	快速返回 Z 向起点
X28.05;	第一条线第四刀切入
G32 Z-20.0 F1.5 Q0;	螺纹车削
G00 X33.0;	X 方向退刀
Z5.0;	快速返回 Z 向起点
G00 X33.0 Z5.0;	快速定位至起点
X29.3;	第二条线第一刀切入
G32 Z-20.0 F1.5 Q180000;	螺纹车削
G00 X33.0;	X 方向退刀
Z5.0;	快速返回 Z 向起点
X28.7;	第二条线第二刀切入
G32 Z-20.0 F1.5 Q180000;	螺纹车削
G00 X33.0;	X 方向退刀
Z5.0;	快速返回 Z 向起点
X28.4;	第二条线第三刀切入

续表

程　序	说　明
G32 Z－20.0 F1.5 Q180000；	螺纹车削
G00 X33.0；	X 方向退刀
Z5.0；	快速返回 Z 向起点
X28.05；	第二条线第四刀切入
G32 Z－20.0 F1.5 Q180000；	螺纹车削
G00 X33.0；	X 方向退刀
Z5.0；	快速返回 Z 向起点
G00 X100.0 Z100.0；	退刀至安全点
M30；	程序结束

2. G92——螺纹切削固定循环

（1）指令格式

G92 X（U）＿ Z（W）＿　F＿　Q＿；

说明：

X、Z：螺纹终点的绝对坐标值（U、W 表示增量值）；

F：长轴方向的导程；

Q：起始角（单位为 0.001°，取值范围在 0～360 000，后面不可加小数点），该值不具备模态功能，如果不写默认为 0°。

（2）编程示例

加工如图 6—2—2 所示零件，试采用 G92 指令编程并进行加工。

用 G92 编程加工双线螺纹时，主要原理是通过改变螺纹加工起点，使 Z 向偏移一个螺距再次加工，从而实现双线螺纹加工。

程　序	说　明
O0001；	
M03 S800；	启动主轴，主轴转速 800 r/min
T0303；	选择 3 号刀
G00 X33.0 Z5.0；	快速定位至起点 Z5
G92 X29.4 Z－20.0 F3.0；	螺纹车削第一刀
X28.8；	第二刀
X28.4；	第三刀
X28.05；	第四刀
G00 X33.0 Z3.5；	快速定位至起点 Z3.5，相对第一条线偏移一个螺距
G92 X29.4 Z－20 F3；	螺纹车削第一刀
X28.8；	第二刀
X28.4；	第三刀
X28.05；	第四刀
G00 X100.0 Z100.0；	退刀至安全点
M30；	程序结束

三、技能训练

如图 6—2—2 所示，毛坯为 $\phi45$ mm × 75 mm 的 45 钢，用 FANUC 0i 系统所学指令 G71、G92 进行编程加工该零件。

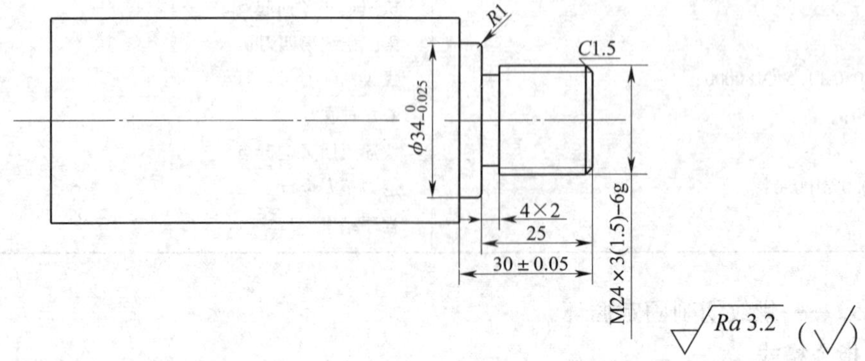

图 6—2—2　实例零件图

1. 工艺分析

（1）夹住毛坯 $\phi45$ mm 外圆，伸出大于 40 mm 长→粗车 $\phi34$ mm 外圆至 $\phi34.5$ mm→粗车 $\phi24$ mm 外圆至 $\phi24.5$ mm，精车外轮廓至尺寸。

（2）换 4 mm 车槽刀加工退刀槽。

（3）换外三角螺纹刀粗、精加工 M24 ×1. 5—6g 外螺纹至尺寸。

2. 选择刀具及确定切削用量

（1）刀具选择

刀具选择与模块六课题 1 相同，此处省略。

（2）确定切削用量

刀具的选择及切削用量的确定见表 6—2—1。

表 6—2—1　　数控加工刀具及切削用量选择

刀具号	刀具规格名称	数量	加工内容	主轴转速 /（r/min）	进给量 /（mm/r）	备注
T0101	90°外圆车刀	1	粗车外轮廓	600	0. 2	
			精车外轮廓	1 200	0. 08	
T0202	4 mm 车槽刀	1	加工退刀槽	400	0. 08	
T0303	60°螺纹车刀	1	加工螺纹	800	1. 5	

3. 程序编制

程　序	说　明
O0001；	程序名
M03 S600；	启动主轴，转速 600 r/min
T0101；	选择 1 号刀具（90°外圆车刀）
G00 X46. 0 Z2. 0；	定位至起点

续表

程 序	说 明
G71 U2.0 R1.0;	设定 G71 粗加工参数
G71 P10 Q20 U0.5 W0.1 F0.2;	
N10 G00 X20.8 S1200;	精加工第一个程序段号
G01 Z0 F0.08;	
X23.8 Z-1.5;	
Z-25.0;	
X32.0;	
G03 X34.0 Z-26.0 R1.0;	
Z-30.0;	
N20 G01 X46.0;	精加工最后一个程序段号
G00 X100.0 Z100.0;	退刀
M05;	主轴停止
M00;	程序暂停
M03 S1200;	启动主轴，转速 1 200 r/min
T0101;	更新刀补
G00 X46.0 Z2.0;	定位至起点
G70 P10 Q20;	外轮廓精加工
G00 X100.0 Z100.0;	快速退刀
M05;	
M00;	
M03 S400;	转速 400 r/min
T0202;	选择 2 号刀具（4 mm 车槽刀）
G00 X28.0 Z-25.0;	快速定位
G01 X20.0 F0.1;	切削退刀槽
G04 X1.0;	暂停 1 s
G01 X28.0 F1.0;	退刀
G00 X100.0 Z100.0;	回换刀点
M03 S800;	启动主轴，转速 800 r/min
T0303;	选择 3 号刀
G00 X27.0 Z5.0;	快速定位至起点
G92 X29.4 Z-23.0 F3.0;	螺纹车削第一刀
X28.8;	螺纹车削第二刀
X28.4;	螺纹车削第三刀
X28.05;	螺纹车削第四刀
G00 X27.0 Z3.5;	快速定位至起点
G92 X29.4 Z-23 F3.0;	螺纹车削第一刀
X28.8;	螺纹车削第二刀
X28.4;	螺纹车削第三刀
X28.05;	螺纹车削第四刀
G00 X100.0 Z100.0;	退刀至安全点
M30;	程序结束

4. 质量分析

数控车床加工多线螺纹时也会遇到加工误差，其问题现象、产生的原因、预防和消除的措施见表 6—2—2。

表 6—2—2　　多线螺纹加工误差分析

问题现象	产生原因	预防和消除措施
螺纹尺寸超差	1. 刀具角度不准确 2. 切削用量选择不当产生让刀 3. 程序错误 4. 工件尺寸计算错误	1. 调整或重新设定刀具参数 2. 合理选择切削用量 3. 检查、修改程序 4. 正确计算工件尺寸
螺纹表面粗糙度差	1. 切削速度太低 2. 安装刀具高于中心 3. 切屑缠绕工件表面 4. 刀具磨损 5. 切削液选择不合理	1. 选择较高的主轴转速 2. 调整刀具中心高度 3. 选择合理的进刀方式和背吃刀量 4. 及时更换刀具或刀片 5. 正确选择切削液
加工时扎刀致工件报废	1. 进给量过大 2. 工件安装不合理 3. 刀具三面刃同时切削	1. 降低进给速度 2. 检查工件安装，增加刚度 3. 检查刀具角度是否干涉，及时修正

如图 6—2—3 所示零件图样，用 FANUC 0i 系统加工该零件。

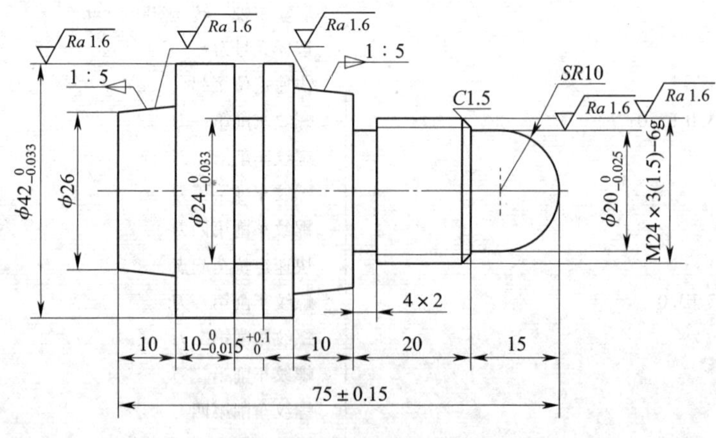

图 6—2—3　加工练习图

课题3　梯形螺纹的加工

学习目标

1. 掌握G76指令的应用。
2. 能应用子程序功能编制梯形螺纹加工程序。
3. 能正确选择梯形螺纹车刀并合理选择切削参数。
4. 能正确测量梯形螺纹尺寸要素。

一、梯形螺纹的加工方法

1. 梯形螺纹的一般技术要求

梯形螺纹的轴向剖面形状是等腰梯形。用作传动，精度要求高，表面粗糙度值小，车削梯形螺纹比车削三角螺纹困难。

梯形螺纹的一般技术要求如下：

（1）螺纹的中径必须与基准轴颈同轴，其大径尺寸应小于基本尺寸。

（2）梯形螺纹的配合以中径定心，因此加工梯形螺纹时必须保证中径尺寸公差。

（3）梯形螺纹的牙型角要正确。

（4）梯形螺纹牙型两侧面的表面粗糙度值要小。

2. 加工梯形螺纹轴类零件的装夹要求

车削梯形螺纹时，由于切削力较大。工件一般采用一夹一顶方式装夹。轴向应采用限位台阶或限位支撑固定工件的轴向位置，以防止车削过程中工件轴向窜动或位移而造成乱牙或撞坏车刀。

3. 梯形螺纹车刀的装夹

螺纹车刀的刀尖应与工件轴线等高，两切削刃夹角的平分线应垂直于工件轴线，装夹时用梯形螺纹对刀样板校正，以免产生螺纹半角误差。

4. 梯形螺纹车削注意事项

（1）加工梯形螺纹时应采用左右借刀法加工，避免刀具的三个切削刃同时切削，产生扎刀。

（2）螺纹的牙型角要正确，螺纹牙型两侧面的表面粗糙度值要小。

（3）螺纹加工过程中，应注意不得改变转速，否则会乱牙。

二、编程指令

1. G76——梯形螺纹切削指令

（1）指令格式

G76　P（m）（r）（α）Q Δd_{min}　R（d）；

G76 X（U）__ Z（W）__ R $\underline{i}$ P $\underline{k}$ Q $\underline{\triangle d}$ F $\underline{L}$；

说明：

m：精加工重复次数，可以是 1 ~ 99；

r：倒角量（斜向退刀）。当螺距用 L 表示时，可以从 0.01L 到 9.9L 设定，单位为 0.01L（两位数 00 ~ 99）；

α：螺纹刀尖角度（螺纹牙型角），可以选择 80°、60°、55°、30°、29°和 0°六种中的一种，由两位数规定；

例 当 $m=2$，$r=1.2L$，$\alpha=30°$时，指令（L 是螺距）为：G76 P 021230

$\triangle d$min：最小背吃刀量。半径值，单位为 μm；

d：精加工余量。半径值，单位为 μm；

i：螺纹半径差。$i=0$ 时是普通直螺纹切削；

k：螺纹的牙深，半径值，单位为 μm；

$\triangle d$：第一次的切削深度，半径值，单位为 μm；

L：螺纹导程，单位 mm。

（2）指令功能

该指令进刀轨迹为斜进法，比较适合车削大螺距三角螺纹或梯形螺纹。

（3）编程实例

如图 6—3—1 所示，运用 G76 指令编制梯形螺纹加工程序。

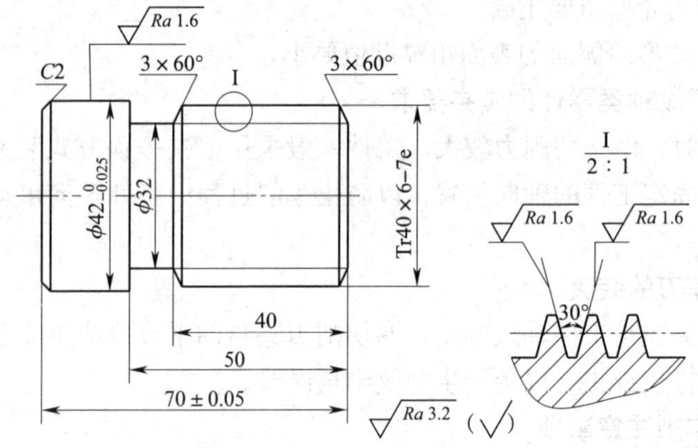

图 6—3—1 梯形螺纹加工零件图

程　序	说　明
O0001；	程序名
M03 S400；	启动主轴，转速 400 r/min
T0303；	选择 3 号刀
G00 X50.0 Z12.0；	快速定位至起点
G76 P021060 Q20 R100；	多重复合螺纹循环
G76 X33.0 Z－46.0 P3500 Q700 F6.0；	
G00 X100.0 Z100.0；	退刀至安全点
M30；	程序结束

其中：精加工次数为 2，斜向退刀量取 10 mm，实际退刀量为一个导程，刀尖角为 30°，最小背吃刀量取 0.02 mm，精加工余量取 0.1 mm，螺纹半径差为 0，牙型高度计算为 3.5 mm，第一次背吃刀量为 0.7 mm，螺距为 6 mm，螺纹小径为 33.0 mm。

2. 调用子程序加工梯形螺纹

如图 6—3—1 所示螺纹加工，也可用左右切削法，可调用子程序重复进刀切削，程序如下。

程　序	说　明
O0001；	主程序名
M03 S400；	启动主轴，转速 400 r/min
T0303；	选择 3 号刀
G00 X40.0 Z6.0；	快速定位至起点
M98 P0002 L35；	调用 O0002 子程序
G00 X100.0 Z100.0；	退刀至安全点
M30；	程序结束
O0002；	子程序名
G00 Z6.0；	
M98 P0003 L01；	调用 O0003 子程序
G00 Z5.5；	偏移、左右借刀
M98 P0003 L01；	调用 O0003 子程序
M99；	子程序结束
O0003；	子程序名
G00 U－0.2；	进刀
G32 Z－45.0 F6.0；	螺纹切削
G00 U10.0；	退刀
Z6.0；	
U－10.0；	
M99；	子程序结束

三、技能训练

如图 6—3—2 所示零件，毛坯为 $\phi70$ mm × 100 mm 的 45 钢，试采用 FANUC 系统所学的指令编写其数控车削加工程序并进行加工。

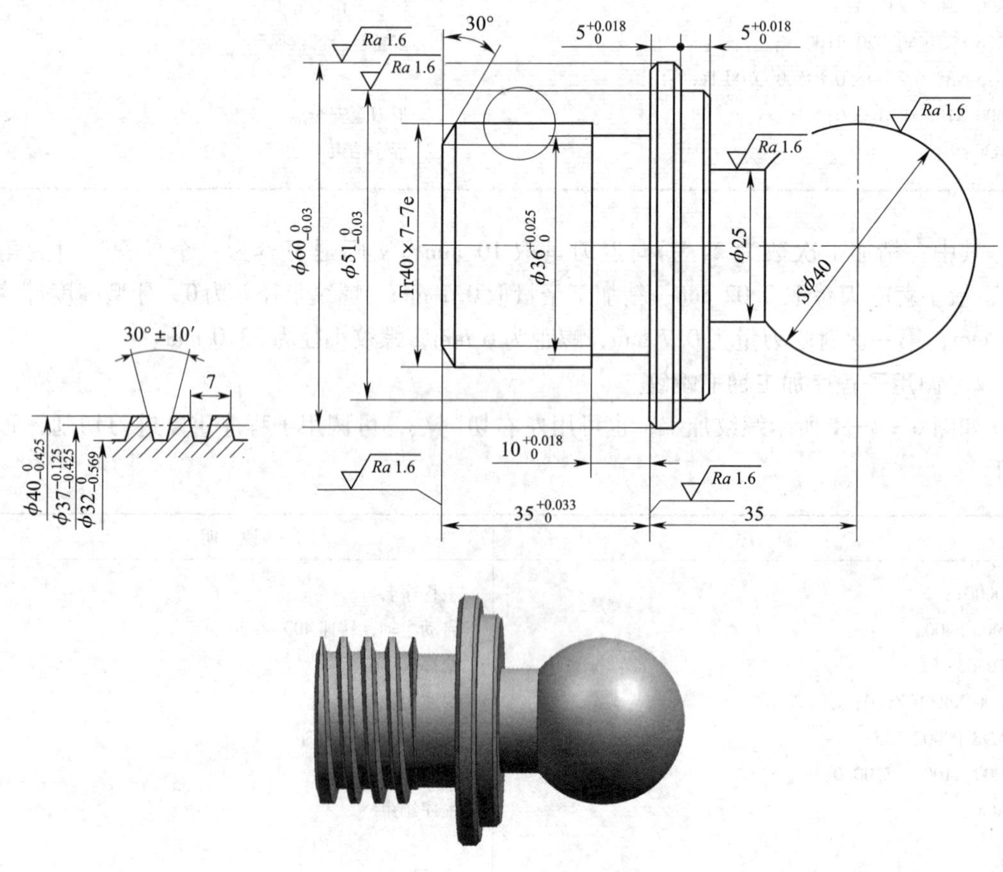

图 6—3—2 零件图

1. 工艺分析

（1）夹住已车出的工艺外圆，伸出长度大于 40 mm→粗车 $\phi40$ mm 外圆至 $\phi40.5$ mm→粗车 $\phi60$ mm 外圆至 $\phi60.5$ mm，精车外轮廓至尺寸。

（2）换 4 mm 车槽刀加工退刀槽。

（3）换外梯形螺纹刀粗、精加工 Tr40 ×7—7e 外螺纹至尺寸。

（4）掉头装夹，校正工件，取总长。

（5）车右端外轮廓。

2. 选择刀具及确定切削用量

（1）刀具选择

选择机夹外圆车刀，刀具型号 CRE2525M20Q，如图 6—3—3 所示，具体参数见表 6—3—1。

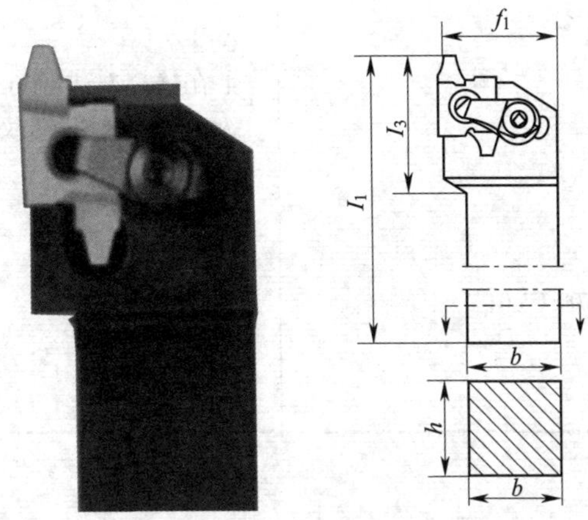

图 6—3—3　外梯形螺纹车刀

表 6—3—1　　梯形螺纹刀具参数表

应用	刀片型号	尺寸/mm					γ_o(°)	λ_s(°)	
		h	b	l_1	f_1	l_3			
	CRE 2525M20Q	25	25	150	32	37	0	0	27ER6. 0TR CP500

(2) 确定切削用量

刀具的选择及切削用量的确定见表 6—3—2。

表 6—3—2　　数控加工刀具及切削用量选择

刀具号	刀具规格名称	数量	加工内容	主轴转速（r/min）	进给量/（mm/r）	备注
T0101	90°外圆车刀	1	粗车外轮廓	600	0. 2	
			精车外轮廓	1 200	0. 08	
T0202	4 mm 车槽刀	1	加工退刀槽	400	0. 08	
T0303	30°螺纹车刀	1	加工螺纹	400	6	

3. 程序编制

仅编写梯形螺纹加工部分，其余略。

程　序	说　明
O0001;	程序名
M03 S400;	主轴正转，转速 400 r/min
T0303;	选择 3 号 30°梯形螺纹刀
M08;	
G00 X45.0 Z10.0;	
G76 P021030 Q20 R100;	复合螺纹循环指令
G76 X32.0 Z－30.0 P3500 Q700 F7.0;	
G00 X100.0 Z100.0;	快速退刀
M30;	程序结束

4. 质量分析

数控车床加工梯形螺纹时会遇到加工误差，其问题现象、产生的原因、预防和消除的措施见表 6—3—3。

表 6—3—3　　梯形螺纹加工误差分析

问题现象	产生原因	预防和消除措施
切削过程出现振动	1. 工件安装不正确 2. 刀具安装不正确 3. 切削参数不正确	1. 检查工件安装，增加安装刚度 2. 调整刀具安装位置 3. 提高或降低切削速度
螺纹表面粗糙度差	1. 切削速度太低 2. 安装刀具高于中心 3. 切屑缠绕工件表面 4. 刀具磨损 5. 切削液选择不合理	1. 选择较高的主轴转速 2. 调整刀具中心高度 3. 选择合理的进刀方式和背吃刀量 4. 及时更换刀具或刀片 5. 正确选择切削液
加工时扎刀致工件报废	1. 进给量过大 2. 工件安装不合理 3. 刀具三面切削刃同时切削	1. 减小进给量 2. 检查工件安装，增加刚度 3. 检查刀具角度是否发生干涉，及时修正

思考与练习

如图 6—3—4 所示零件，在 FANUC 系统数控车床上加工该零件，试编写其加工程序并进行加工。

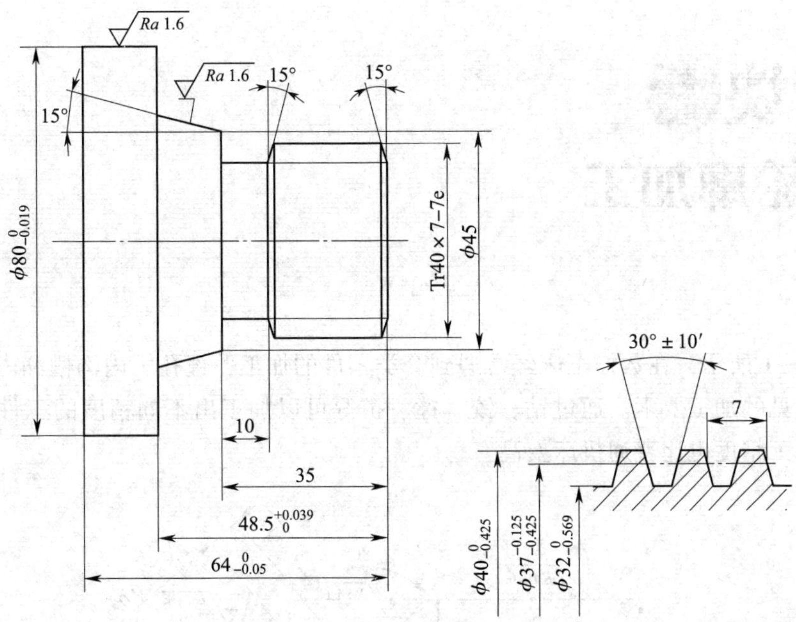

图 6—3—4 零件加工练习图

模块七 内轮廓加工

如图 7—1 所示，在数控车床经常遇到套类零件的加工，镗孔、内沟槽和内三角螺纹是套类零件常见的加工要素。通过钻、铰、镗、扩等可以加工出不同精度的工件，其加工方法简单，加工精度也比普通机床要高。

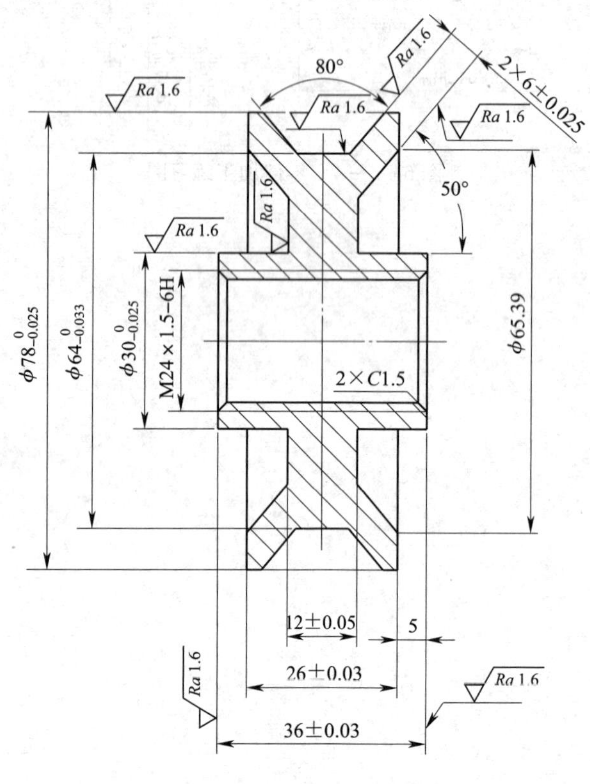

图 7—1 典型套类零件图

课题 1 镗孔及内三角螺纹加工

学习目标

1. 掌握 G71、G70 指令在内轮廓加工中的应用。

2. 掌握 G74 指令在钻孔中的应用。

3. 掌握 G92、G76 指令在内螺纹加工中的应用方法。

4. 能准确测量孔的精度。

5. 能合理进行内轮廓加工的误差分析。

要完成本课题零件加工，首先应当围绕以下编程指令进行学习。

一、内孔加工

1. 循环指令介绍

(1) G71——内孔粗车复合循环

指令格式：

G71 U (Δd) __ R (e) __;

G71 P (ns) __ Q (nf) __ U (Δu) __ W (Δw) __ F (f) __;

说明：

G71 的切削方式可以是外圆，也可以是内孔，其方式决定于 Δu 的正负号。Δu 表示精加工余量和方向，如果该值是负值，说明余量是留在负方向的，镗孔时 Δu 为负值。

(2) G70——精车循环

指令格式：

G70 P (ns) __ Q (nf) __;

2. G74——深孔钻削循环

当遇到深孔加工时，如果采用一次钻削将会降低刀具的寿命，降低工件的加工精度，因此采用深孔钻削循环。

指令格式：

G74 R (e) __;

G74 X (U) __ Z (W) __ P (Δi) Q (Δk) R (Δd) F (f);

说明：

e：回退量，该值为模态值，可由参数 5319 号指定。由程序指令修改；

X：最大切深点的 X 轴坐标，通常不指定；

Z：最大切深点的 Z 轴坐标；

Δi：X 方向的进给量（不带符号），单位为 μm，通常不指定；

Δk：每次加工深度（不带符号），单位为 μm；

Δd：刀具在切削底部的退刀量，通常不指定；

F：进给速度。

加工如图 7—1—1 所示的深孔，用深孔钻削，其中 R = 1，Q = 20 000，F = 0.1，程序如下：

3. 孔加工刀具

孔加工刀具按其用途可分为以下两大类。

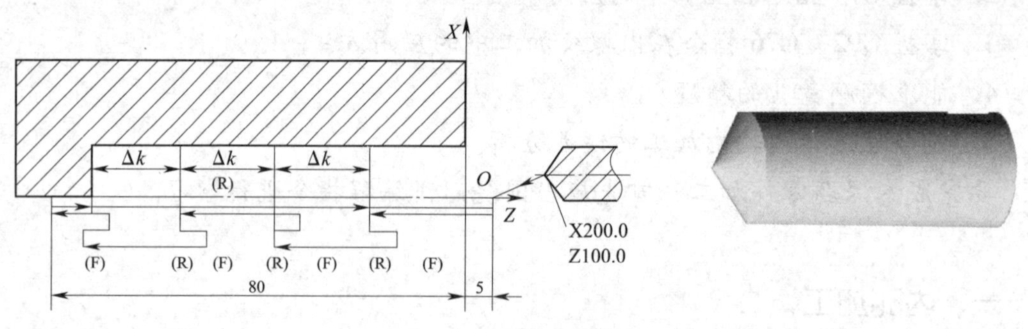

图 7—1—1　深孔钻削循环加工

程　序	说　明
O0001；	程序名
M03 S100 T0202；	主轴正转，选 2 号刀及 2 号刀补
G00 X100.0 Z100.0 M08；	快速定刀
G00 X0 Z2.0；	快速移到循环起刀点
G74 R1.0；	回退量 1 mm
G74 Z－80.0 Q20000 F0.1；	钻孔，深 80 mm。每次钻 20 mm，进给速度 0.1 mm/r
G00X100.0 Z100.0 M09；	快速退刀
M30；	程序结束并返回程序开始

（1）钻头

钻头主要用于在实心材料上钻孔（有时也用于扩孔）。根据钻头构造及用途不同，可分为麻花钻、扁钻及深孔钻等。

钻孔的尺寸精度一般可达 IT11～IT12，表面粗糙度 $Ra12.5 \sim Ra2.5$ μm，麻花钻是钻孔最常用的刀具，钻头一般由高速钢制成。由于高速切削的发展，镶硬质合金的钻头也得到了广泛应用。对于精度要求不高的内孔，可用麻花钻直接钻出；对于精度要求较高的孔，钻孔后还要再经过车削或扩孔、铰孔才能完成，在选用麻花钻时应留出下道工序的加工余量。选用麻花钻长度时，一般应使麻花钻螺旋槽部分略长于孔深；麻花钻过长则刚度差，麻花钻过短则排屑困难，也不宜钻穿孔。

钻削时的切削用量如下：

1）背吃刀量（a_p）。钻孔时的背吃刀量是钻头直径的 1/2（见图 7—1—2）。

2）切削速度（v_c）。钻孔时的切削速度是指麻花钻主切削刃外缘处的切削速度：

$$v_c = \frac{\pi D n}{1\,000}$$

式中　v_c——切削速度，m/min；

D——钻头的直径，mm；

n——主轴转速，r/min。

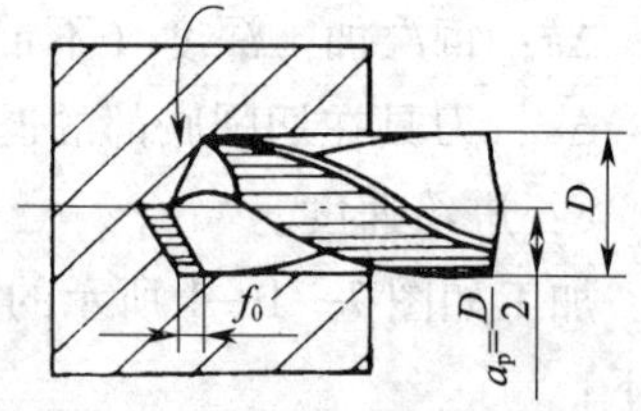

图 7—1—2　钻孔时的背吃刀量

用高速钢麻花钻钻钢料时，切削速度一般选 $v_c = 15 \sim 30$ m/min；钻铸铁时 $v_c = 10 \sim 25$ m/min。

3）进给量（f）。在车床上钻孔时，工件转 1 周，钻头沿轴向移动的距离为进给量。用手慢慢转动尾座手轮来实现进给运动，进给量太大会使钻头折断，选 $f = (0.01 \sim 0.02)d$，钻铸铁时进给量略大些。

扩孔钻用于将现有孔扩大，一般精度可达 IT10 ~ IT11，表面粗糙度可达 *Ra*3.2 ~ *Ra*12.5 μm，通常作为孔的半精加工刀具。

（2）镗刀

镗刀用来扩孔及用于孔的粗、精加工。镗刀能修正钻孔、扩孔等工序所造成的孔轴线歪曲、偏斜等缺陷，故特别适用于要求孔距很准确的孔系加工。镗刀可加工不同直径的孔。

根据结构特点及使用方式，镗刀可分为单刃镗刀、多刃镗刀和浮动镗刀等。为了保证镗孔时的加工质量，镗刀应满足下列要求：

1）镗刀和镗刀杆要有足够的刚度。

2）镗刀在镗刀杆上既要夹持牢固，又要装卸方便，便于调整。

3）要有可靠的断屑和排屑措施。

（3）铰刀

铰刀用于中小型的半精加工和精加工，也常用于磨孔或研孔的预加工。铰刀的齿数多、导向性好、刚度高、加工余量小、工作平稳，一般加工精度可达 IT16 ~ IT18，表面粗糙度可达 *Ra*0.4 ~ 1.6 μm。

4. 孔的测量

孔径尺寸的测量，应根据工件孔径尺寸的大小、精度以及工件的数量，采用相应的量具进行。当孔的精度要求较低时，可采用钢直尺、游标卡尺测量；当孔的精度要求较高时，可采用下列方法测量。

（1）用塞规检测

塞规（见图 7—1—3）由通端、止端和手柄组成，测量方便、效率高，主要用在成批生产中。塞规的通端尺寸等于孔的最小极限尺寸，止端尺寸等于孔的最大极限尺寸。测量过程中，通端能塞入孔内，止端不能塞入孔内，则说明孔径尺寸合格。塞规的测量方法如图7—1—4所示。

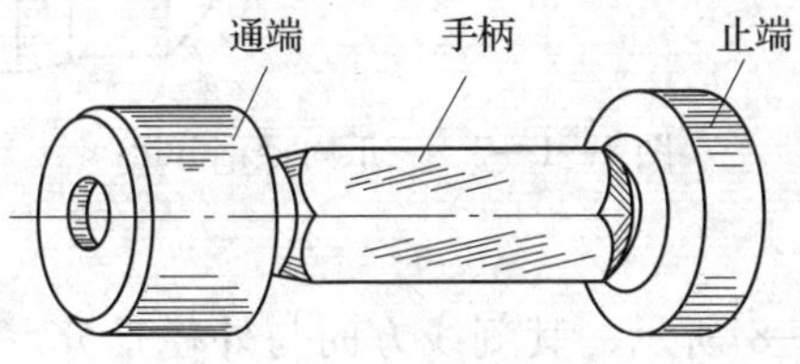

图 7—1—3　塞规

塞规通端的长度比止端的长度长，一方面便于修磨通端以延长塞规的使用寿命，另一方面便于区分通端和止端。

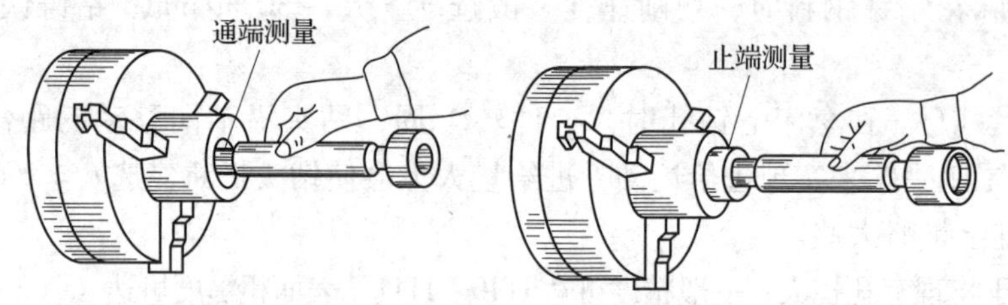

图 7—1—4　塞规的测量方法

测量不通孔用的塞规，应在通端和止端的圆柱面上沿轴向开排气槽。

(2) 用内径千分尺测量

内径千分尺有测微头和各种规格的接长杆组成，如图 7—1—5 所示。内径千分尺的读数方法与外径千分尺相同，但由于无测力装置，因此测量的误差较大。

用内径千分尺测量孔径时，必须使其轴线位于径向，且垂直于孔的轴线，如图 7—1—6 所示。

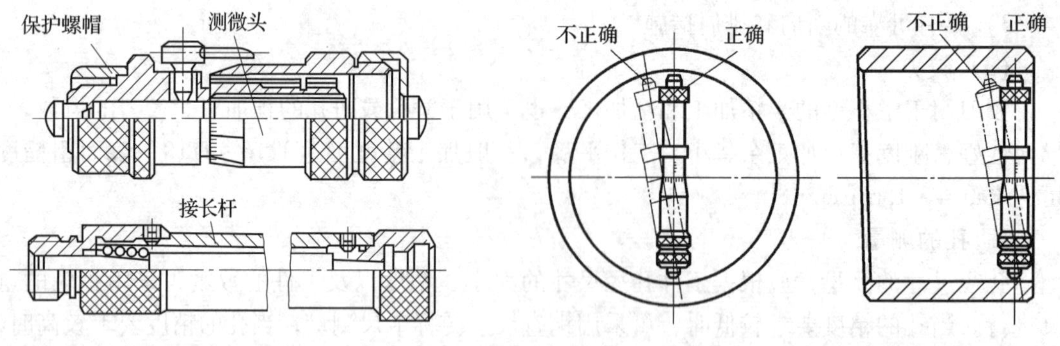

图 7—1—5　内径千分尺　　图 7—1—6　内径千分尺的使用方法

内径千分尺还有多种形式，如图 7—1—7 所示的三爪内径千分尺是测量精度较高的一种，由于该千分尺采用三点自动定心，所以测量比较稳定，示值为 0.005 mm。

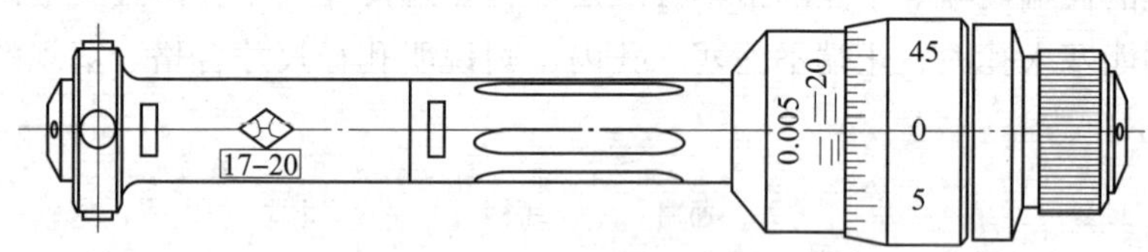

图 7—1—7　三爪内径千分尺

(3) 内测千分尺

内测千分尺如图 7—1—8 所示，其刻线方向与外径千分尺相反，分度值为 0.01 mm。内测千分尺的使用方法与使用游标卡尺的内外测量爪测量内径尺寸的方法相同。

(4) 内径百分表测量

百分表的结构如图 7—1—9 所示，百分表安装在测架 1 上，触头（活动测量头）6 通过摆动块 7、杆 3，将测量值 1∶1 传递给百分表。测量头 5 可根据被测孔径的大小更换。定心器 4 用于使触头自动位于被测孔的直径位置。

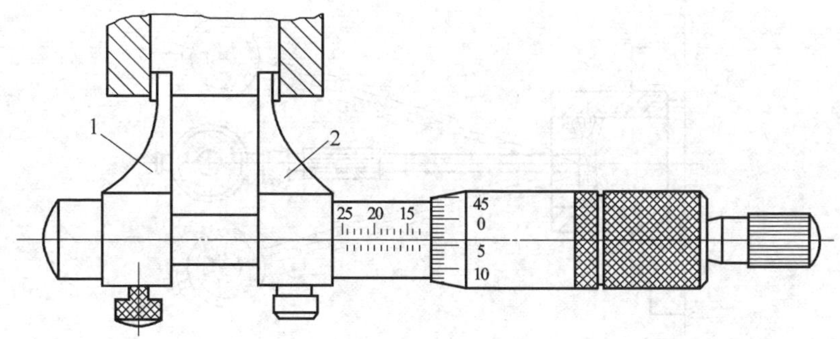

图 7—1—8　内测千分尺的使用

1—固定量爪　2—活动量爪

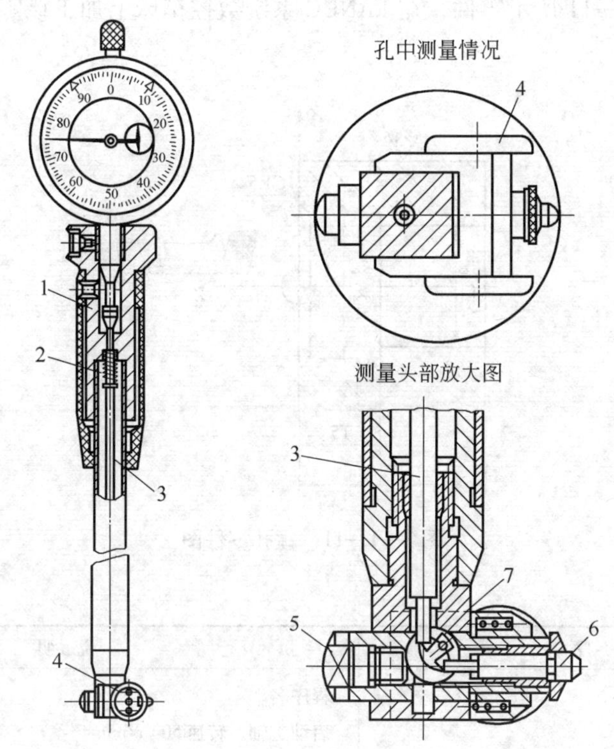

图 7—1—9　内径百分表

1—测架　2—弹簧　3—杆　4—定心器　5—测量头　6—触头　7—摆动块

内径百分表是利用对比法测量孔径的，测量前应根据被测孔径用千分尺将百分表对准零位。测量时，为得到准确的尺寸，活动测头应在径向摆动并找到最大值，在轴向摆动并找到最小值（两值应重合一致），这个值即为孔径基本尺寸的偏差值，并由此计算出孔径的实际尺寸，如图 7—1—10 所示。内径百分表的指针摆动读数，刻度盘上每一格为 0. 01 mm，盘上刻有 100 格，即指针每转一圈为 1 mm。

内径百分表适用于精度要求较高、深度较深的孔的测量。

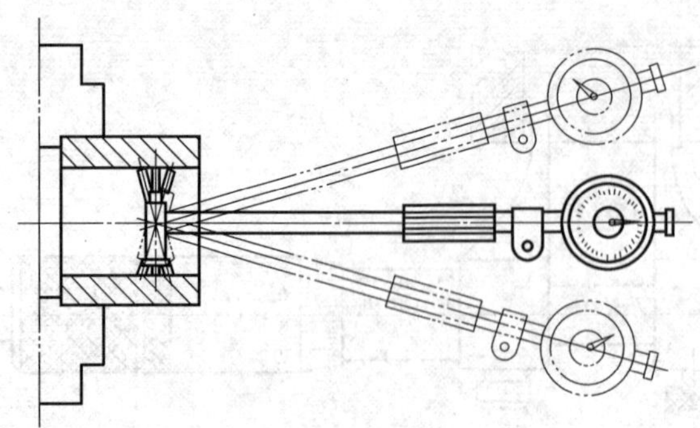

图 7—1—10　内径百分表的测量方法

5. 编程实例

（1）如图 7—1—11 所示零件，在 FANUC 系统数控车床上加工该零件，试编写其加工程序并进行加工。

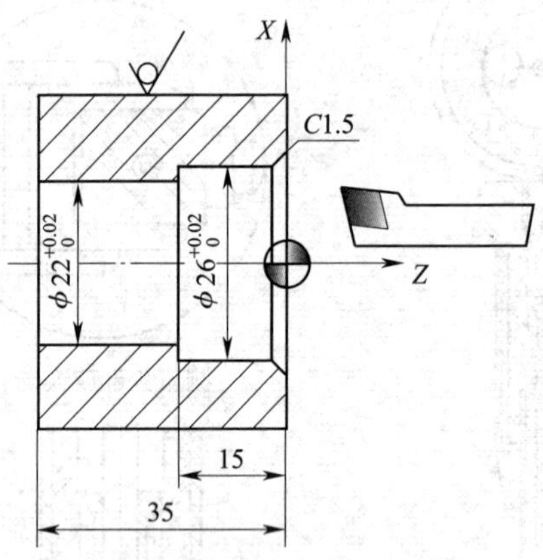

图 7—1—11　镗孔零件图

程序如下：

程　序	说　明
O0001;	程序名
M03 S500;	启动主轴，转速 500 r/min
T0101;	选择 1 号刀
G00 X20.0 Z2.0;	快速定位
G71 U1.5 R1.0;	运用 G71 粗加工内轮廓
G71 P10 Q20 U—0.5 W0.1 F0.2;	
N10 G00 X29.0;	内轮廓程序
G01 Z0 F0.1;	
X26.0 Z－1.5;	
Z－15.0;	
X22.0;	
Z－35.0;	

续表

程　序	说　明
N20 X20.0;	
G00 Z200.0;	Z 轴退刀
X200.0;	X 轴退刀
M05;	主轴停止
M00;	程序暂停
M03 S900;	启动主轴，转速 900 r/min
T0101;	选择 1 号刀
G00 X20.0 Z2.0;	快速定位
G70 P10 Q20;	运用 G70 精加工内轮廓
G00 Z200.0;	退刀至安全点
X200.0;	
M30;	程序结束

（2）如图 7—1—12 所示圆柱和圆锥孔的加工，运用 G71、G70 指令编写加工程序。

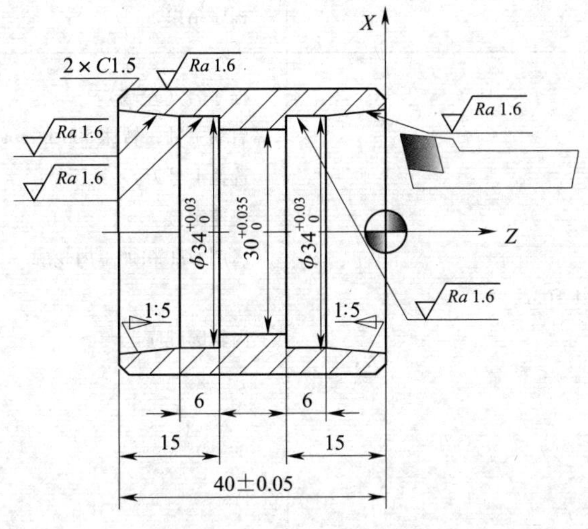

图 7—1—12　镗孔零件图

程序如下：

程　序	说　明
O0002;	程序名（右端）
M03 S500;	启动主轴，转速 500r/min
T0101;	选择 1 号刀
G00 X20.0 Z2.0;	快速定位
G71 U1.5 R1.0;	运用 G71 粗加工内轮廓
G71 P10 Q20 U-0.5 W0.1 F0.2;	
N10 G00 X35.8;	内轮廓程序
G01 Z0 F0.1;	

续表

程 序	说 明
X34. 0 Z -9. 0;	
Z -15. 0;	
X30. 0;	
Z -25. 0;	
N20 X20. 0;	
G00 Z200. 0;	Z 轴退刀
X200. 0;	X 轴退刀
M05;	主轴停止
M00;	程序暂停
M03 S900;	启动主轴，转速 900 r/min
T0101;	选择 1 号刀
G00 X20. 0 Z2. 0;	快速定位
G70 P10 Q20;	运用 G70 精加工内轮廓
G00 Z200. 0 ;	退刀至安全点
X200. 0;	
M30;	程序结束
O0003;	程序名（左端）
M03 S500;	启动主轴，转速 500 r/min
T0101;	选择 1 号刀
G00 X20. 0 Z2. 0;	快速定位
G71 U1. 5 R1. 0;	运用 G71 粗加工内轮廓
G71 P10 Q20 U -0. 5 W0. 1 F0. 2;	
N10 G00 X35. 8;	内轮廓程序
G41 G01 Z0 F0. 1;	
X34 Z -9. 0;	
Z -15. 0;	
N20 G40 G01 X20. 0;	
G00 Z200. 0;	Z 轴退刀
X200. 0;	X 轴退刀
M05;	主轴停止
M00;	程序暂停
M03 S900;	启动主轴，转速 900 r/min
T0101;	选择 1 号刀
G00 X20. 0 Z2. 0;	快速定位
G70 P10 Q20;	运用 G70 精加工内轮廓
G00 Z200. 0;	退刀至安全点
X200. 0;	
M30;	程序结束

二、内三角螺纹加工

1. 加工工艺知识

(1) 刀具选择与进刀方式

在数控车床上车削普通三角螺纹一般选用精密级机夹可转位不重磨螺纹车刀，使用时要根据螺纹的螺距选择刀片的型号。

螺纹加工的进刀方式主要有直进法和斜进法切削两种。当螺纹牙型深度较浅、螺距较小时，可以采用直进法直接加工。当螺纹牙型深度较深、螺距较大时，可分数次切削进给，一般采用斜切法加工，避免扎刀现象。切深的分配方式有常量式和递减式。

(2) 切削用量与切削液的选择

1）切削用量的选择。在螺纹加工中，背吃刀量 a_p 等于螺纹车刀切入工件表面的深度，如果其他切削刃同时参与切削，应为各切削刃切入深度之和。由此可以看出随着螺纹车刀的每次切入、背吃刀量在逐渐增加。

2）螺纹加工多为粗、精加工同时完成，要求精度较高，因此，选用合适的切削液能够进一步提高加工质量，对于一些特殊材料的加工尤为如此。

(3) 注意事项

一般切削螺纹时，从粗车到精车，是按照同样的螺距进行的。当安装在主轴上的位置编码器检测出第一转信号后，便开始切削，因此，即使多次切削，工件圆周上的切削起点仍保持不变。但是从粗车到精车，主轴的转速必须是一定的，当主轴速度变化时，螺纹切削会出现乱牙现象。

多线螺纹的导程一般较大，为避免伺服系统的滞后效应对螺距精度的影响，螺纹的升降速度段应取较大的值，主轴的转速也不宜太高，防止主轴编码器出现过冲现象。

螺纹刀的螺旋升角也要选择合理，避免刀具后角与工件发生干涉。

2. 编程实例

（1）如图 7—1—13 所示，试采用 G92 指令编写该零件的加工程序并进行加工。

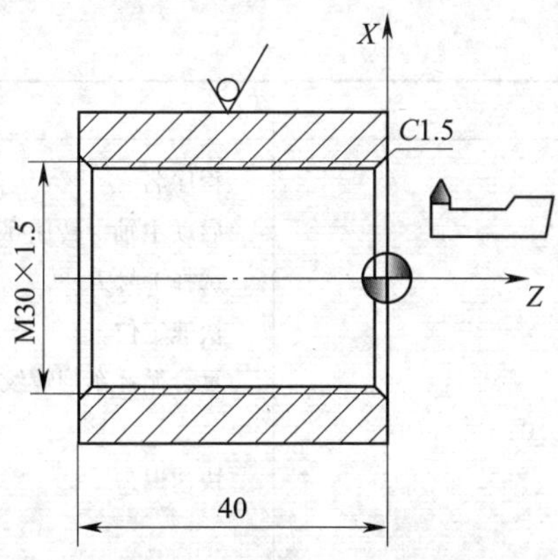

图 7—1—13　小螺距内三角螺纹加工

程序如下：

程　序	说　明
O0001；	程序名
M03 S600；	启动主轴，转速 600 r/min
T0101；	选择 1 号刀
G00 X25.0 Z5.0；	快速定位
G92 X28.8 Z－42.0 F1.5；	螺纹车削第一刀
X29.1；	第二刀
X29.4；	第三刀
X29.7；	第四刀
X30.0；	第五刀
G00 Z200.0；	快速退刀
X200.0；	
M30；	程序结束

（2）如图 7—1—14 所示，试采用 G76 指令编写该零件的加工程序并进行加工。

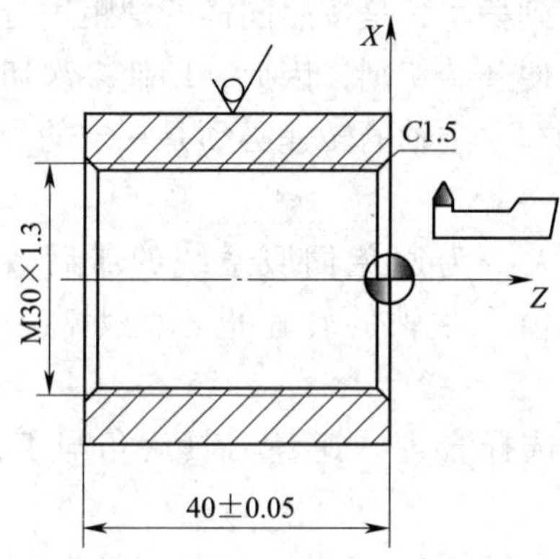

图 7—1—14　零件加工练习图

程序如下：

程　序	说　明
O0001；	程序名
M03 S600；	启动主轴，转速 600 r/min
T0101；	选择 1 号刀
G00 X25.0 Z5.0；	快速定位
G76 P020560 Q20 R100；	复合循环车削螺纹
G76 X30.0 Z－42.0 P1500 Q300 F3.0；	
G00 Z200.0；	快速退刀
X200.0；	
M30；	程序结束

三、技能训练

如图 7—1—15 所示零件，毛坯为 ϕ45 mm×45 mm 的 45 钢，试采用 FANUC 0i 系统所学指令编写该零件的加工程序并进行加工。

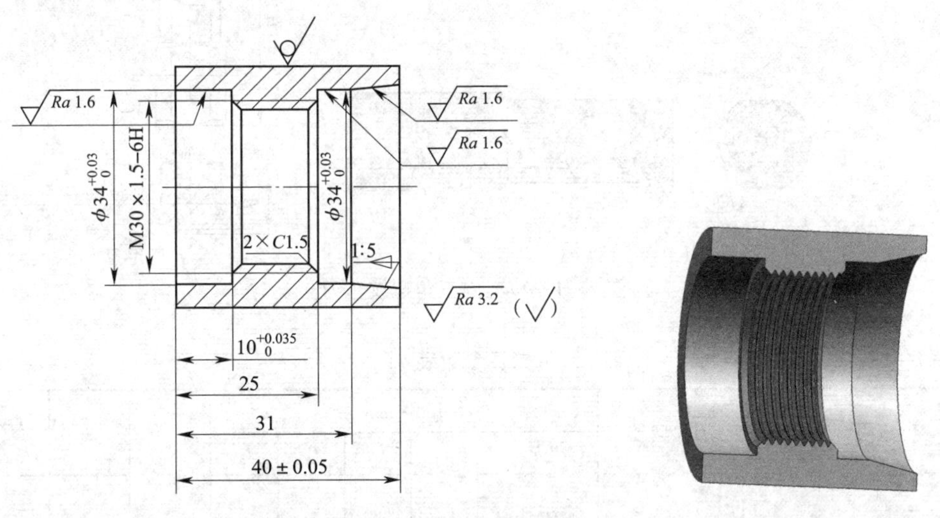

图 7—1—15　套类零件加工实例

1. 加工步骤

（1）夹住毛坯 ϕ45 mm 外圆，伸出长度大于 20 mm→车端面→钻孔，长度大于 45 mm→粗车左端 ϕ34 mm 内孔及 C1. 5 mm 倒角至 ϕ34. 5 mm→精车 ϕ34 mm 内孔至尺寸要求。

（2）掉头夹住毛坯 ϕ45 mm 外圆，伸出长度大于 20 mm→车端面并控制总长→粗车右端 ϕ34 mm 内孔、内螺纹底孔以及锥度并且留有相应的余量→精车至图样尺寸。

2. 选择刀具及确定切削用量

（1）刀具选择

选择机夹内孔车刀和内三角螺纹车刀，刀具型号分别为 S16R—PCLNR09 和 SNR—0016M16，如图 7—1—16 和图 7—1—17 所示，具体参数见表 7—1—1。

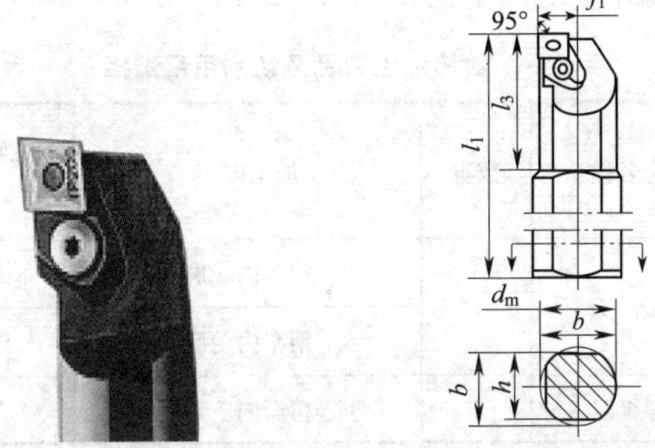

图 7—1—16　内孔车刀

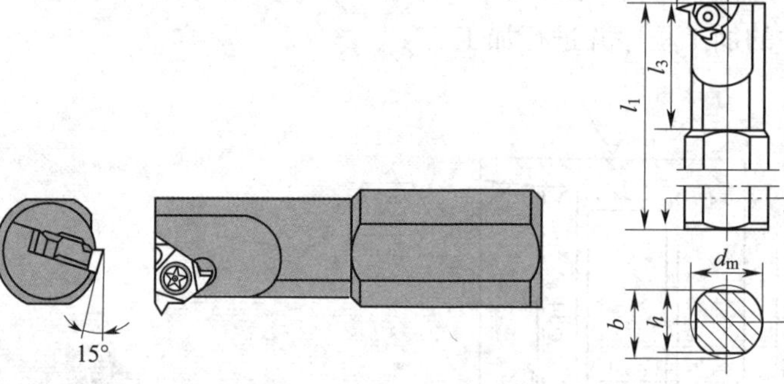

图 7—1—17　内三角螺纹车刀

表 7—1—1　　刀具参数表

应用	刀片型号	尺寸/mm					γ_o（°）	λ_s（°）	
		h	b	l_1	f_1	l_3			
	S20R—PCLNR09	14	15	200	13	50	−6	−12	CCMT 160404 TN60
	SNR—0016M16	14	15	150	10	40	19	16	16IR AG60 CP300

说明：表中 γ_o 表示前角，λ_s 表示刃倾角。

（2）确定切削用量

刀具的选择及切削用量的确定见表 7—1—2。

表 7—1—2　　数控加工刀具及切削用量选择

刀具号	刀具规格名称	数量	加工内容	主轴转速 /（r/min）	进给量 /（mm/r）	备注
T0101	95°内孔车刀	1	粗车内轮廓	600	0.2	
			精车内轮廓	1 200	0.08	
T0202	内三角螺纹刀	1	粗、精车内三角螺纹	700	1.5	

3. 程序编制

程　序	说　明
O0001;	右端内轮廓加工
M03 S600;	启动主轴，转速 600 r/min
T0101;	选择 1 号刀
G00 X20.0 Z2.0;	快速定位至循环前的起点（20，2）
G71 U1.5 R1.0;	应用 G71 循环粗加工内轮廓
G71 P10 Q20 U-0.5 W0.1 F0.2;	
N10 G00 X35.8 S1200;	
G01 Z0 F0.08;	
X34.0 Z-9.0.;	
Z-15.0;	
X30.1;	
X28.6 Z-16.5;	
N20 X20.0;	
G70 P10 Q20;	精加工内轮廓
G00 Z150.0;	
X200.0;	退刀
M30;	程序结束并返回
O0002;	掉头（左端内轮廓）
M03 S600;	启动主轴，转速 600 r/min
T0101;	选择 1 号刀
G00 X20.0 Z2.0;	快速定位至循环前的起点（20，2）
G71 U1.5 R1.0;	应用 G71 循环粗加工内轮廓
G71 P10 Q20 U-0.5 W0.1 F0.2;	
N10 G00 X35.0 S1200;	
G01 Z0 F0.08;	
X34.0 Z-0.5;	
Z-10.0;	
X30.1;	
X28.6 Z-16.5;	
Z-25.0;	
N20 X20.0;	
G70 P10 Q20;	精加工内轮廓
G00 Z150.0;	退刀至安全位置
X200.0;	
M05;	主轴停止
M00;	程序暂停
M03 S700;	启动主轴，转速 700 r/min
T0202;	选择 2 号刀
G00 X25.0 Z2.0;	快速定位至螺纹加工起点（25，2）

续表

程　序	说　明
G92 X29.0 Z－28.0 F1.5；	螺纹循环加工第一刀
X29.3；	螺纹循环加工第二刀
X29.6；	螺纹循环加工第三刀
X30.0；	螺纹循环加工第四刀
G00 Z150.0；	
X200.0；	退刀
M30；	程序结束并返回

4. 质量分析

数控车床加工内轮廓时经常遇到的加工误差产生的原因、预防和消除的措施见表7—1—3。

表7—1—3　　内轮廓加工误差分析

问题现象	产生原因	预防和消除措施
工件内孔尺寸超差	1. 刀具参数不准确 2. 切削用量选择不当产生让刀 3. 程序错误 4. 工件尺寸计算错误	1. 调整或重新设定刀具参数 2. 合理选择切削用量 3. 检查、修改程序 4. 正确计算工件尺寸
内孔表面粗糙度差	1. 切削速度太低 2. 安装刀具高于中心 3. 切屑缠绕工件表面 4. 刀具磨损 5. 切削液选择不合理	1. 选择较高的主轴转速 2. 调整刀具中心高度 3. 选择合理的进刀方式和背吃刀量 4. 及时更换刀具或刀片 5. 正确选择切削液
台阶处不清角	1. 程序错误 2. 刀具选择错误 3. 刀具损坏	1. 检查修改程序 2. 正确选择加工刀具 3. 更换刀片
加工时扎刀致工件报废	1. 进给量过大 2. 切屑阻塞 3. 工件安装不合理 4. 刀具角度选择不合理	1. 降低进给速度 2. 采用断、退屑方式切入 3. 检查工件安装，增加刚度 4. 正确选择刀具
台阶端面出现倾斜	1. 程序错误 2. 车刀安装不正确	1. 检查、修改程序 2. 正确安装刀具
工件圆度超差或产生锥度	1. 车床主轴间隙过大 2. 程序错误	1. 调整车床主轴间隙 2. 检查、修改程序

思考与练习

如图 7—1—18 所示零件，毛坯为 ϕ50 mm×35 mm 的 45 钢，试采用 FANUC 0i 系统所学指令编写该零件的加工程序并进行加工。

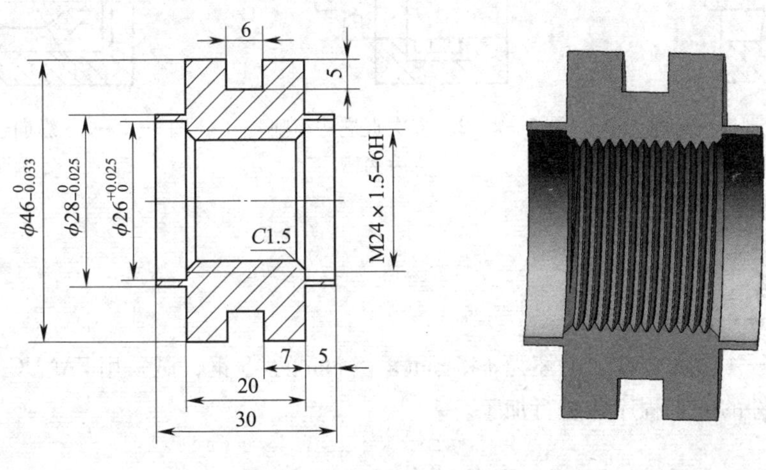

图 7—1—18　零件加工图

课题 2　内沟槽车削

学习目标

1. 能根据图样合理选择内沟槽加工刀具。
2. 能对内沟槽的径向和轴向尺寸进行测量。
3. 能合理进行内沟槽加工的误差分析。

机械零件由于工作情况和结构工艺性的需要，有各种断面形状的内沟槽，常见的有退刀槽、密封槽、轴向定位槽、储油槽、油气通道槽等。

内沟槽的切削方法与外切槽方法相似，对于宽度较小的内沟槽，可以将内沟槽刀具宽度磨成与槽宽相等，用直进法一次车削完成。对于宽度较大的槽则采用排刀法分多次完成。内沟槽加工有一定难度，主要原因是刀具刚度差，切削条件差。但一般内槽的加工精度和表面质量要求不高，所以编程难度较小。影响内沟槽加工精度的主要因素是刀具的选用问题。

宽度较小和要求不高的内沟槽，可以用主切削刃宽度等于槽宽的内沟槽刀，采用直进法一次车出，如图 7—2—1 所示。

要求较高或较宽的内沟槽，可采用直进法分几次车出。粗车时，槽侧和槽底应留精车余量，然后根据槽宽、槽深要求进行精车，如图 7—2—2 所示。

深度浅、宽度大的内沟槽，可采用特殊角度的镗孔刀先车出内凹槽，如图 7—2—3 所示，再用内沟槽刀车出两侧面。

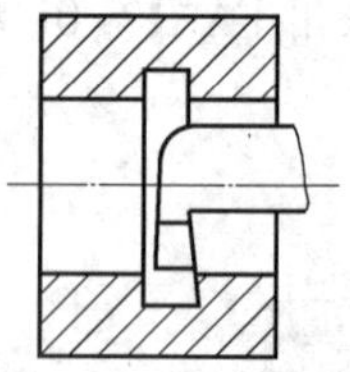
图 7—2—1　直进法车削内沟槽

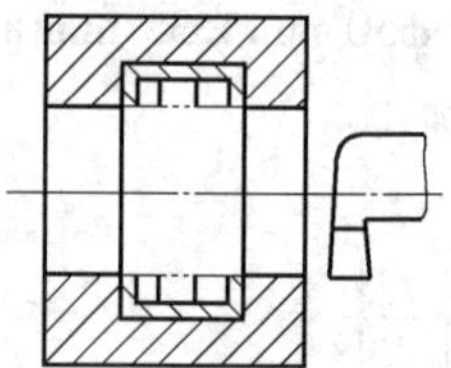
图 7—2—2　多次直进法车削宽内沟槽

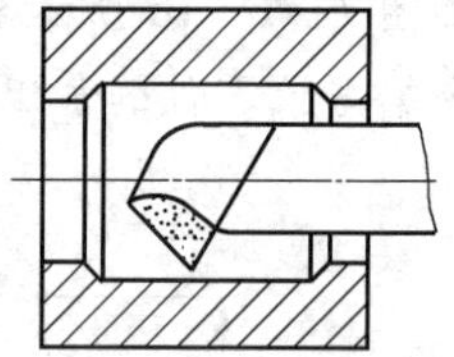
图 7—2—3　纵向进给法车削宽内沟槽

技能训练

如图 7—2—4 所示零件，毛坯为 ϕ45 mm × 45 mm 的 45 钢，试采用 FANUC 0i 系统所学指令编写该零件的加工程序并进行加工。

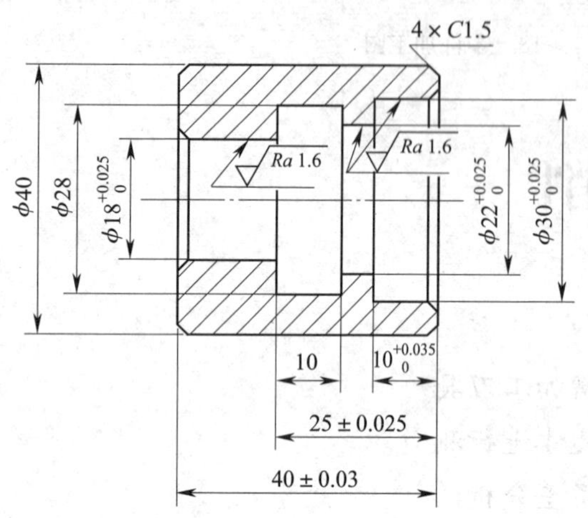

图 7—2—4　零件图

1. 工艺分析

（1）夹毛坯 ϕ45 mm，伸出长度 30 mm，加工 ϕ40 mm 外圆粗、精镗孔。

（2）加工内沟槽。

（3）掉头夹 ϕ40 mm 外圆，校正、孔口倒角，ϕ40 mm 加工至接刀处。

2. 选择刀具及确定切削用量

（1）刀具选择

选择机夹内孔车刀和内沟槽刀，内孔刀型号与上一节相同，内沟槽刀刀具型号为 A16Q—CGER1303，如图 7—2—5 所示，具体参数见表 7—2—1。

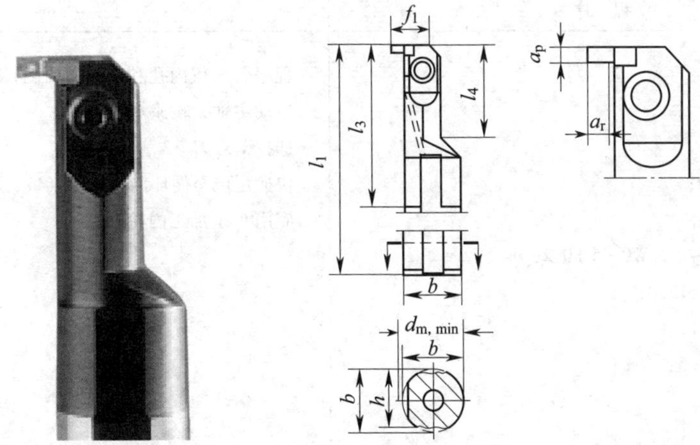

图 7—2—5　内孔车刀和内三角螺纹车刀

表 7—2—1　　刀具参数表

应用	刀片型号	尺寸					f_1	a_r	$d_{m,min}$	
		h	b	l_1	l_3	l_4				
	A16Q—CGER1303	15	15. 5	180	40	25	10，2	3	16	LCMF 13030—0300—MC CP600

（2）确定切削用量

刀具的选择及切削用量的确定见表 7—2—2。

表 7—2—2　　数控加工刀具及切削用量选择

刀具号	刀具规格名称	数量	加工内容	主轴转速/（r/min）	进给量/（mm/r）	备注
T0101	镗刀	1	粗车内轮廓	600	0. 2	
			精车内轮廓	1 200	0. 1	
T0202	内沟槽车刀	1	内沟槽	600	0. 05	

3. 程序编制

程 序	说 明
O0002;	程序名（仅内孔和内沟槽加工）
M03 S600;	启动主轴，转速 600 r/min
T0101;	选择 1 号刀
G00 X17.0 Z2.0;	快速定位至循环前的起点（17，2）
G71 U1.0 R0.5;	应用 G71 加工内轮廓
G71 P10 Q20 U-0.3 W0.05 F0.2;	
N10 G00 X33.0 S1200;	
G01 G41 Z0 F0.1;	
G01 X30.0 Z-1.5;	
Z-10.02;	
X22.0;	
Z-25.0;	
X18.0;	
Z-41.0;	
N20 G40 G01 X17.0;	
G70 P10 Q20;	精加工内孔
G00 Z100.0 X100.0;	
T0202 S600;	换 2 号内沟槽车刀，刀宽 3 mm
G00 X17.0 Z5.0;	
Z-25.0;	
G75 R1.0;	应用 G75 循环加工内沟槽
G75 X28.0 W7.0 P2000 Q2500 F0.05;	
G00 Z100.0;	退刀
X100.0;	
M30;	程序结束

4. 质量分析

数控车床加工内沟槽时经常遇到的加工误差产生的原因、预防和消除的措施见表7—2—3。

表 7—2—3　　内沟槽加工误差分析

问题现象	产生原因	预防和消除措施
槽的宽度不正确	1. 刀具参数不准确 2. 程序错误	1. 调整或重新设定刀具参数 2. 检查修改程序
槽的位置不正确	1. 程序错误 2. 测量错误	1. 检查修改程序 2. 正确测量
槽的深度不正确	1. 程序错误 2. 测量错误	1. 检查修改程序 2. 正确测量

续表

问题现象	产生原因	预防和消除措施
槽的侧面呈现凸凹面	1．刀具安装角度不对称 2．刀具两刀尖磨损不对称	1．更换刀片 2．正确安装刀具
槽底出现振动，留有振纹	1．工件装夹不合理 2．刀具安装不合理 3．切削参数设置不合理 4．程序延时太长	1．正确装夹工件、保证刚度 2．调整刀具安装位置 3．降低切削速度和合理选择进给量 4．缩短程序延时时间
车槽过程中出现扎刀现象，造成刀具断裂	1．进给量f过大 2．切削阻塞	1．降低进给量f 2．采用断、退方式切入

思考与练习

如图7—2—6所示零件图样，在FANUC系统加工该零件。

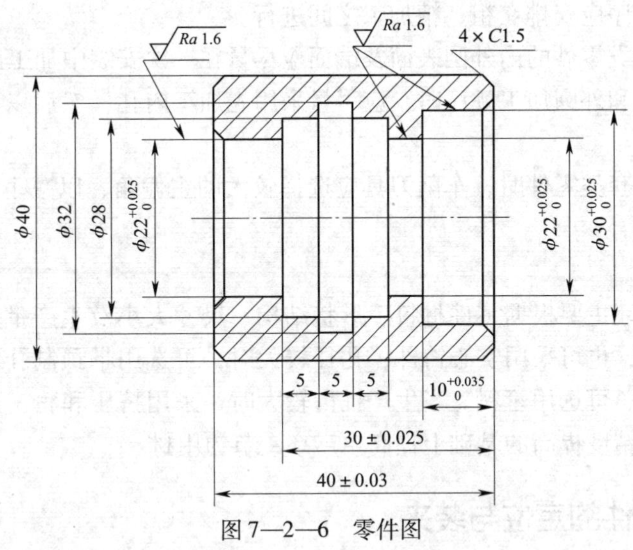

图7—2—6　零件图

课题3　套类零件的加工

学习目标

1．掌握套类零件的加工特点。

2．能制定套类零件的装夹方案。

3．能合理分析复杂套类零件的误差原因及处理方法。

在机械零件中，一般把轴套、衬套等零件称为套类零件。套类零件一般由外圆、内孔、端面、台阶、内沟槽等结构要素组成。

一、套类零件的加工工艺特点及毛坯选择

1. 套类零件的工艺特点

套类零件在机器中主要起支撑和导向作用，一般主要有较高同轴度要求的内外表面组成。一般套类零件的主要技术要求如下。

（1）内孔及外圆的尺寸精度、表面粗糙度及圆度要求。

（2）内外圆之间的同轴度要求。

（3）孔轴线与端面的垂直度要求。薄壁套类零件壁厚很薄，径向刚度很弱，在加工过程中受切削力、切削热及夹紧力等因数的影响极易变形，导致以上各项技术要求难以保证。装夹进行加工时，必须采取相应的预防纠正措施，以免加工时引起工件变形；或因装夹变形加工后变形恢复，造成已加工表面变形，加工精度达不到零件图样技术要求。

2. 套类零件的加工工艺原则

（1）粗、精加工应分开进行。

（2）尽量采用轴向压紧，如果采用径向夹紧时，应使径向夹紧力分布均匀。

（3）热处理工序应安排在粗、精加工之间进行。

（4）中小型套类零件的内外圆表面及端面应尽量在一次安装中加工出来。

（5）在安排孔和外圆加工顺序时，应尽量采用先加工内孔，然后以内孔定位加工外圆的加工顺序。

（6）车削薄壁套类零件时，车削刀具应选择较大的主偏角，以减小背向力，防止加工工件变形。

3. 毛坯选择

套类零件的毛坯主要根据零件材料、形状结构、尺寸大小及生产批量进行选择。孔径较小时，可选棒料，也可采用实心铸件；孔径较大时，可选用带预制孔的铸件或锻件。壁厚较小且较均匀时，可选用管料。当生产批量较大时，采用挤压和粉末冶金等先进毛坯制造工艺，可在毛坯精度提高的基础上提高生产率，节约用材。

二、套类零件的定位与装夹

1. 套类零件的定位基准选择

套类零件的主要定位基准为内外圆中心。外圆表面与内孔中心有较高的同轴度要求时，加工中常互为基准反复装夹加工，以保证零件图样的技术要求。

2. 套类零件的装夹方案

（1）套类零件的壁厚较大，零件以外圆定位时，可直接采用三爪自定心卡盘装夹，外圆轴向尺寸较小时，可与已加工过的端面组合定位装夹，如采用反爪装夹；工件较长时可加顶尖装夹，再根据工件长度判断加工精度，是否再加中心架或跟刀架，采用“一夹一顶一托”装夹。

（2）套类零件以内孔定位时，可采用心轴装夹；当零件的内、外圆同轴度要求较高时，可采用小锥度心轴装夹；当工件较长时，可在两端孔口各加工出一小段60°锥面，用两个圆锥对顶定位装夹。

(3) 加工薄壁套类零件时，直接采用三爪自定心卡盘装夹会引起工件变形，可采用轴向装夹、刚性开缝套筒装夹和圆弧软爪等方法。

1) 轴向装夹法。轴向装夹法也就是将薄壁套类零件由径向夹紧改为轴向夹紧，轴向装夹法如图 7—3—1 所示。

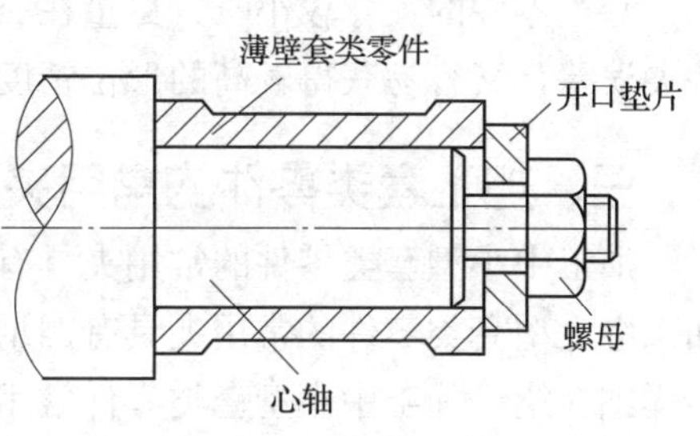

图 7—3—1　轴向装夹

2) 刚性开缝套筒装夹法。薄壁套类零件采用三爪自定心卡盘装夹（见图 7—3—2）时，零件只受到三爪的夹紧力，夹紧接触面积小，夹紧力不均衡，容易使零件发生变形。如采用图 7—3—3 所示的刚性开缝套筒装夹，夹紧接触面积大，夹紧力较均衡，不容易使零件发生变形。

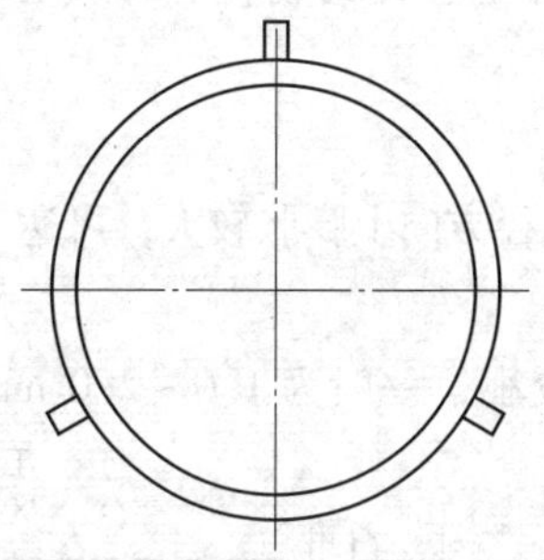
图 7—3—2　三爪自定心卡盘装夹

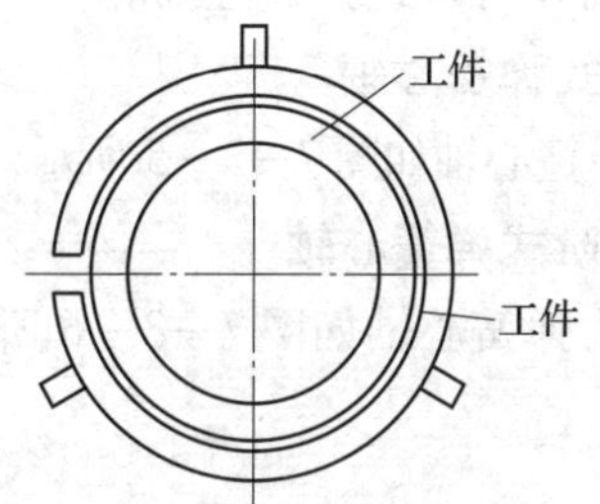

图 7—3—3　刚性开缝套筒装夹

3) 圆弧软爪装夹法。当被加工薄壁套类零件以三爪自定心卡盘外圆定位装夹时，采用内圆弧软爪装夹定位工件方法。

当被加工薄壁套类零件以内孔（圆）定位装夹时，可采用外圆弧软爪装夹，在数控车床上装刀根据加工工件内孔大小配车，配车外圆弧软爪如图 7—3—4 所示。

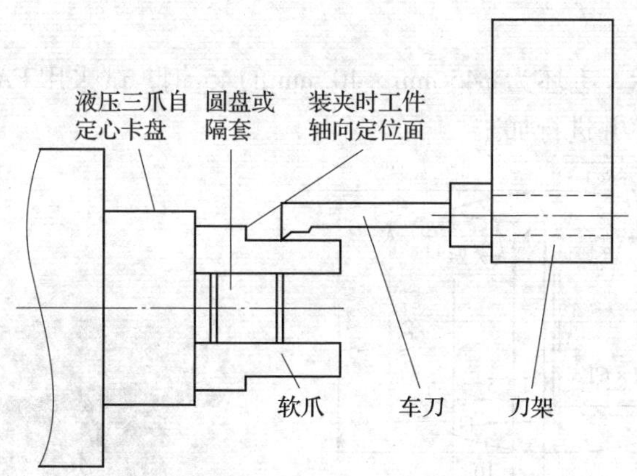

图 7—3—4　数控车床配车外圆弧软爪

加工软爪时要注意软爪应与加工时相同的夹紧状态下进行车削，以免在加工过程中松动和由于卡爪反向间隙而引起定心误差；车削软爪外定心表面时，要在靠卡盘处夹适当的圆盘料，以消除卡盘端面螺纹的间隙。配车加工的三外圆弧软爪所形成的外圆弧直径大小应比用来定心装夹的工件内孔直径大一点。

套类零件的尺寸较小时，尽量在一次装夹下加工出较多表面，既可以减少装夹次数及装夹误差，又容易获得较高的形位精度。

三、加工套类零件的常用夹具

加工中小型套类零件的常用夹具有手动三爪自定心卡盘、液压三爪自定心卡盘和心轴，加工中大型套类零件的常用夹具有四爪单动卡盘和花盘，这些夹具大家都比较熟悉，此处不详细介绍。加工中小型套类零件常用的还有弹簧心轴夹具。

当工件用已加工过的孔作为定位基准，并能保证外圆轴线和内孔轴线的同轴度要求时，常采用弹簧心轴装夹。这种装夹方法可保证工件内外表面的同轴度，适用于批量生产。弹簧心轴（又称胀心心轴）既能定心，又能夹紧，是一种定心夹紧装置。弹簧心轴一般分直式弹簧心轴和台阶式弹簧心轴。

1. 直式弹簧心轴

直式弹簧心轴如图7—3—5所示，它的最大特点是直径方向上膨胀较大，可达1.5 ~5 mm。

2. 台阶式弹簧心轴

台阶式弹簧心轴如图7—3—6所示，它的膨胀量较小，一般为1.0 ~2.0 mm。

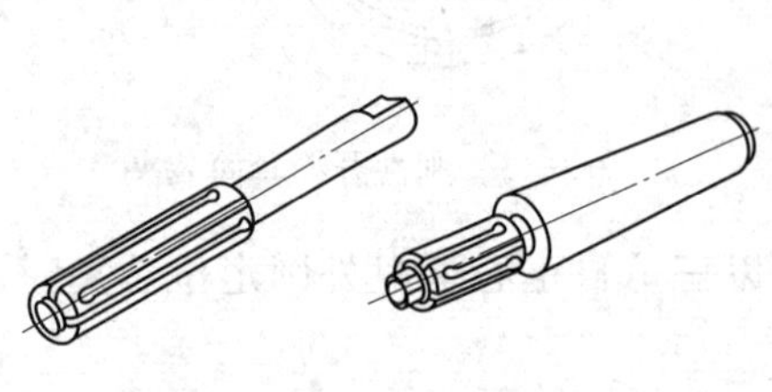

图7—3—5　直式弹簧心轴

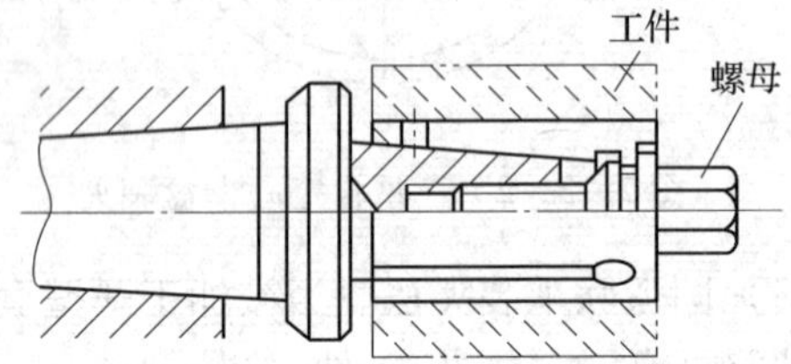

图7—3—6　台阶式弹簧心轴

四、技能训练

如图7—3—7所示，毛坯为ϕ45 mm ×40 mm的45钢，试采用FANUC 0i系统所学指令编写该零件的加工程序并进行加工。

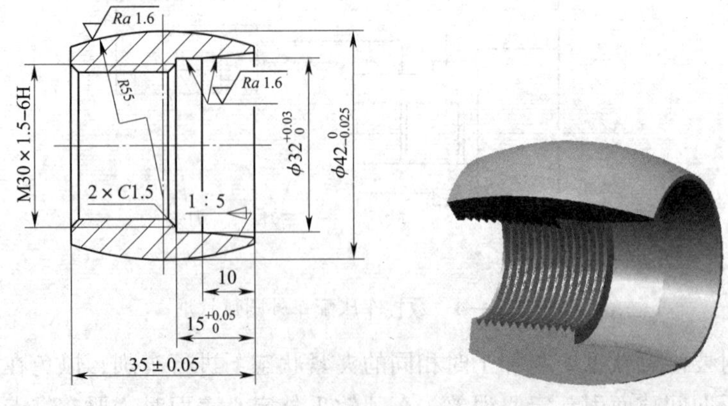

图7—3—7　套类零件加工实例

1. 加工步骤

（1）夹住毛坯 ϕ45 mm 外圆，伸出长度大于 20 mm→车端面→钻孔→粗车内轮廓 1∶5 锥度和 ϕ32 mm 内孔、M30×1.5 mm 内螺纹底孔及 *C*1.5 mm 倒角，留有0.5 mm精加工余量→精车内轮廓至尺寸要求。

（2）换螺纹车刀，车削 M30×1.5 内螺纹，并用螺纹塞规进行检查。

（3）掉头→采用螺纹心轴装夹→取总长→粗、精加工 *R*55 mm 外圆弧至尺寸要求。

2. 选择刀具及确定切削用量

（1）刀具选择

选择机夹镗孔车刀、内三角螺纹车刀和 93°外圆车刀，刀具型号分别为 S16R—PCLNR09、SNR—0016M16 和 SVJBR2020K16。

（2）确定切削用量

刀具的选择及切削用量的确定见表 7—3—1。

表 7—3—1　　数控加工刀具及切削用量选择

刀具号	刀具规格名称	数量	加工内容	主轴转速/（r/min）	进给量/（mm/r）	备注
T0101	95°内孔车刀	1	粗车内轮廓	600	0.2	
			精车内轮廓	1 200	0.08	
T0202	内三角螺纹车刀	1	粗、精车内三角螺纹	700	1.5	
T0303	93°外圆车刀	1	粗车外圆弧	600	0.15	
			精车外圆弧	1200	0.08	

3. 程序编制

程　序	说　明
O0001;	右端内轮廓
M03 S600;	启动主轴，转速 600 r/min
T0101;	选择 1 号刀
G00 X20.0 Z2.0;	快速定位至循环前的起点（20，2）
G71 U1.5 R1.0;	应用 G71 循环粗加工内轮廓
G71 P10 Q20 U-0.5 W0.1 F0.2;	
N10 G00 X34.0 S1200;	
G01 Z0 F0.08;	
X32.0 Z-10.0;	
Z-15.0;	
X30.1;	
X28.6 Z-16.5;	
Z-36.0;	
N20 X20.0;	
G70 P10 Q20;	精加工内轮廓
G00 Z100.0;	
X100.0;	退刀
M05;	主轴停止

续表

程　序	说　明
M00；	程序暂停
M03 S700；	启动主轴，转速 700 r/min
T0202；	选择 2 号刀
G00 X25.0 Z2.0；	快速定位至螺纹加工起点（25，2）
G92 X29.0 Z－36.0 F1.5；	螺纹循环加工第一刀
X29.3；	螺纹循环加工第二刀
X29.6；	螺纹循环加工第三刀
X30.0；	螺纹循环加工第四刀
G00 Z100.0；	
X100.0；	退刀
M30；	程序结束并返回
O0002；	掉头（加工外圆弧）
M03 S600；	启动主轴，转速 600 r/min
T0303；	选择 3 号刀
G00 X46.0 Z2.0；	快速定位至循环前的起点（46，2）
G73 U4.5 R5.0；	应用 G73 循环粗加工外圆弧
G73 P10 Q20 U0.5 W0.1 F0.15；	
N10 G00 X36.283 S1200；	
G01 Z0 F0.08；	
G03 X36.283 Z－35.0 R55.0；	
N20 G01 X46.0；	
G70 P10 Q20；	精加工外圆弧
G00 X100.0 Z100.0；	退刀至安全位置
M30；	程序结束并返回

4. 质量分析

数控车床加工内螺纹时遇到的加工误差分析见表 7—3—2。

表 7—3—2　　内螺纹加工误差分析

问题现象	产生原因	预防和消除措施
内三角螺纹超差或产生振纹	车床主轴间隙过大	调整车床主轴间隙
	程序错误	检查、修改程序
	刀柄伸出长度过长	调整刀具伸出长度

思考与练习

如图 7—3—8 所示零件，毛坯为 ϕ45 mm×40 mm 的 45 钢，试采用 FANUC 0i 系统所学指令编写该零件的加工程序并进行加工。

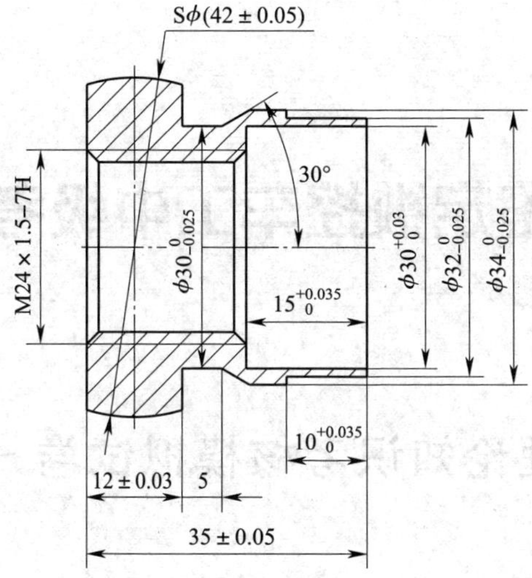

Sϕ(42 ± 0.05)
30°
M24 × 1.5–7H
ϕ30 0 −0.025
ϕ30 +0.03 0
ϕ32 0 −0.025
ϕ34 0 −0.025
15 +0.035 0
10 +0.035 0
12 ± 0.03
5
35 ± 0.05

图 7—3—8　零件加工图

模块八 职业技能鉴定数控车工中级考核模拟试卷

理论知识考核模拟试卷一

注意事项

1. 考试时间：60 min。
2. 本试卷依据《数控车工　国家职业标准》命制。
3. 请首先按要求在试卷的标封处填写姓名、准考证号和所在单位的名称。
4. 请仔细阅读各种题目的要求，在规定的位置填写答案。
5. 不要在试卷上乱写乱画，不要在标封区填写无关的内容。

	一	二	总　分
得　分			

得　分	
评分人	

一、单项选择

1. 违反安全操作规程的是（　　）。

A. 执行国家劳动保护政策　　B. 使用不熟悉的机床和工具

C. 遵守安全操作规程　　D. 执行国家安全生产的法令、规定

2. 两个平面互相（　　）的角铁称为直角角铁。

A. 平行　　B. 垂直　　C. 重合　　D. 不相连

3. 不完全互换性与完全互换性的主要区别在于不完全互换性（　　）。

A. 在装配前允许有附加的选择　　B. 在装配时不允许有附加的调整

C. 在装配时允许适当的修配　　D. 装配精度比完全互换性低

4. 确定不在同一尺寸段的两个尺寸的精确程度，是根据（　　）。

A. 两个尺寸的公差数值的大小　　B. 两个尺寸的基本偏差

C. 两个尺寸的公差等级　　D. 两个尺寸的实际偏差

5. 用四爪单动卡盘车非整圆孔工件时，夹两侧平面的卡爪应垫（　　），以两侧平面

为基准找正，粗车、精车端面达到表面粗糙度要求。

A. 木板　　B. 垫片　　C. 纸　　D. 铜皮

6. 测量外圆锥体的量具有检验平板、两个直径相同的（　　）形检验棒、千分尺等。

A. 圆柱　　B. 圆锥　　C. 椭圆　　D. 棱

7. 不符合着装整洁文明生产要求的是（　　）。

A. 按规定穿戴好防护用品　　B. 工作中对服装不作要求

C. 遵守安全技术操作规程　　D. 执行规章制度

8. 偏心工件的主要装夹方法有（　　）装夹、四爪单动卡盘装夹、三爪自定心卡盘装夹、偏心卡盘装夹、双重卡盘装夹、专用偏心夹具装夹等。

A. 虎钳　　B. 一夹一顶　　C. 两顶尖　　D. 分度头

9. 根据多线蜗杆在轴向各圆周上等距分布的特点，分线方法有（　　）分线法和圆周分线法两种。

A. 轴向　　B. 刻度　　C. 法向　　D. 渐开线

10. 正火的目的之一是（　　）。

A. 粗化晶粒　　B. 提高钢的密度　　C. 提高钢的熔点　　D. 细化晶粒

11. 结构钢中的有害元素是（　　）。

A. 锰　　B. 硅　　C. 磷　　D. 铬

12. 主轴零件图采用一个主视图、剖面图、局部剖面图和（　　）的表达方法。

A. 移出剖面图　　B. 旋转剖视图　　C. 剖视图　　D. 全剖视图

13. 使用钳型电流表应注意（　　）。

A. 测量前先估计电流的大小　　B. 产生杂声不影响测量效果

C. 必须测量单根导线　　D. 测量完毕将量程开到最小位置

14. 天然橡胶不具有（　　）的特性。

A. 耐高温　　B. 耐磨　　C. 抗撕　　D. 加工性能良好

15. 不属于岗位质量要求的内容是（　　）。

A. 对各个岗位质量工作的具体要求　　B. 各项质量记录

C. 操作程序　　D. 市场需求

16. 编制数控车床加工工艺时，要进行以下工作：分析工件（　　）、确定工件装夹方法和选择夹具、选择刀具和确定切削用量、确定加工路径并编制程序。

A. 形状　　B. 尺寸　　C. 图样　　D. 精度

17. 职业道德的实质内容是（　　）。

A. 改善个人生活　　B. 增加社会的财富

C. 树立全新的社会主义劳动态度　　D. 增强竞争意识

18. 刀具材料的切削部分一般是（　　）越高，耐磨性越好。

A. 韧性　　B. 强度　　C. 硬度　　D. 刚度

19. 不符合文明生产基本要求的是（　　）。

A. 严肃工艺纪律　　B. 优化工作环境

C. 遵守劳动纪律　　D. 修改工艺程序

20．不能作为刀具材料的有（　　）。

A．碳素工具钢　B．碳素结构钢　C．合金工具钢　D．高速钢

21．细长轴工件图样上的（　　）画法用移出剖视图表示。

A．外圆　B．螺纹　C．锥度　D．键槽

22．高速车削梯形螺纹时为防止切削拉毛牙型侧面，不能采用左右切削法，只能采用（　　）法。

A．车槽　B．一次加工　C．直进　D．高速加工

23．深孔加工时，由于刀杆细长，刚度差，再加上冷却、排屑、观察、（　　）都比较困难，所以加工难度较大。

A．加工　B．装夹　C．定位　D．测量

24．正弦规由工作台、两个（　　）相同的精密圆柱、侧挡板和后挡板等零件组成。

A．外形　B．长度　C．直径　D．偏差

25．除了黄铜和（　　）外，所有的铜基合金都称为青铜。

A．纯铜　B．白铜　C．红铜　D．绿铜

26．主轴零件图采用一个（　　）、剖面图、局部剖面图和移出剖面图的表达方法。

A．主视图　B．俯视图　C．左视图　D．仰视图

27．不符合着装整洁、文明生产要求的是（　　）。

A．贯彻操作规程　B．执行规章制度

C．工作中对服装不作要求　D．创造良好的生产条件

28．高速钢的工作温度可达（　　）℃。

A．300　B．400　C．500　D．600

29．M24×1.5—5g6 g是螺纹标记，5 g表示中径公差等级为（　　），基本偏差的位置代号为（　　）。

A．g，6级　B．g，5级　C．6级，g　D．5级，g

30．在一般情况下，交换齿轮 Z_1 到主轴之间的传动比是（　　），Z_1 转过的角度等于工件转过的角度。

A．2∶1　B．1∶1　C．1∶2　D．2∶3

31．硬质合金车刀加工（　　）时前角一般为0°～5°。

A．碳钢　B．白口铸铁　C．灰铸铁　D．球墨铸铁

32．用中心架支撑工件车削内孔时，若内孔出现倒锥，是由于中心架中心偏向操作者（　　）。

A．对方　B．一方　C．后方　D．左边

33．（　　）用于制造低速手用刀具。

A．碳素工具钢　B．碳素结构钢　C．合金工具钢　D．高速钢

34．在花盘上加工非整圆孔工件时，转速若太高，就会因（　　）的影响易使工件飞出而发生事故。

A．切削力　B．离心力　C．重力　D．向心力

35．当车好一条螺旋槽后，利用（　　）刻度，把车刀沿蜗杆的轴线方向移动一个蜗

杆齿距，再车下一条螺旋槽。

A. 尾座　B. 中滑板　C. 大滑板　D. 小滑板

36. KTH300—6 表示一种（　）可锻铸铁。

A. 黑心　B. 白心　C. 黄心　D. 珠光体

37. 圆锥体小端直径 d 可用公式：$d = M -$（　）$(1 + 1/\cos\alpha/2 + \tan\alpha/2)$ 求出。

A. $R/2$　B. R　C. $2R$　D. $2L$

38. 接触器不适用于（　）。

A. 交流电路控制　B. 直流电路控制　C. 照明电路控制　D. 大容量控制电路

39. 通过切削刃选定点并同时垂直于基面和切削平面的平面是（　）。

A. 基面　B. 切削平面　C. 正交平面　D. 辅助平面

40.（　）用于起重机械中提升重物。

A. 起重链　B. 牵引链　C. 传动链　D. 动力链

41. 爱岗敬业是对从业人员（　）的首要要求。

A. 工作态度　B. 工作精神　C. 工作能力　D. 以上均可

42. 测量细长轴公差等级高的外径时应使用（　）。

A. 钢直尺　B. 游标卡尺　C. 千分尺　D. 90°角尺

43. 一般合金钢淬火冷却介质为（　）。

A. 盐水　B. 油　C. 水　D. 空气

44. 使用正弦规测量时，当用百分表检验工件圆锥上母线两端的高度时，若两端高度不相等，说明工件的角度或锥度有（　）。

A. 误差　B. 尺寸　C. 度数　D. 极限

45.（　）是在钢中加入较多的钨、钼、铬、钒等合金元素，用于制造形状复杂的切削刀具。

A. 硬质合金　B. 高速钢　C. 合金工具钢　D. 碳素工具钢

46. 定位点少于工件应该限制的自由度，使工件不能正确（　）的，称为欠定位。

A. 装夹　B. 夹紧　C. 加工　D. 定位

47. 不锈钢 2Cr13 的平均含碳量为（　）%。

A. 0.002　B. 0.02　C. 0.2　D. 2

48. 测量连接盘的量具有游标卡尺、钢直尺、千分尺、（　）、万能角度尺、内径百分表等。

A. 米尺　B. 塞尺　C. 直尺　D. 木尺

49. KTZ550—04 中的 550 表示（　）。

A. 最低屈服点　B. 最低抗拉强度　C. 含碳量为 5.5%　D. 含碳量为 0.55%

50. 形状不规则的零件可以利用卡盘和（　）等附件在车床上加工。

A. 中心架　B. 弯板　C. 卡盘　D. 角铁

51. 量块除作为长度基准进行尺寸传递外，还广泛用于（　）和校准量具、量仪。

A. 鉴定　B. 检验　C. 检查　D. 分析

52. 有一个孔的直径为 50 mm，最大极限尺寸 50.048 mm，最小极限尺寸 50.009 mm，孔的上偏差为（　　）mm。

A. 0.048　　B. +0.048　　C. 0.009　　D. +0.009

53. KTZ550—04 表示一种（　　）可锻铸铁。

A. 黑心　　B. 白心　　C. 棕心　　D. 珠光体

54. 量块是精密量具，使用时要注意防腐蚀，防（　　），切不可撞击。

A. 划伤　　B. 烧伤　　C. 撞　　D. 潮湿

55.（　　）除具有抗热、抗湿及优良的润滑性能外，还能对金属表面起良好的保护作用。

A. 钠基润滑脂　　B. 锂基润滑脂

C. 铝基及复合铝基润滑脂　　D. 钙基润滑脂

56. 按塑料的热性能不同可分为热塑性塑料和（　　）。

A. 冷塑性塑料　　B. 冷固性塑料

C. 热固性塑料　　D. 热柔性塑料

57. 利用三爪自定心卡盘分线时，只需把（　　）松开，把工件连同鸡心夹头转动一个角度，由卡盘的另一爪拨动，再顶好后顶尖，就可车削第二天螺旋槽。

A. 夹具　　B. 前顶尖　　C. 后顶尖　　D. 螺母

58. 金属材料的下列参数中，（　　）属于力学性能。

A. 熔点　　B. 密度　　C. 硬度　　D. 磁性

59. 编制数控车床加工工艺时，要进行以下工作：分析工件图样、确定工件（　　）方法和选择夹具、选择刀具和确定切削用量、确定加工路径并编制程序。

A. 装夹　　B. 加工　　C. 测量　　D. 刀具

60. 量块在（　　）测量时用来调整仪器零位。

A. 直接　　B. 绝对　　C. 相对　　D. 反复

61.（　　）是用来测量工件的量具。

A. 万能角度尺　　B. 内径千分尺

C. 游标卡尺　　D. 量块

62. 多孔插盘装在车床（　　）上，转盘上有 12 个等分的、精度很高的定位插孔，它可以对 2、3、4、6、8、12 线蜗杆进行分线。

A. 导轨　　B. 刀架　　C. 拖板　　D. 主轴

63. 轴向直廓蜗杆又称 ZA 蜗杆，这种蜗杆在轴向平面内的齿廓为直线，而在垂直于轴线的剖面内齿形是阿基米德螺线，所以又称（　　）蜗杆。

A. 渐开线　　B. 阿基米德　　C. 双曲线　　D. 抛物线

64. 车偏心工件主要是在（　　）方面采取措施，即要把偏心部分的轴线找正到与车床主轴轴线相重合。

A. 加工　　B. 装夹　　C. 测量　　D. 找正

65. 熔断器额定电流的选择与（　　）无关。

A. 使用环境　　B. 负载性质

C. 线路的额定电压　　D. 开关的操作频率

66. 圆柱齿轮传动的精度要求有运动精度、工作平稳性、(　　) 等几方面精度要求。

A. 几何精度　　B. 平行度　　C. 垂直度　　D. 接触精度

67. 根据零件的表达方案和 (　　)，先用较硬的铅笔轻轻划出各基准，再划出底稿。

A. 比例　　B. 效果　　C. 方法　　D. 步骤

68. 人体的触电方式分为 (　　) 两种。

A. 电击和电伤　　B. 电吸和电摔　　C. 立穿和横穿　　D. 局部和全身

69. 球墨铸铁的含碳量为 (　　)。

A. 2.2%~2.8%　　B. 2.9%~3.5%

C. 3.6%~3.9%　　D. 4.0%~4.3%

70. 百分表的测量杆移动 1 mm 时，表盘上指针正好回转 (　　) 圈。

A. 0.5　　B. 1　　C. 2　　D. 3

71. 用“几个相交的剖切平面”画剖视图，说法正确的是 (　　)。

A. 应画出剖切平面转折处的投影

B. 可以出现不完整结构要素

C. 可以省略标注剖切位置

D. 当两要素在图形上具有公共对称中心线或轴线时，可各画一半

72. 数控车床需对刀具尺寸进行严格的测量以获得精确数据，并将这些数据输入 (　　)系统。

A. 控制　　B. 数控　　C. 计算机　　D. 数字

73. 两拐曲轴工工艺规程采用工序集中可减少工件装夹、搬运次数，节省 (　　) 时间。

A. 休息　　B. 加工　　C. 辅助　　D. 测量

74. 要保持工作环境清洁有序，不正确的是 (　　)。

A. 优化工作环境　　B. 工作结束后再清除油污

C. 随时清除油污和积水　　D. 整洁的工作环境可以振奋职工精神

75. 后角刃磨正确的标准麻花钻，其横刃斜角为 (　　)。

A. 20°~30°　　B. 30°~45°　　C. 50°~55°　　D. 55°~70°

76. 工件坐标系的 Z 轴一般与主轴轴线重合，X 轴随 (　　) 原点位置不同而异。

A. 工件　　B. 机床　　C. 刀具　　D. 坐标

77. 负前角仅适用于硬质合金车刀车削锻件、铸件毛坯和 (　　) 的材料。

A. 硬度低　　B. 硬度很高

C. 耐热性好　　D. 强度高

78. 偏心工件图样中，偏心轴线与轴的中心线平行度公差在 (　　) mm 之内。

A. 0.15　　B. 0.1　　C. 0.06　　D. ±0.08

79. 数控车床所选择的夹具应满足安装调试方便、刚度好、(　　) 高、使用寿命长等要求。

A. 可加工性　　B. 表面粗糙度　　C. 精度　　D. 力学性能

80. 属于金属物理性能的参数是 (　　)。

A. 屈服强度　　B. 熔点　　C. 伸长率　　D. 韧性

得　分	
评分人	

二、判断题

81. 进给运动的速度最高，消耗功率最大。（　）
82. 百分表和量块是检验一般精度轴向尺寸的主要量具。（　）
83. 硬质合金车刀加工铝合金时前角一般为 40°~45°。（　）
84. 梯形螺纹的牙顶宽用字母“W”表示。（　）
85. 花盘的平面必须与主轴轴线垂直，盘面平整、表面粗糙度值较小。（　）
86. 应明确岗位工作的质量标准及不同班次之间对相应的质量问题的责任、处理方法和权限。（　）
87. 局部视图应用起来比较灵活。（　）
88. 车削曲轴时，其两端面中心孔应选择 B 型。（　）
89. 平带传动主要用于两轴垂直的较远距离的传动。（　）
90. 三针测量梯形螺纹中径计算公式中“d_D”表示梯形螺纹中径。（　）
91. 抗拉强度最高的可锻铸铁其伸长率也最大。（　）
92. 钨钛钴类硬质合金适用于加工铸铁、有色金属等脆性材料。（　）
93. 使用量块的环境温度不要与鉴定该量块的环境温度一致。（　）
94. 主轴零件图中锥度标注符号所示方向应与锥度方向相反。（　）
95. 公法线千分尺用于测量齿轮公法线长度时，两个测砧的测量面做成相互垂直的圆平面。（　）
96. 操作立式车床时只能在主传动机构停止运转后测量工件。（　）
97. 对于偏心距较小的曲轴，可采用车偏心工件的方法车削。（　）
98. 常用的錾子有扁錾、尖錾及油槽錾。（　）
99. 设计夹具时，定位元件的公差应不大于工件公差的 1/2。（　）
100. 环境保护是指利用政府的指挥职能，对环境进行保护。（　）

理论知识考核模拟试卷二

注意事项

1. 考试时间：60 min。
2. 本试卷依据《数控车工　国家职业标准》命制。
3. 请首先按要求在试卷的标封处填写姓名、准考证号和所在单位的名称。
4. 请仔细阅读各种题目的要求，在规定的位置填写答案。
5. 不要在试卷上乱写乱画，不要在标封区填写无关的内容。

	一	二	总　分
得　分			

得　分	
评分人	

一、单项选择

1. 链传动是由链条和具有特殊齿形的（　　）组成的传递运动和动力的传动。
A. 齿轮　　B. 链轮　　C. 蜗轮　　D. 齿条
2. 梯形螺纹的车刀材料主要有（　　）和高速钢两种。
A. 铝合金　　B. 硬质合金　　C. 高温合金　　D. 铁碳合金
3. 平带传动主要用于两轴平行、转向（　　）的距离较远的传动。
A. 相反　　B. 相近　　C. 垂直　　D. 相同
4. 对刀面的刃磨要求是表面（　　），表面粗糙度小。
A. 凸起　　B. 光洁　　C. 精度高　　D. 平整
5. 梯形螺纹的测量一般采用（　　）测量法测量螺纹的中径。
A. 辅助　　B. 法向　　C. 圆周　　D. 三针
6. 游标卡尺上端的两个爪是用来测量（　　）的。
A. 内孔　　B. 沟槽
C. 齿轮公法线长度　　D. 外径
7. 粗车时，使蜗杆（　　）基本成形；精车时，保证齿形螺距和法向齿厚尺寸。
A. 精度　　B. 长度　　C. 内径　　D. 牙形
8. 铣削是铣刀旋转做主运动，工件或铣刀做（　　）的切削加工方法。
A. 进给运动　　B. 辅助运动　　C. 直线运动　　D. 旋转运动
9. 关于“旋转视图”，下列说法错误的是（　　）。
A. 倾斜部分需先投影后旋转，投影要反映倾斜部分的实际长度
B. 旋转视图仅适用于表达具有回转轴线的倾斜结构的实形
C. 旋转视图不加任何标注
D. 假想将机件的倾斜部分旋转到与某一选定的基本投影面平行后再向该投影面投影所得的视图称为旋转视图
10. 梯形外螺纹的大径用字母（　　）表示。
A. Q　　B. D　　C. X　　D. d
11. 具有高度责任心不要求做到（　　）。
A. 方便群众，注重形象　　B. 责任心强，不辞辛苦
C. 尽职尽责　　D. 工作精益求精
12. 车削飞轮时，将工件支顶在工作台上，找正夹牢并粗车一个端面为（　　）面。

A. 基　B. 装夹　C. 基准　D. 测量

13. 使用万用表不正确的是（　）。

A. 测电压时，仪表和电路并联　B. 测电压时，仪表和电路串联

C. 严禁带电测量电阻　D. 使用前要调零

14. 适用于制造渗碳件的材料是（　）。

A. 20Cr　B. 40Cr　C. 60Si2Mn　D. GCr15

15. 根据主轴箱传动链结构形式，主轴可获得 24 级正转转速和（　）级反转转速。

A. 18　B. 12　C. 6　D. 10

16. 曲轴的装夹方法主要采用一夹一顶和（　）装夹。

A. 鸡心夹　B. 台虎钳　C. 分度头　D. 两顶尖

17. 中滑板丝杠与（　）部分由前螺母、螺钉、中滑板、后螺母、丝杠和楔块组成。

A. 齿轮　B. 挂轮　C. 螺母　D. 机床

18. 不属于链传动类型的有（　）。

A. 传动链　B. 运动链　C. 起重链　D. 牵引链

19. 手铰刀刀齿的齿距，在圆周上是（　）分布的。

A. 均匀　B. 不均匀

C. 均匀或不均匀　D. 等差数列

20. 低温回火主要适用于（　）。

A. 各种刃具　B. 各种弹簧　C. 各种轴　D. 高强度螺栓

21. 主轴箱内的多片摩擦心离合器中的摩擦片间隙过大，摩擦片之间的摩擦力较小，造成传递动力不足而出现（　）现象。

A. 扎刀　B. 漂移　C. 闷车　D. 磨损

22. 两拐曲轴颈的剖面图清楚地反映出两曲轴颈之间互成（　）夹角。

A. 120°　B. 90°　C. 60°　D. 180°

23. 加工 Tr44 ×8 的梯形外螺纹时，中径 d 为（　）mm。

A. 40　B. 42　C. 38　D. 41

24. 对基本尺寸进行标准化是为了（　）。

A. 简化设计过程

B. 便于设计时的计算

C. 方便尺寸的测量

D. 简化定值刀具、量具、型材和零件尺寸的规格

25. 画装配图的步骤和画零件图不同的地方主要是：画装配图时要从整个装配体的（　）、工作原理出发，确定恰当的表达方案，进而画出装配图。

A. 各部件　B. 零件图　C. 精度　D. 结构特点

26. 左视图反映物体的（　）的相对位置关系。

A. 上下和左右　B. 前后和左右　C. 前后和上下　D. 左右和上下

27. 长度较短的偏心件，可在三爪自定心卡盘上加（　）使工件产生偏心来车削。

A. 刀片　B. 垫片　C. 垫铁　D. 量块

28. 分组装配法属于典型的不完全互换性，它一般用在（　　）。

A. 加工精度要求很高时　　B. 装配精度要求很高时

C. 装配精度要求较低时　　D. 厂际协作或配件的生产中

29. 使用正弦规测量时，在正弦规的一个（　　）下垫上一组量块，量块组的高度可根据被测工件的圆锥角通过计算获得。

A. 挡板　　B. 圆柱　　C. 端面　　D. 平板

30. 蜗杆量具主要有游标卡尺、千分尺、莫氏 NO. 3 锥度塞规、万能角度尺、（　　）卡尺、量针、钢直尺等。

A. 齿轮　　B. 深度　　C. 数显　　D. 精密

31. 将工件圆锥套立在检验平板上，将直径为 D 的小钢球放入孔内，用深度千分尺测出钢球最高点距工件（　　）的距离。

A. 外圆　　B. 心　　C. 端面　　D. 孔壁

32. 夹紧要（　　）、可靠，并保证工件在加工中位置不变。

A. 正确　　B. 牢固　　C. 符合要求　　D. 适当

33. 垫片的厚度近似公式计算中 Δe 表示试车后，实测偏心距与所要求的偏心距（　　），即 $\Delta e = e - e_{测}$。

A. 误差　　B. 之和　　C. 距离　　D. 乘积

34. 为使用方便和减少积累误差，选用量块时应尽量选用（　　）的块数。

A. 很多　　B. 较多　　C. 较少　　D. 5 块以上

35. 套筒锁紧装置需要将套筒固定在某一位置时，可（　　）转动手柄，通过圆锥销带动拉紧螺杆旋转，使下夹紧套向上移动，从而将套筒夹紧。

A. 向左　　B. 逆时针　　C. 顺时针　　D. 向右

36. 粗车螺距大于 18 mm 的梯形螺纹时，由于螺距大、（　　）深、切削面积大，车削困难，这时可采用分层车削法。

A. 进刀　　B. 距离　　C. 牙槽　　D. 导程

37. 不符合岗位质量要求的内容为（　　）。

A. 对各个岗位质量工作的具体要求

B. 体现在各岗位的作业指导书中

C. 是企业的质量方向

D. 体现在工艺规程中

38. 俯视图反映物体的（　　）的相对位置关系。

A. 上下和左右　　B. 前后和左右

C. 前后和上下　　D. 左右和上下

39. 极限偏差标注法适用于（　　）。

A. 成批生产　　B. 大批生产

C. 单件或小批量生产　　D. 生产批量不定

40. 高速钢具有制造简单、刃磨方便、刃口锋利、韧性好和（　　）等优点。

A. 强度高　　B. 耐冲击　　C. 硬度高　　D. 易装夹

41．职业道德基本规范不包括（　　）。
A．爱岗敬业、忠于职守　　B．服务群众、奉献社会
C．搞好与他人的关系　　D．遵纪守法、廉洁奉公
42．在一般情况下，当錾削接近尽头时，（　　）以防尽头处崩裂。
A．掉头錾去余下部分　　B．加快錾削速度
C．放慢錾削速度　　D．不再錾削
43．图样中斜体字字头向右倾斜，与（　　）成75°角。
A．竖直方向　　B．水平基准线　　C．图样左端　　D．图框右侧
44．可能引起机械伤害的做法是（　　）。
A．转动部件停稳前不得进行操作　　B．不跨越运转的机轴
C．旋转部件上不得放置物品　　D．转动部件上可少放些工具
45．夹紧力的作用点应尽量落在主要（　　）面上，以保证夹紧稳定可靠。
A．基准　　B．定位　　C．圆柱　　D．圆锥
46．成形车刀的种类有普通成形刀、（　　）成形刀和圆形成形刀。
A．矩形　　B．棱形　　C．六棱形　　D．三角形
47．加工蜗杆的刀具主要有：45°车刀、（　　）车刀、车槽刀、内孔车刀、麻花钻、蜗杆刀等。
A．75°　　B．90°　　C．60°　　D．40°
48．职业道德的内容不包括（　　）。
A．职业道德意识　　B．职业道德行为规范
C．从业者享有的权利　　D．职业守则
49．磨头主轴零件材料一般是（　　）。
A．40Cr　　B．45钢　　C．65Mn　　D．38CrMoAl
50．带传动按传动原理分为（　　）和啮合式两种。
A．连接式　　B．摩擦式　　C．滑动式　　D．组合式
51．为了减小曲轴的弯曲和扭转变形，可采用两端传动或中间传动方式进行加工。并尽量采用有前后刀架的机床使加工过程中产生的（　　）互相抵消。
A．切削力　　B．抗力　　C．摩擦力　　D．夹紧力
52．职业道德不鼓励从业者（　　）。
A．通过诚实的劳动改善个人生活
B．通过诚实的劳动增加社会的财富
C．通过诚实的劳动促进国家建设
D．通过诚实的劳动为个人服务
53．测量偏心距时，用顶尖顶住基准部分的中心孔，百分表测头与（　　）部分外圆接触，用手转动工件，百分表读数最大值与最小值之差的一半就是偏心距的实际尺寸。
A．高度　　B．长度　　C．偏心　　D．夹持
54．碳素工具钢和合金工具钢的特点是耐热性（　　），但抗弯强度高、价格便宜等。
A．差　　B．好　　C．一般　　D．非常好

55. 蜗杆的法向齿厚应单独画出局部移出剖视，并标注尺寸及（　　）。

A. 垂直度　　B. 角度　　C. 表面粗糙度　　D. 位置度

56. 钢经过淬火热处理可以得到（　　）组织。

A. 铁素体　　B. 奥氏体　　C. 珠光体　　D. 马氏体

57. 夹紧时，应保证工件的（　　）正确。

A. 定位　　B. 形状　　C. 几何精度　　D. 位置

58. 测量非整圆孔工件游标卡尺、千分尺、内径百分表、（　　）式百分表、划线盘、检验棒等。

A. 杠杆　　B. 卡规　　C. 齿轮　　D. 钟表

59. 不违反安全操作规程的是（　　）。

A. 不按标准工艺生产　　B. 自己制定生产工艺

C. 使用不熟悉的机床　　D. 执行国家劳动保护政策

60. 图样上标注的尺寸，一般应由尺寸界线、（　　）、尺寸数字组成。

A. 尺寸线　　B. 尺寸箭头

C. 尺寸箭头及其终端　　D. 尺寸线及其终端

61. 坐标系内几何点位置的坐标值均从坐标原点标注或（　　），这种坐标值称为绝对坐标。

A. 填写　　B. 编程　　C. 计量　　D. 作图

62. 深孔加工时，由于刀杆细长，（　　），再加上冷却、排屑、测量都比较困难，所以加工难度较大。

A. 韧性差　　B. 塑性差　　C. 刚度低　　D. 硬度低

63. 关于表面粗糙度对零件使用性能的影响，下列说法中错误的是（　　）。

A. 零件的表面质量影响配合的稳定性或过盈配合的连接强度

B. 零件的表面越粗糙，越易形成表面锈蚀

C. 表面越粗糙，表面接触受力时，峰顶处的塑性变形越大，从而降低零件强度

D. 降低表面粗糙度值，可提高零件的密封性

64. CA6140 型车床开合螺母机构由半螺母、（　　）、槽盘、楔铁、手柄、轴、螺钉和螺母组成。

A. 圆锥销　　B. 圆柱销　　C. 开口销　　D. 丝杠

65. 用中心架时，须注意支撑爪与工件的接触压力不宜（　　）。

A. 过大　　B. 过小　　C. 过松　　D. 适当

66. 铰孔时两手用力不均匀会使（　　）。

A. 孔径缩小　　B. 孔径扩大

C. 孔径不变化　　D. 铰刀磨损

67. 硬质合金是由碳化钨、碳化钛粉末，用钴作（　　），经高压成形、高温煅烧而成。

A. 黏结剂　　B. 氧化剂　　C. 催化剂　　D. 燃烧剂

68. 蜗杆半精加工、精加工一般采用（　　）装夹，利用分度卡盘分线。

A. 一夹一顶　　　　　　　　　　B. 两顶尖
C. 专用夹具　　　　　　　　　　D. 四爪单动卡盘

69. 梯形螺纹分为（　　）梯形螺纹和英制梯形螺纹两种。

A. 美制　　　　B. 厘米制　　　　C. 米制　　　　D. 苏制

70. 关于局部视图，下列说法错误的是（　　）。

A. 对称机件的视图可只画一半或四分之一，并在对称中心线的两端画出两条与其垂直的平行细实线

B. 局部视图的断裂边界以波浪线表示，当它们所表示的局部结构是完整的，且外轮廓线又成封闭时，波浪线可省略不画

C. 画局部视图时，一般在局部视图上方标出视图的名称“A”，在相应的视图附近用箭头指明投影方向，并注上同样的字母

D. 当局部视图按投影关系配置时，可省略标注

71. 千分尺微分筒上均匀刻有（　　）格。

A. 50　　　　B. 100　　　　C. 150　　　　D. 200

72. 聚酰胺（尼龙）属于（　　）。

A. 热塑性塑料　　　　　　　　　B. 冷塑性塑料
C. 热固性塑料　　　　　　　　　D. 热柔性塑料

73. 套筒锁紧装置需要将套筒固定在某一位置时，可顺时针转动手柄，通过圆锥销带动拉紧螺杆（　　），使下夹紧套向上移动，从而将套筒夹紧。

A. 向前　　　　B. 平移　　　　C. 旋转　　　　D. 向后

74. 硬质合金的特点是耐热性（　　），切削效率高，但刀片强度、韧性不及工具钢，焊接刃磨工艺较差。

A. 好　　　　B. 差　　　　C. 一般　　　　D. 不确定

75. 普通三角螺纹的牙型角为（　　）。

A. 30°　　　　B. 40°　　　　C. 55°　　　　D. 60°

76. 下列量具中，不属于游标类量具的是（　　）。

A. 游标深度尺　　　　　　　　　B. 游标高度尺
C. 游标齿厚尺　　　　　　　　　D. 外径千分尺

77. 双连杆在花盘上加工，首先要检验花盘盘面的平面度及花盘对主轴轴线的（　　）。

A. 垂直度　　　　B. 圆度　　　　C. 径向跳动　　　　D. 轴窜动

78. 蜗杆（　　）圆直径实际上就是中径，其测量方法和三针测量普通螺纹中径的方法相同，只是千分尺读数值 M 的计算公式不同。

A. 分度　　　　B. 理想　　　　C. 最大　　　　D. 中间

79. 蜗杆的齿形角是（　　）。

A. 40°　　　　B. 20°　　　　C. 30°　　　　D. 15°

80. 线性尺寸一般公差规定了（　　）个等级。

A. 三　　　　B. 四　　　　C. 五　　　　D. 六

得　分	
评分人	

二、判断题

81．万能角度尺是用来测量工件内外角度的量具。（　）

82．C630 型车床主轴最大回转直径是 300 mm。（　）

83．车削的特点是刀具沿着所要形成的工件表面，以一定的背吃刀量和进给量对回转工件进行切削。（　）

84．铸造铝合金 ZL101 为铝镁合金。（　）

85．当采用几个平行的剖切平面表达机件内部结构时，应画出剖切平面转折处的投影。（　）

86．用百分表测量前要校对零值。（　）

87．剖视图中剖切面的种类分为全剖、半剖、局部剖三种。（　）

88．用钢球可直接测量出内圆锥体的圆锥角。（　）

89．在普通黄铜中加入其他合金元素形成的合金，称为特殊黄铜。（　）

90．大螺距的梯形螺纹加工时，最少准备两把刀。（　）

91．进给运动有加大进给量和缩小进给量传动路线。（　）

92．对于尺寸和深度较大的锥孔，铰孔前可先钻出阶梯孔，然后再用铰刀铰削。（　）

93．左视图的右方代表物体的前方。（　）

94．测量连接盘的内锥孔时，应使用万能角度尺测量。（　）

95．轴类零件加工顺序安排大体如下：准备毛坯—正火—粗车—半精车—磨内圆。（　）

96．球墨铸铁中的石墨常以团絮状形式存在。（　）

97．要随时掌握机床与中心架三个支撑爪的摩擦发热情况。（　）

98．测量外圆锥体的计算公式中“M”表示千分尺测量值，单位为 mm 。（　）

99．划线盘划针的直头端用来划线，弯头端用于对工件安放位置的找正。（　）

100．灰铸铁中的石墨常以球状形式存在。（　）

理论知识考核模拟试卷三

注意事项

1．考试时间：60 min。

2．本试卷依据《数控车工　国家职业标准》命制。

3．请首先按要求在试卷的标封处填写姓名、准考证号和所在单位的名称。

4．请仔细阅读各种题目的要求，在规定的位置填写答案。

5．不要在试卷上乱写乱画，不要在标封区填写无关的内容。

	一	二	总 分
得 分			

得 分	
评分人	

一、单项选择

1. 灰铸铁的含碳量为（　　）。

A. 2.11%～2.6%　　B. 2.7%～3.6%
C. 3.7%～4.3%　　D. 4.4%～4.8%

2. 工业企业对环境污染的防治不包括（　　）。

A. 防治大气污染　　B. 防治绿化污染
C. 防治固体废弃物污染　　D. 防治噪声污染

3. 曲轴划线时，将工件放在（　　）上，在两端面分别划主轴颈部分和曲轴颈部分十字中心线。

A. 尾座　　B. V形架　　C. 中心架　　D. 跟刀架

4. 定位点（　　）工件应该限制的自由度，使工件不能正确定位的，称为欠定位。

A. 不能在　　B. 多于　　C. 等于　　D. 少于

5. 主轴零件图中长度方向以（　　）为主要尺寸的标注基准。

A. 轴肩处　　B. 台阶面　　C. 轮廓线　　D. 轴两端面

6. 图样上的符号“⊥”是（　　）公差，称为（　　）。

A. 位置，垂直度　　B. 形状，直线度
C. 尺寸，偏差　　D. 形状，圆柱度

7. 齿轮泵的壳体属于（　　）孔工件。

A. 难加工　　B. 深　　C. 小　　D. 非整圆

8. 不符合熔断器选择原则的是（　　）。

A. 根据使用环境选择类型　　B. 根据负载性质选择类型
C. 根据线路电压选择其额定电压　　D. 分断能力应小于最大短路电流

9. 属于防锈铝合金的牌号是（　　）。

A. 5A02（LF21）　　B. 2A11（LY11）
C. 7A04（LC4）　　D. 2A70（LD7）

10. 长度较短的偏心件，可在三爪自定心卡盘上加（　　）使工件产生偏心来车削。

A. 垫片　　B. 刀片　　C. 垫铁　　D. 量块

11. 下列为铝青铜的牌号是（　　）。

A. QSn4—3　　B. QAl9—4
C. QBe2　　D. QSi3—1

12. 制图国家标准规定，（　　）分为不留装订边和留有装订边两种，但同一产品的

图样只能采用一种格式。

A. 图框格式　　B. 图纸幅面

C. 基本图幅　　D. 标题栏

13. 垂直于一个投影面的直线称为投影面（　　）。

A. 倾斜线　　B. 垂直线

C. 平行线　　D. 相交线

14. 平行投影法分为（　　）两种。

A. 中心投影法和平行投影法　　B. 正投影法和斜投影法

C. 主要投影法和辅助投影法　　D. 一次投影法和二次投影法

15. 使用万用表不正确的是（　　）。

A. 测电压时，仪表和电路并联　　B. 严禁带电测量电阻

C. 测直流时注意正负极性　　D. 使用前不用调零

16. 回火的目的之一是（　　）。

A. 形成网状渗碳体　　B. 提高钢的密度

C. 提高钢的熔点　　D. 减少或消除淬火应力

17. 任何切削加工方法都必须有一个（　　），可以有一个或几个进给运动。

A. 辅助运动　　B. 主运动

C. 切削运动　　D. 纵向运动

18. 基轴制配合中轴的基本偏差代号为（　　）。

A. A　　B. h　　C. zc　　D. f

19. 钨钛钴类硬质合金是由碳化钨、碳化钛和（　）组成的。

A. 钒　　B. 铌　　C. 钼　　D. 钴

20. 工件渗碳后进行淬火、（　　）处理。

A. 高温回火　　B. 中温回火　　C. 低温回火　　D. 多次回火

21. 具有高度责任心应做到（　　）。

A. 忠于职守、精益求精　　B. 不徇私情、不谋私利

C. 光明磊落、表里如一　　D. 方便群众、注重形象

22. 万能角度尺是用来测量工件（　）的量具。

A. 内外角度　　B. 外圆弧度

C. 内圆弧度　　D. 直线度

23. 车削中要经常检查支撑爪的（　）程度，并进行必要的调整。

A. 松紧　　B. 夹紧　　C. 支撑　　D. 定位

24. 45 钢属于（　　）。

A. 普通钢　　B. 优质钢　　C. 高级优质钢　　D. 最优质钢

25. 车床主轴箱齿轮毛坯为（　　）。

A. 铸坯　　B. 锻坯　　C. 焊接　　D. 轧制

26. 精车矩形螺纹时，应保证螺纹各部分尺寸符合（　　）要求。

A. 图样　　B. 工艺　　C. 基本　　D. 配合

27. 加工连接盘时，用千斤顶和（　　）支撑、卡爪夹紧的方法。
A. 量块　　B. 等高块　　C. 螺母　　D. 中心架
28. 斜视图主要用来表达机件（　　）的实形。
A. 倾斜部分　　B. 一大部分　　C. 一小部分　　D. 某一部分
29. 对闸刀开关的叙述不正确的是（　　）。
A. 用于照明及小容量电动机控制线路中
B. 结构简单，操作方便，价格便宜
C. 是一种简单的手动控制电器
D. 用于大容量电动机控制线路中
30. 用于加工沟槽的铣刀有三面刃铣刀和（　　）。
A. 立铣刀　　B. 圆柱铣刀　　C. 端铣刀　　D. 铲齿铣刀
31. 车削曲轴前应先将其进行（　　），并根据划线找正。
A. 划线　　B. 钻孔　　C. 夹紧　　D. 定位
32. 熔断器的种类分为（　　）。
A. 瓷插式和螺旋式两种　　B. 瓷保护式和螺旋式两种
C. 瓷插式和卡口式两种　　D. 瓷保护式和卡口式两种
33. 离合器由端面带有螺旋齿爪的左、右两半部分组成，左半部分由（　　）带动在轴上空转，右半部分和轴上花键连接。
A. 主轴　　B. 光杠　　C. 齿轮　　D. 花键
34. 回火的目的之一是（　　）。
A. 粗化晶粒　　B. 提高钢的密度　　C. 提高钢的熔点　　D. 防止工件变形
35. 加工连接盘的刀具有立式车床用的外圆车刀、端面车刀、（　　）刀、内孔车刀等。
A. 铣　　B. 螺纹　　C. 车槽　　D. 刨
36. 用 46 块一套的量块，组合 95.552 mm 的尺寸，其量块的选择为：1.002 mm、（　　）mm、1.5 mm、2 mm、90 mm 共五块。
A. 1.005　　B. 20.5　　C. 2.005　　D. 1.05
37. 螺旋传动主要由（　　）、螺母和机架组成。
A. 螺栓　　B. 螺钉　　C. 螺杆　　D. 螺柱
38. *Ra* 数值越大，零件表面越（　　）；反之，表面越（　　）。
A. 粗糙，光滑平整　　B. 光滑平整，粗糙
C. 平滑，光整　　D. 圆滑，粗糙
39. 梯形螺纹牙型半角误差一般在（　　）以内。
A. ±40′　　B. ±20′　　C. 0.5°　　D. ±5′
40. 不爱护设备的做法是（　　）。
A. 保持设备清洁　　B. 正确使用设备
C. 自己修理设备　　D. 及时保养设备
41. 锉削内圆弧面时，锉刀要完成的动作是（　　）。

A. 前进运动和锉刀绕工件圆弧中心的转动

B. 前进运动和随圆弧面向左或向右移动

C. 前进运动和绕锉刀中心线转动

D. 前进运动、随圆弧面向左或向右移动和绕锉刀中心线转动

42. 多线蜗杆的各螺旋线沿轴向是分布的，从端面上看，在（　　）上是等角度分布的。

A. 圆周　　B. 齿形　　C. 内径　　D. 中心

43. 操作（　　），安全省力，夹紧速度快。

A. 简单　　B. 方便

44. 中心架装上后，应逐个调整中心架的（　　）支撑爪，使支撑爪对工件支撑的松紧程度适当。

A. 任一个　　B. 两个　　C. 三个　　D. 四个

45. 能防止漏气、漏水是润滑剂的（　　）。

A. 密封作用　　B. 防锈作用　　C. 洗涤作用　　D. 润滑作用

46. 数控车床以主轴轴线方向为（　　）轴方向，刀具远离工件的方向为 Z 轴的正方向。

A. Z　　B. X　　C. Y　　D. 坐标

47. 使钢产生热脆性的元素是（　　）。

A. 锰　　B. 硅　　C. 硫　　D. 磷

48. 单件生产和修配工作需要铰削少量非标准孔，应使用（　　）铰刀。

A. 整体式圆柱　　B. 可调节式

C. 圆锥式　　D. 螺旋槽

49. 主轴部件是车床的（　　）部分，在车削时承受很大的切削抗力。

A. 关键　　B. 主要　　C. 开始　　D. 次要

50. 以下有关游标卡尺说法不正确的是（　　）

A. 游标卡尺应平放

B. 游标卡尺可用砂纸清理上面的锈迹

C. 游标卡尺不能用锤子进行修理

D. 游标卡尺使用完毕后应擦上油，放入盒中

51. 石墨以团絮状存在的铸铁称为（　　）。

A. 灰铸铁　　B. 可锻铸铁　　C. 球墨铸铁　　D. 蠕墨铸铁

52. 铁素体可锻铸铁的组织是（　　）。

A. 铁素体 + 团絮状石墨　　B. 铁素体 + 球状石墨

C. 铁素体 + 珠光体 + 片状石墨　　D. 珠光体 + 片状石墨

53. 通过切削刃选定点与切削刃相切并垂直于基面的平面是（　　）。

A. 基面　　B. 切削平面　　C. 正交平面　　D. 辅助平面

54. 用于加工平面的铣刀有圆柱铣刀和（　　）。

A. 立铣刀　　B. 三面刃铣刀　　C. 端铣刀　　D. 尖齿铣刀

55. 车削法向直廓蜗杆时，应采用垂直装刀法，即装夹车刀时，应使车刀两侧切削刃组成的平面与齿面（　　）。

A. 相交　　B. 平行　　C. 垂直　　D. 重合

56. 当检验高精度轴向尺寸时量具应选择检验平板、（　　）、百分表及活动表架等。

A. 千分尺　　B. 卡规　　C. 量块　　D. 样板

57. 车刀前面与基面间的夹角是（　　）。

A. 后角　　B. 主偏角　　C. 前角　　D. 刃倾角

58. 双重卡盘装夹工件安装方便，不需调整，但它的刚度较差，不宜选择较大的（　　），适用于小批量生产。

A. 车床　　B. 转速　　C. 切深　　D. 切削用量

59. 测量两平行非完整孔的中心距时，用内径百分表或杆式内径千分尺（　　）测出两孔间的最大距离，然后减去两孔实际半径之和，所得的差即为两孔的中心距。

A. 同时　　B. 间接　　C. 分别　　D. 直接

60. 箱体重要加工表面要划分为（　　）两个阶段。

A. 粗、精加工　　B. 基准与非基准　　C. 大与小　　D. 内与外

61. 加工 42 mm×6 mm 矩形的外螺纹时，其牙宽为（　　）+0.02～0.04 mm。

A. 3.5　　B. 4　　C. 3　　D. 2.5

62. 机动进给时，过载保护机构在（　　）力的作用下，使离合器左、右两部分啮合。

A. 切削　　B. 外　　C. 内　　D. 弹簧

63. 圆柱被垂直于轴线的平面切割后产生的截交线为（　　）。

A. 圆形　　B. 矩形　　C. 椭圆　　D. 直线

64. 偏心卡盘分（　　），底盘安装在主轴上，三爪自定心卡盘安装在偏心体上，偏心体与底盘燕尾槽配合。

A. 三层　　B. 两层　　C. 一层　　D. 两部分

65. 圆度公差带是指（　　）。

A. 半径为公差值的两同心圆之间区域

B. 半径差为公差值的两同心圆之间区域

C. 在同一正截面上，半径为公差值的两同心圆之间区域

D. 在同一正截面上，半径差为公差值的两同心圆之间区域

66. 游标卡尺结构中，沿着尺身可移动的部分叫（　　）。

A. 尺框　　B. 尺身　　C. 尺头　　D. 活动量爪

67. 高速钢的特点是高硬度、高耐磨性、高热硬性，热处理（　　）等。

A. 变形大　　B. 变形小　　C. 变形严重　　D. 不变形

68. 关于主令电器叙述不正确的是（　　）。

A. 行程开关分为按钮式、旋转式和微动式 3 种

B. 按钮分为常开、常闭和复合按钮

C. 按钮只允许通过小电流

D. 按钮不能实现长距离电器控制

69. 可锻铸铁的含碳量为（　　）。

A. 2.2% ~2.8%　　B. 2.9% ~3.6%

C. 3.7% ~4.3%　　D. 4.4% ~4.8%

70. 零件加工时产生表面粗糙度差的主要原因是（　　）。

A. 刀具装夹不准确而形成的误差

B. 机床的几何精度方面的误差

C. 机床—刀具—工件系统的振动、发热和运动不平衡

D. 刀具和工件表面间的摩擦、切屑分离时表面层的塑性变形及工艺系统的高频振动

71. CA6140 型车床尾座主视图是将尾座套筒轴线（　　）。

A. 竖直放置　　B. 水平放置

C. 垂直放置　　D. 倾斜放置

72. 灰铸铁孕育处理常用的孕育剂有（　　）。

A. 锰铁　　B. 镁合金　　C. 铬　　D. 硅铁

73. 磨削加工中所用砂轮的三个基本组成要素是（　　）。

A. 磨料、结合剂、孔隙　　B. 磨料、结合剂、硬度

C. 磨料、硬度、孔隙　　D. 硬度、颗粒度、孔隙

74. 锯齿型螺纹常用于起重机和压力机械设备上，这种螺纹要求能承受较大的（　　）压力。

A. 冲击　　B. 双向　　C. 多向　　D. 单向

75. 伺服驱动系统是数控车床切削工作的（　　）部分，主要实现主运动和进给运动。

A. 定位　　B. 加工　　C. 动力　　D. 主要

76.（　　）是指材料在高温下能保持其硬度的性能。

A. 硬度　　B. 高温硬度　　C. 耐热性　　D. 耐磨性

77. 下列千分尺中不存在的为（　　）。

A. 深度千分尺　　B. 螺纹千分尺

C. 蜗杆千分尺　　D. 公法线千分尺

78. 在花盘上加工非整圆孔工件时，转速若（　　），就会因离心力的影响易使工件飞出而发生事故。

A. 太高　　B. 太低　　C. 较慢　　D. 适中

79. 蜗杆两牙侧表面粗糙度一般为（　　）μm。

A. *Ra*3.2　　B. *Ra*1.6　　C. *Ra*0.8　　D. *Ra*1.25

80. 离合器的种类较多，常用的有啮合式离合器、摩擦离合器和（　　）离合器三种。

A. 叶片　　B. 齿轮　　C. 超越　　D. 无级

得　分	
评分人	

二、判断题

81. 车削非整圆孔工件时注意转速不宜过低。（　）
82. 车刀材料应具有良好的综合力学性能。（　）
83. 平行投影法是投射线相互平行的投影法。（　）
84. 使用万用表测量电阻时，应使被测电阻尽量接近标尺中心。（　）
85. Tr44 ×8 左表示梯形螺纹，公称直径为 ϕ44 mm，螺距为 8 mm。（　）
86. 理论正确尺寸是表示被测要素的理想形状、方向、位置的尺寸。（　）
87. 常用硬质合金的牌号有 YG3。（　）
88. M39 ×1.5—8 h 表示三角螺纹，螺距 1.5 cm。（　）
89. 当横向机动进给接通时，开合螺母也能合上，但无法接通丝杠传动。（　）
90. 精车蜗杆时，用四爪单动卡盘装夹。（　）
91. CA6140 型车床尾座紧固装置的轴线与套筒轴线不在同一纵向剖面内，但互相平行。（　）
92. 两个基本体表面相交时，两表面相交处不应划出交线。（　）
93. 圆柱齿轮的结构分为齿圈和轮齿两部分。（　）
94. 工、卡、刀、量具要放在工作台上。（　）
95. 基准轴的下偏差小于零。（　）
96. 加工细长轴一般采用一夹一顶的装夹方法。（　）
97. 超硬铝合金 7A04 可用作承力构件和高载荷零件，如飞机上的大梁等。（　）
98. 基准孔的公差带可以在零线下侧。（　）
99. 工、卡、刀、量具要放在指定地点。（　）
100. 四爪单动卡盘车偏心件时，只要按已划好的偏心找正，就能使偏心轴线与车床主轴轴线重合。（　）

理论知识考核模拟试卷四

注意事项

1. 考试时间：60 min。
2. 本试卷依据 2001 年颁布的《数控车工　国家职业标准》命制。
3. 请首先按要求在试卷的标封处填写姓名、准考证号和所在单位的名称。
4. 请仔细阅读各种题目的要求，在规定的位置填写答案。
5. 不要在试卷上乱写乱画，不要在标封区填写无关的内容。

	一	二	总 分
得 分			

得 分	
评分人	

一、单项选择

1. 应用较多的螺纹是普通螺纹和（　　）。

A. 矩形螺纹　　B. 梯形螺纹

C. 锯齿形螺纹　　D. 管螺纹

2. 使钢产生冷脆性的元素是（　　）。

A. 锰　　B. 硅　　C. 磷　　D. 硫

3. 加工细长轴一般采用（　　）的装夹方法。

A. 一夹一顶　　B. 两顶尖　　C. 鸡心夹头　　D. 专用夹具

4. 机床原点为机床上的一个固定点，一般是主轴旋转中心线与车头（　　）的交点。

A. 端面　　B. 外圆　　C. 锥孔　　D. 卡盘

5.（　　）装置作为控制部分是数控车床的控制核心，其主体是一台计算机（包括CPU、存储器、CRT 等）。

A. 数控　　B. 自动　　C. CPU　　D. PLC

6. 下列说法中错误的是（　　）。

A. 对于机件的肋、轮辐及薄壁等，如按纵向剖切，这些结构都不画剖面符号，而用粗实线将它与其邻接部分分开

B. 当零件回转体上均匀分布的肋、轮辐、孔等结构不处于剖切平面上时，可将这些结构旋转到剖切平面上画出

C. 较长的机件（轴、杆、型材、连杆等）沿长度方向的形状一致或按一定规律变化时，可断开后缩短绘制。采用这种画法时，尺寸可以不按机件原长标注

D. 当回转体零件上的平面在图形中不能充分表达平面时，可用平面符号（相交的两细实线）表示

7. 接触器不适用于（　　）。

A. 频繁通断的电路　　B. 电动机控制电路

C. 大容量控制电路　　D. 室内照明电路

8. 属于金属物理性能的参数是（　　）。

A. 强度　　B. 硬度　　C. 密度　　D. 冲击韧度

9. 蜗杆零件图中，其齿形的分度头误差在（　　）mm。

A. 0.2　　B. ±0.02　　C. ±0.05　　D. ±0.1

10. 关于斜投影的定义，下列叙述正确的是（　　）。

A. 投射线与投影面相倾斜的投影

B. 投影物体与投影面相倾斜的投影

C. 投射中心与投影面相倾斜的投影

D. 投射线相互平行且与投影面相倾斜的投影

11. 典型的微型计算机绘图系统可分成（　　）几部分组成。

A. 主机、显示器、打印机、绘图机

B. 主机、图形输入设备、图形输出设备、外存储器

C. 主机、电源、显示器、鼠标、键盘

D. 主机、电源、图形输入设备、鼠标、键盘

12. 以机床原点为坐标原点，建立一个 Z 轴与 X 轴的直角坐标系，此坐标系称为（　　）坐标系。

A. 工件　　B. 编程　　C. 机床　　D. 空间

13. 分度手柄转动一周，装夹在分度头上的工件转动（　　）周。

A. 1/20　　B. 1/30　　C. 1/40　　D. 1/50

14. 当平面倾斜于投影面时，平面的投影反映出正投影法的（　　）基本特性。

A. 真实性　　B. 积聚性　　C. 类似性　　D. 收缩性

15. 锯齿形外螺纹的牙型高度 h_3 =（　　）。

A. 0. 581 2P　　B. 0. 867 8P　　C. 0. 815H　　D. $d-P$

16. 用于制造机械零件和工程构件的合金钢称为（　　）。

A. 碳素钢　　B. 合金结构钢　　C. 合金工具钢　　D. 特殊性能钢

17. 粗车时，使蜗杆牙型基本成形；精车时，保证齿形螺距和（　　）尺寸。

A. 角度　　B. 外径　　C. 公差　　D. 法向齿厚

18. 为了提高钢的强度，应选用（　　）热处理。

A. 退火　　B. 正火　　C. 淬火 + 回火　　D. 回火

19. 铝具有的特性之一是（　　）。

A. 较差的导热性　　B. 较差的导电性　　C. 较高的强度　　D. 较好的塑性

20. 车削细长轴时一般选用45°车刀、75°左偏刀、90°左偏刀、车槽刀、（　　）和中心钻等。

A. 钻头　　B. 螺纹刀　　C. 锉刀　　D. 铣刀

21. 对不允许有接刀痕迹的工件，应采用（　　）。

A. 花盘　　B. 中心架　　C. 跟刀架　　D. 弯板

22. 正垂线平行于（　　）投影面。

A. V、H　　B. H、W　　C. V、W　　D. V

23. 粗车梯形螺纹时，应首先把螺纹的（　　）及牙高尽快车出。

A. 中径　　B. 大径　　C. 牙型　　D. 螺距

24. 刃磨高速钢梯形螺纹精车刀后，用油石加机油研磨前、后面至刃口平直，刀面光洁（　　）为止。

A. 平滑　　B. 无划伤　　C. 无崩刃　　D. 无磨痕

25. 通常工件原点选择在工件的右端面、左端面或（　　）的前端面。

A. 法兰盘　　B. 刀架　　C. 卡爪　　D. 切刀

26. 外径千分尺测量精度比游标卡尺高，一般用来测量（　　）精度的零件。

A. 高　　B. 低　　C. 较低　　D. 中等

27. 测量外圆锥体时，将工件的小端立在检验平板上，两量棒放在平板上紧靠工件，用千分尺测出两量棒之间的距离，通过（　　）即可间接测出工件小端直径。

A. 换算　　B. 测量　　C. 比较　　D. 调整

28. 在同一尺寸段内，尽管基本尺寸不同，但只要公差等级相同，其标准公差值就（　　）。

A. 可能相同　　B. 一定相同　　C. 一定不同　　D. 无法判断

29. 不属于电伤的是（　　）。

A. 与带电体接触的皮肤红肿　　B. 电流通过人体内的击伤

C. 熔丝烧伤　　D. 电弧灼伤

30. 一般位置直线（　　）于三个投影面。

A. 垂直　　B. 倾斜　　C. 平行　　D. 包含

31. 同时（　　）三个投影面的平面称为一般位置平面。

A. 平行于　　B. 垂直于　　C. 倾斜于　　D. 相交于

32. 直线的投影变换中，一般位置线变换为投影面平行线时，新投影轴的设立原则是新投影轴（　　）直线的投影。

A. 垂直　　B. 平行　　C. 相交　　D. 倾斜

33. 直线的投影变换中，平行线变换为投影面（　　）时，新投影轴的设立原则是新投影轴垂直于反映直线实长的投影。

A. 倾斜线　　B. 垂直线　　C. 一般位置线　　D. 平行线

34. 斜度的标注包括指引线、（　　）、斜度值。

A. 斜度　　B. 斜度符号　　C. 字母　　D. 符号

35. 麻花钻顶角大小可根据加工条件由钻头刃磨决定，标准麻花钻顶角为118°±2°，且两主切削刃呈（　　）形。

A. 凸　　B. 凹　　C. 圆弧　　D. 直线

36. 齿轮的花键宽度 $8^{+0.065}_{+0.035}$ mm，最大极限尺寸为（　　）mm。

A. 8.035　　B. 8.065　　C. 7.935　　D. 7.965

37. 表面粗糙度反映的是零件被加工表面上的（　　）。

A. 宏观几何形状误差　　B. 微观几何形状误差

C. 宏观相对位置误差　　D. 微观相对位置误差

38. 表面热处理的主要方法包括表面淬火和（　　）热处理。

A. 物理　　B. 化学　　C. 电子　　D. 力学

39. 使主运动能够继续切除工件多余的金属，以形成工作表面所需的运动，称为（　　）。

A. 进给运动　　B. 主运动　　C. 辅助运动　　D. 切削运动

40. 车削细长轴的关键技术问题是合理使用中心架和跟刀架、解决工件的（　　）及合理选择车刀的几何形状等。

A. 弯曲变形　B. 应力变形　C. 长度　D. 热变形

41. 硬质合金的特点是耐热性好，(　　)，但刀片强度、韧性不及工具钢，焊接刃磨工艺较差。

A. 切削效率低　B. 切削效率高　C. 耐磨　D. 不耐磨

42. 偏心工件的主要装夹方法有（　　）装夹、四爪单动卡盘装夹、三爪自定心卡盘装夹、偏心卡盘装夹、双重卡盘装夹、专用偏心夹具装夹等。

A. 虎钳　B. 一夹一顶　C. 两顶尖　D. 分度头

43. 梯形螺纹车刀两侧刃后角应考虑螺纹升角的影响，加工右螺纹时左侧刃磨后角为（　　）。

A. $3°\sim5°-\varphi$　B. $3°\sim5°+\varphi$

C. $6°\sim8°-\varphi$　D. $6°\sim8°+\varphi$

44. (　　) 主要由螺杆、螺母和机架组成。

A. 齿轮传动　B. 螺纹传动　C. 螺旋传动　D. 链传动

45. 当车好一条螺旋槽之后，把车刀沿蜗杆的（　　）的轴线方向移动一个蜗杆齿距，再车下一个螺旋槽。

A. 法向　B. 圆周　C. 轴向　D. 齿形

46. 粗车螺距大于 4 mm 的梯形螺纹时，可采用（　　）切削法或车直槽法。

A. 左右　B. 直进　C. 斜进　D. 自动

47. 双重卡盘装夹工件安装方便，不需调整，但它的（　　）较差，不宜选择较大的切削用量，适用于小批量生产。

A. 韧性　B. 刚度　C. 精度　D. 形状

48. 深缝锯削时，当切口的深度超过锯弓的高度应将锯条（　　）。

A. 从开始连续锯削到结束　B. 转过 90°重新装夹

C. 装得松一些　D. 装得紧一些

49. 不属于岗位质量要求的内容是（　　）。

A. 对各个岗位质量工作的具体要求　B. 市场需求走势

C. 工艺规程　D. 各项质量记录

50. 链传动是由链条和具有特殊齿形的链轮组成的传递（　　）和动力的传动。

A. 运动　B. 转矩　C. 力矩　D. 能量

51. 车削螺距小于 4 mm 的矩形螺纹时，一般不分粗、精车，用一把车刀采用（　　）法完成车削。

A. 斜进　B. 直进　C. 间接　D. 左右切削

52. 不属于刀具几何参数的是（　　）。

A. 切削刃　B. 刀杆直径　C. 刀面　D. 刀尖

53. 车床电气控制线路不要求（　　）。

A. 主电动机进行电气调速　B. 必须有过载、短路、欠压、失压保护

C. 具有安全的局部照明装置　D. 主电动机采用按钮操作

54．根据多线蜗杆在轴向各圆周上等距分布的特点，分线方法有轴向分线法和（　　）分线法两种。

A．圆周　　B．角度　　C．齿轮　　D．自动

55．蜗杆量具主要有（　　）、千分尺、莫氏 NO. 3 锥度塞规、万能角度尺、齿轮卡尺、量针、钢直尺等。

A．游标卡尺　　B．量块　　C．百分表　　D．90°角尺

56．加工梯形螺纹一般采用一夹一顶和（　　）装夹。

A．偏心　　B．专用夹具　　C．两顶尖　　D．花盘

57．铁素体灰铸铁的组织是（　　）。

A．铁素体＋片状石墨　　B．铁素体＋球状石墨

C．铁素体＋珠光体＋片状石墨　　D．珠光体＋片状石墨

58．蜗杆的工件材料一般选用（　　）。

A．不锈钢　　B．45 钢　　C．40Cr　　D．低碳钢

59．游标卡尺结构中，有刻度的部分称为（　　）。

A．尺框　　B．尺身　　C．尺头　　D．活动量爪

60．利用百分表和量块分线时，把百分表固定在（　　）上，并在床鞍上装一固定挡块。

A．刀架　　B．主轴箱　　C．尾座　　D．主轴

61．用（　　）的压力把两个量块的测量面相推合，就可牢固地粘合成一体。

A．一般　　B．较大　　C．很大　　D．较小

62．已知直角三角形一直角边为 66. 556 mm，它与斜边的夹角为（　　），另一直角边的长度是 28. 95 mm。

A．26°54′33″　　B．23°36′36″　　C．26°33′54″　　D．23°30′17″

63．细长轴图样端面处的 2—B3. 15/10 表示两端面中心孔为 B 型，前端直径（　　）mm，后端最大直径 10 mm。

A．3. 5　　B．3　　C．4　　D．3. 15

64．不符合安全生产一般常识的是（　　）。

A．按规定穿戴好防护用品　　B．清除切屑要使用工具

C．随时清除油污积水　　D．通道中少放物品

65．图形符号文字符号 KA 表示（　　）。

A．线圈操作器件　　B．线圈

C．过电流线圈　　D．欠电流线圈

66．万能角度尺在（　　）范围内，应装上 90°角尺。

A．0°～50°　　B．50°～140°

C．140°～230°　　D．230°～320°

67．表面粗糙度符号长边的方向与另一条短边相比（　　）。

A．总处于顺时针方向　　B．总处于逆时针方向

C．可处于任何方向　　D．总处于右方

68．使用电动机前不必检查（　　）。

A．电动机是否清洁　　B．绝缘是否良好
C．接线是否正确　　D．铭牌是否清晰

69．画零件图时可用标准规定的统一画法来代替真实的（　　）。
A．零件图　　B．剖面图　　C．立体图　　D．投影图

70．通常将深度与（　　）之比大于5倍以上的孔，称为深孔。
A．长度　　B．半径　　C．直径　　D．角度

71．测量连接盘的量具有游标卡尺、钢直尺、千分尺、塞尺、（　　）、内径百分表等。
A．深度尺　　B．高度尺
C．万能角度尺　　D．90°角尺

72．不属于形位公差代号的是（　　）。
A．形位公差特征项目符号　　B．形位公差框格和指引线
C．形位公差数值　　D．基本尺寸

73．下列说法中错误的是（　　）。
A．对于机件的肋、轮辐及薄壁等，如按纵向剖切，这些结构都不画剖面符号，而用粗实线将它与其邻接部分分开
B．即使当零件回转体上均匀分布的肋、轮辐、孔等结构不处于剖切平面上时，也不能将这些结构旋转到剖切平面上画出
C．较长的机件（轴、杆、型材、连杆等）沿长度方向的形状一致或按一定规律变化时，可断开后缩短绘制。采用这种画法时，尺寸应按机件原长标注
D．当回转体零件上的平面在图形中不能充分表达平面时，可用平面符号（相交的两细实线）表示

74．两顶尖装夹的优点是安装时不用找正，（　　）精度较高。
A．定位　　B．加工　　C．位移　　D．回转

75．“保持工作环境清洁有序”不正确的做法是（　　）。
A．毛坯、半成品按规定堆放整齐　　B．随时清除油污和积水
C．通道上少放物品　　D．优化工作环境

76．工件坐标系的 Z 轴一般与主轴轴线（　　），X 轴随工件原点位置不同而异。
A．垂直　　B．平行　　C．相交　　D．重合

77．螺旋传动主要由螺杆、（　　）和机架组成。
A．螺栓　　B．螺钉　　C．螺柱　　D．螺母

78．刀头宽度粗车刀的刀头宽度应为1/3螺距宽，精车刀的刀头宽应（　　）牙槽底宽。
A．小于　　B．大于　　C．等于　　D．为1/2

79．多孔插盘装在车床主轴上，转盘上有（　　）个等分的、精度很高的定位插孔，它可以对2、3、4、6、8、12线蜗杆进行分线。
A．10　　B．24　　C．12　　D．20

80．电流对人体的伤害程度与（　　）无关。
A．通过人体电流的大小　　B．通过人体电流的时间
C．触电电源的电位　　D．电流通过人体的部位

得　分	
评分人	

二、判断题

81. ▻1:5，表示锥度为1:5，其方向是沿小端方向减小。（　）

82. 在尺寸符号 ϕ50F8 中，公差代号是指 50F8。（　）

83. 冷作模具钢适用于制造在0℃以下变形的冲压件。（　）

84. 加工 Tr42×8 的梯形内螺纹时，小径尺寸 D_1 为 34 mm。（　）

85. 车削细长轴时中心钻一般选用 A 型和 B 型。（　）

86. 夹具上确定夹具相对于机床的位置是组合夹具体。（　）

87. 刀具材料的切削部分一般是韧性越高，耐磨性越好。（　）

88. 齿轮的长度尺寸是以它的两个端面为基准。（　）

89. C630 型车床主轴部件前端采用双列圆柱滚子轴承，主要用于承受切削时的径向力。（　）

90. 两曲面立体相交或两圆孔相交，其表面交线称为相贯线。（　）

91. 制图标准规定，剖视图分为全剖视图和局部剖视图两种。（　）

92. 含碳量大于 2.11% 的铁碳合金称为铸铁。（　）

93. 数控车床对刀具的选择比较一般。（　）

94. 同轴度的基准轴线必须是单个圆柱面的轴线。（　）

95. 大型和重型壳体类零件要在立式车床上加工。（　）

96. 测量精度为 0.05 mm 的游标卡尺，当两测量爪并拢时，尺身上 19 mm 对正游标上的 20 格。（　）

97. ZChSnSb8—4 为铅基轴承合金。（　）

98. 在精车蜗杆时，一定要采用水平装刀法。（　）

99. 《环境保护法》可以促进我国公民提高环境意识。（　）

100. 轴类零件加工顺序安排大体如下：准备毛坯—粗车—半精车—正火—调质—精磨外圆。（　）

技能操作考核模拟试卷一

注意事项

一、本试卷依据《数控车工　国家职业标准》命制。

二、本试卷试题如无特别注明，则为全国通用。

三、请考生仔细阅读试题的具体考核要求，并按要求完成操作或进行笔答或口答。

四、操作技能考核时要遵守考场纪律，服从考场管理人员指挥，以保证考核安全顺利进行。

（1）本题分值：100 分。

（2）考核时间：300 min。

（3）具体考核要求：根据零件图制定加工工艺并进行加工。

1. 零件图

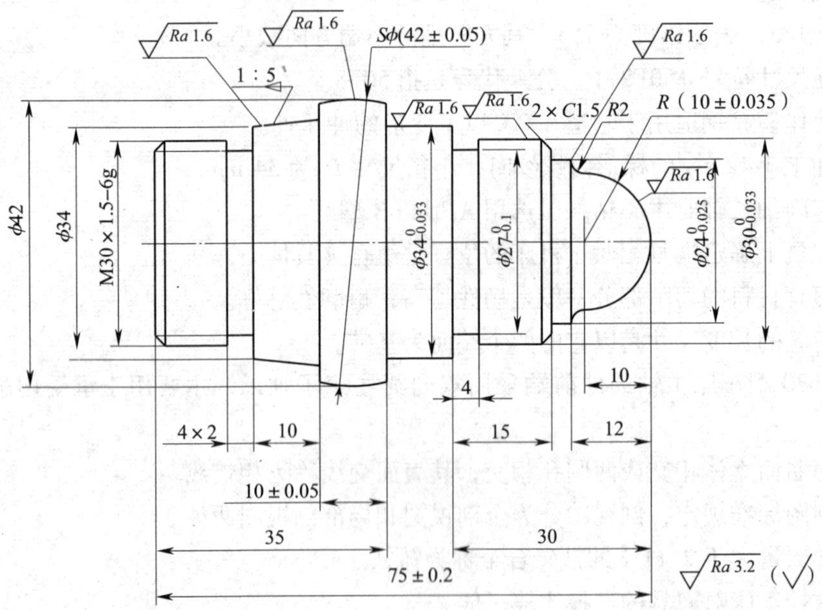

技术要求：

1. 未注倒角处去毛刺。
2. 未注公差按 IT11 级精度加工。

2. 数控加工工艺卡片

××× 数控车间	数控加工工序卡片		零件名称		零件图号	材料
			球头螺纹轴		CX1	45 钢
工艺序号	程序编号		夹具名称	夹具编号	使用设备	车 间
工步号	工步内容	刀具号	刀具规格	主轴转速	进给速度	背吃刀量
编制		审核		批准		共 页 第 页

3. 数控加工程序

4. 评分标准

(1) 中级数控车工操作技能考核总成绩表

序号	项目名称	配分	得分	备注
1	现场操作规范	10		
2	工序制定及编程	15		
3	工件质量	75		
合　　计		100		

(2) 现场操作规范评分表

序号	项目	考核内容	配分	考场表现	得分
1	现场操作规范	工具的正确使用	2		
2		量具的正确使用	2		
3		刃具的合理使用	2		
4		设备正确操作和维护保养	4		
合计			10		

(3) 工序制定及编程评分表

序号	项目	考核内容	配分	实际情况	得分
1	工序制定	工序制定合理，选择刀具正确	5		
2	编程	程序指令正确，工艺合理	10		
合计			15		

(4) 操作技能评分表

序号	项目	考核内容		配分		检测结果	得分
				IT	*Ra*		
1	球径	$S\phi$ (42 ±0.05) mm	*Ra*1.6 μm	6	2		
2	外圆	$\phi34_{-0.033}^{0}$ mm	*Ra*1.6 μm	5	2		
3	外圆	$\phi30_{-0.033}^{0}$ mm	*Ra*1.6 μm	5	2		
4	槽	$\phi27_{-0.1}^{0}$ mm	*Ra*3.2 μm	5	2		
5	外圆	$\phi24_{-0.025}^{0}$ mm	*Ra*1.6 μm	5	2		
6	锥度	1∶5	*Ra*1.6 μm	5	2		
7	圆弧	*R* (10 ±0.035) mm、*R*2mm 自然过渡	*Ra*1.6 μm	6	2		
8	外螺纹	M30 ×1.5 –6g	*Ra*1.6 μm	6	2		
9	长度	(10 ±0.2) mm		3			
10		(75 ±0.05) mm		3			
11	倒角	*C*1.5 mm (2 处)		2			
12	倒圆	*R*2 mm		1			
13	退刀槽	4 mm ×2 mm		2			
14	未注公差			5			
合　计				75			

技能操作考核模拟试卷二

注意事项

一、本试卷依据《数控车工　国家职业标准》命制。

二、本试卷试题如无特别注明，则为全国通用。

三、请考生仔细阅读试题的具体考核要求，并按要求完成操作或进行笔答或口答。

四、操作技能考核时要遵守考场纪律，服从考场管理人员指挥，以保证考核安全顺利进行。

(1) 本题分值：100 分。

（2）考核时间：300 min。

（3）具体考核要求：根据零件图制定加工工艺并进行加工。

1. 零件图

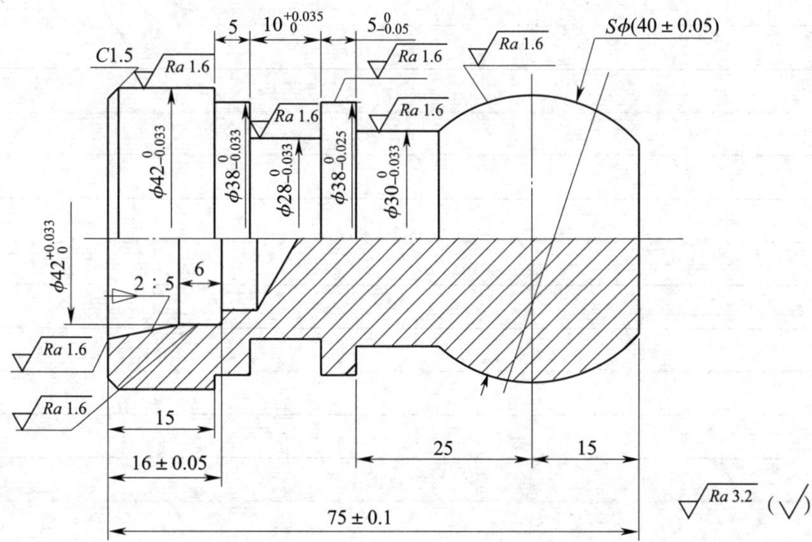

技术要求：

1. 未注倒角处去毛刺。
2. 未注公差按 IT11 级精度加工。

2. 数控加工工艺卡片

××× 数控车间	数控加工工序卡片	零件名称	零件图号	材料
		球头螺纹轴	CX2	45 钢

工艺序号	程序编号	夹具名称	夹具编号	使用设备	车　间

工步号	工步内容	刀具号	刀具规格	主轴转速	进给速度	背吃刀量

编制		审核		批准		共　页　第　页

3. 数控加工程序

4. 评分标准

（1）中级数控车工操作技能考核总成绩表

序号	项目名称	配分	得分	备注
1	现场操作规范	10		
2	工序制定及编程	15		
3	工件质量	75		
合　　计		100		

（2）现场操作规范评分表

序号	项目	考核内容	配分	考场表现	得分
1	现场操作规范	工具的正确使用	2		
2		量具的正确使用	2		
3		刃具的合理使用	2		
4		设备正确操作和维护保养	4		
合计			10		

（3）工序制定及编程评分表

序号	项目	考核内容	配分	实际情况	得分
1	工序制定	工序制定合理，选择刀具正确	5		
2	编程	程序指令正确，工艺合理	10		
合计			15		

（4）操作技能评分表

工件编号					得分		
项目与权重	序号	技术要求	配分		评分标准	检测记录	得分
			IT	*Ra*			
工件加工（75%）	1	$S\phi$（40 ±0.05）mm	6	2	超差不得分		
	2	$\phi42\,^{0}_{-0.033}$ mm	5	2	超差不得分		
	3	$\phi38\,^{0}_{-0.033}$ mm	5	2	超差不得分		
	4	$\phi38\,^{0}_{-0.025}$ mm	5	2	超差不得分		
	5	$\phi30\,^{0}_{-0.033}$ mm	5	2	超差不得分		
	6	$\phi28\,^{0}_{-0.033}$ mm	5	2	超差不得分		
	7	$\phi24\,^{+0.033}_{0}$ mm	5	2	错误不得分		
	8	锥度 2∶5	5	2	超差不得分		
	9	$10\,^{+0.035}_{0}$ mm	3		超差不得分		
	10	$5\,^{0}_{-0.05}$ mm	3		超差不得分		
	11	（16 ±0.05）mm	3		错误不得分		
	12	（75 ±0.1）mm	3		错误不得分		
	13	倒角 *C*1.5 mm	2		错误不得分		
	14	未注公差	5		超差不得分		
程序与加工工艺（25%）	15	程序格式规范	5		扣 1 分/处		
	16	程序正确、完整	10		扣 1 分/处		
	17	加工工艺正确	5		扣 1 分/处		
	18	安全文明生产	5		违规全扣		
合 计			100				

技能操作考核模拟试卷三

注意事项

一、本试卷依据《数控车工　国家职业标准》命制。

二、本试卷试题如无特别注明，则为全国通用。

三、请考生仔细阅读试题的具体考核要求，并按要求完成操作或进行笔答或口答。

四、操作技能考核时要遵守考场纪律，服从考场管理人员指挥，以保证考核安全顺利进行。

（1）本题分值：100 分。

（2）考核时间：300 min。

（3）具体考核要求：根据零件图制定加工工艺并进行加工。

1. 零件图

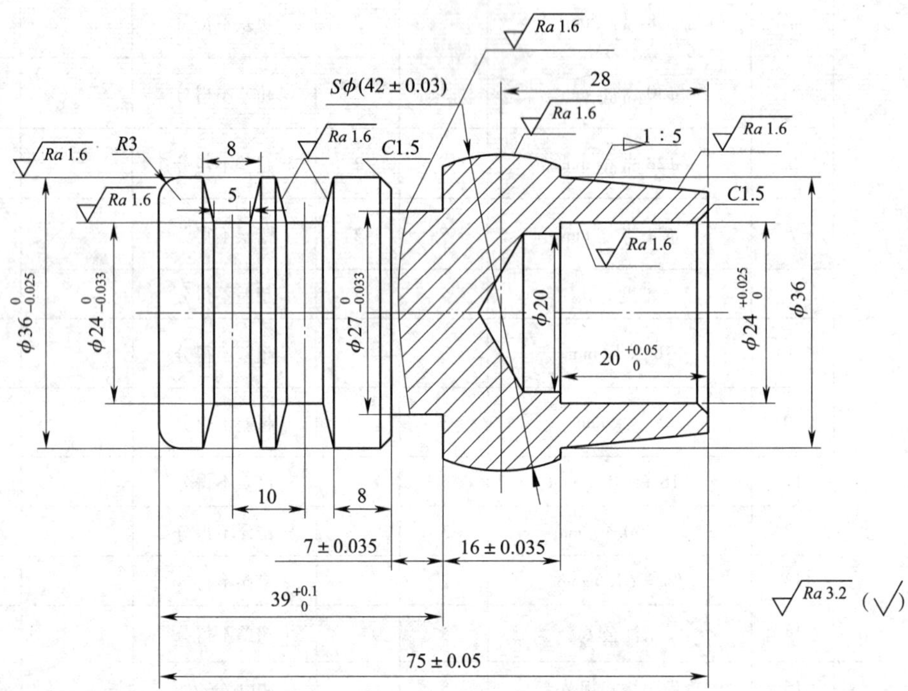

技术要求：

1. 未注倒角处去毛刺。
2. 未注公差按 IT11 级精度加工。

2. 数控加工工艺卡片

××× 数控车间	数控加工工序卡片	零件名称	零件图号	材料
		V形槽轴	CX3	45钢

工艺序号	程序编号	夹具名称	夹具编号	使用设备	车　间

工步号	工步内容	刀具号	刀具规格	主轴转速	进给速度	背吃刀量
编制		审核		批准		共　页　第　页

3. 数控加工程序

4. 评分标准

(1) 中级数控车工操作技能考核总成绩表

序号	项目名称	配分	得分	备注
1	现场操作规范	10		
2	工序制定及编程	15		
3	工件质量	75		
合　计		100		

(2) 现场操作规范评分表

序号	项目	考核内容	配分	考场表现	得分
1	现场操作规范	工具的正确使用	2		
2		量具的正确使用	2		
3		刃具的合理使用	2		
4		设备正确操作和维护保养	4		
合计			10		

(3) 工序制定及编程评分表

序号	项目	考核内容	配分	实际情况	得分
1	工序制定	工序制定合理，刀具选择正确	5		
2	编程	程序指令正确，工艺合理	10		
合计			15		

(4) 操作技能评分表

工件编号					得分		
项目与权重	序号	技术要求	配分		评分标准	检测记录	得分
			IT	*Ra*			
工件加工（75%）	1	$S\phi$（42 ±0.03）mm	5	2	超差不得分		
	2	$\phi36_{-0.025}^{0}$ mm（3 处）	12	6	超差不得分		
	3	$\phi24_{-0.033}^{0}$ mm（2 处）	8	4	超差不得分		
	4	$\phi27_{-0.033}^{0}$ mm	5	2	超差不得分		
	5	锥度 1:5	3	1	超差不得分		

续表

项目与权重	序号	技术要求	配分		评分标准	检测记录	得分
			IT	*Ra*			
工件加工（75%）	6	5mm、8mm、斜面（2处）	4	2	超差不得分		
	7	$39^{+0.1}_{0}$ mm	3		错误不得分		
	8	（16 ±0.035） mm	3		超差不得分		
	9	（7 ±0.035） mm	3		超差不得分		
	10	（75 ±0.05） mm	3		超差不得分		
	11	倒角 *C*1.5 mm（2处）	2		错误不得分		
	12	*R*3 mm	2		错误不得分		
	13	未注公差	5		超差不得分		
程序与加工工艺（25%）	15	程序格式规范	5		扣1分/处		
	16	程序正确、完整	10		扣1分/处		
	17	加工工艺正确	5		扣1分/处		
	18	安全文明生产	5		违规全扣		
合　计			100				

技能操作考核模拟试卷四

注意事项

一、本试卷依据《数控车工　国家职业标准》命制。

二、本试卷试题如无特别注明，则为全国通用。

三、请考生仔细阅读试题的具体考核要求，并按要求完成操作或进行笔答或口答。

四、操作技能考核时要遵守考场纪律，服从考场管理人员指挥，以保证考核安全顺利进行。

（1）本题分值：100 分。

（2）考核时间：300 min。

（3）具体考核要求：根据零件图制定加工工艺并进行加工。

1. 零件图

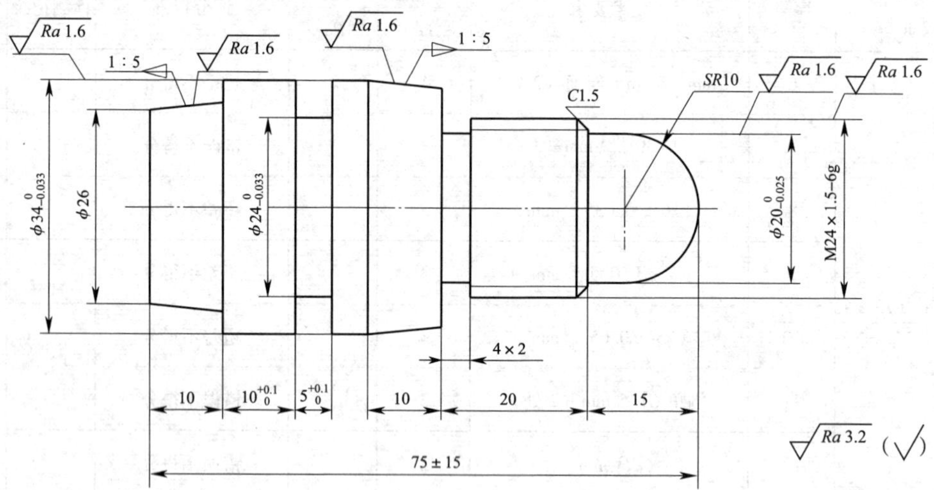

技术要求：

1. 未注倒角处去毛刺。
2. 未注公差按 IT11 级精度加工。

2. 数控加工工艺卡片

××× 数控车间	数控加工工序卡片	零件名称	零件图号	材料
		V 形槽轴	CX3	45 钢

工艺序号	程序编号	夹具名称	夹具编号	使用设备	车　间

工步号	工步内容	刀具号	刀具规格	主轴转速	进给速度	背吃刀量

编制		审核		批准		共　页　第　页

3. 数控加工程序

4. 评分标准

（1）中级数控车工操作技能考核总成绩表

序号	项目名称	配分	得分	备注
1	现场操作规范	10		
2	工序制定及编程	15		
3	工件质量	75		
合　计		100		

（2）现场操作规范评分表

序号	项目	考核内容	配分	考场表现	得分
1	现场操作规范	工具的正确使用	2		
2		量具的正确使用	2		
3		刃具的合理使用	2		
4		设备正确操作和维护保养	4		
合计			10		

(3) 工序制定及编程评分表

序号	项目	考核内容	配分	实际情况	得分
1	工序制定	工序制定合理，刀具选择正确	5		
2	编程	程序指令正确，工艺合理	10		
合计			15		

(4) 操作技能评分表

工件编号					得分		
项目与权重	序号	技术要求	配分		评分标准	检测记录	得分
			IT	*Ra*			
工件加工（75%）	1	*SR*10 mm	5	2	超差不得分		
	2	$\phi34_{-0.033}^{\ 0}$ mm（2 处）	10	4	超差不得分		
	3	$\phi24_{-0.033}^{\ 0}$ mm	5	2	超差不得分		
	4	$\phi20_{-0.025}^{\ 0}$ mm	5	2	超差不得分		
	5	锥度 1：5（2 处）	10	2	超差不得分		
	6	M24×1.5—6g	8	2	超差不得分		
	7	$5_{\ 0}^{+0.1}$ mm	3		超差不得分		
	8	$10_{-0.1}^{\ 0}$ mm	3		超差不得分		
	9	（75±0.15）mm	3		超差不得分		
	10	退刀槽 4 mm×2 mm	2		超差不得分		
	11	倒角 *C*1.5 mm	2		错误不得分		
	12	未注公差	5		超差不得分		
程序与加工工艺（25%）	13	程序格式规范	5		扣 1 分/处		
	14	程序正确、完整	10		扣 1 分/处		
	15	加工工艺正确	5		扣 1 分/处		
	16	安全文明生产	5		违规全扣		
合 计			100				

参考答案

理论知识考核模拟试卷一

一、单项选择

1. B　2. B　3. A　4. C　5. D　6. A　7. B　8. C

9. A　10. D　11. C　12. A　13. A　14. A　15. B　16. C
17. C　18. C　19. D　20. B　21. D　22. C　23. D　24. C
25. B　26. A　27. C　28. D　29. D　30. B　31. C　32. B
33. A　34. B　35. D　36. A　37. C　38. C　39. C　40. A
41. B　42. D　43. A　44. B　45. D　46. A　47. C　48. C
49. C　50. C　51. A　52. C　53. A　54. D　55. B　56. B
57. D　58. D　59. A　60. A　61. C　62. B　63. D　64. B
65. A　66. C　67. B　68. A　69. B　70. D　71. C　72. B
73. C　74. B　75. C　76. A　77. B　78. C　79. C　80. B

二、判断题

81. ×　82. ×　83. ×　84. ×　85. √　86. √　87. √　88. √
89. ×　90. ×　91. ×　92. ×　93. ×　94. ×　95. ×　96. √
97. √　98. √　99. ×　100. ×

理论知识考核模拟试卷二

一、单项选择

1. B　2. B　3. D　4. D　5. D　6. A　7. D　8. A
9. A　10. D　11. A　12. C　13. B　14. A　15. B　16. D
17. C　18. B　19. B　20. A　21. C　22. D　23. A　24. D
25. D　26. C　27. B　28. A　29. B　30. A　31. C　32. B
33. A　34. C　35. C　36. C　37. C　38. B　39. C　40. B
41. C　42. A　43. B　44. D　45. B　46. B　47. B　48. C
49. A　50. B　51. A　52. D　53. C　54. A　55. C　56. D
57. D　58. A　59. D　60. D　61. C　62. A　63. C　64. B
65. A　66. B　67. A　68. B　69. C　70. D　71. A　72. A
73. C　74. A　75. D　76. D　77. A　78. A　79. B　80. B

二、判断题

81. √　82. ×　83. √　84. ×　85. ×　86. ×　87. ×　88. ×
89. √　90. √　91. √　92. √　93. √　94. √　95. ×　96. ×
97. ×　98. √　99. √　100. ×

理论知识考核模拟试卷三

一、单项选择

1. B　2. D　3. D　4. A　5. D　6. D　7. A　8. A
9. B　10. D　11. B　12. A　13. B　14. B　15. B　16. B
17. D　18. C　19. A　20. A　21. A　22. B　23. B　24. A

25. B 26. B 27. D 28. A 29. A 30. A 31. B 32. D
33. C 34. D 35. C 36. A 37. B 38. C 39. D 40. A
41. B 42. C 43. A 44. A 45. C 46. B 47. A 48. B
49. B 50. A 51. B 52. C 53. C 54. C 55. C 56. D
57. D 58. A 59. C 60. D 61. A 62. B 63. D 64. A
65. B 66. D 67. A 68. D 69. B 70. D 71. A 72. D
73. C 74. C 75. C 76. A 77. B 78. C 79. B 80. B

二、判断题

81. × 82. × 83. √ 84. √ 85. × 86. √ 87. √ 88. ×
89. × 90. × 91. √ 92. × 93. × 94. × 95. √ 96. √
97. √ 98. × 99. √ 100. ×

理论知识考核模拟试卷四

一、单项选择

1. B 2. C 3. A 4. A 5. A 6. C 7. D 8. B
9. C 10. B 11. B 12. C 13. C 14. C 15. B 16. B
17. D 18. C 19. D 20. B 21. C 22. C 23. C 24. D
25. C 26. D 27. A 28. B 29. B 30. B 31. C 32. A
33. B 34. B 35. D 36. B 37. B 38. B 39. A 40. D
41. B 42. C 43. A 44. C 45. C 46. A 47. B 48. B
49. B 50. A 51. B 52. B 53. A 54. A 55. A 56. C
57. A 58. B 59. B 60. A 61. D 62. D 63. D 64. D
65. B 66. C 67. A 68. D 69. D 70. C 71. C 72. D
73. B 74. A 75. C 76. D 77. D 78. A 79. C 80. C

二、判断题

81. √ 82. × 83. × 84. √ 85. √ 86. × 87. × 88. √
89. √ 90. √ 91. × 92. √ 93. × 94. × 95. √ 96. √
97. × 98. √ 99. √ 100. ×

技能操作考核模拟试卷一

一、准备工作

1. 选择机床

选用 FANUC 0i 系统的 CA6140 型数控车床。

2. 材料

选择毛坯尺寸为 ϕ45 mm × 80 mm，材料为 45 钢。

3. 工具、量具、刀具

工具、量具、刀具清单

序号	名称	规格	数量	备注
1	95°外圆车刀	—	1	
2	93°外圆车刀	—	1	35°副偏角
3	车槽刀	刀头宽 4 mm	1	
4	切断刀	刀宽 <5 mm，背吃刀量 <22 mm	1	
5	外螺纹车刀	M30×1.5、M24×1.5	1	
6	内孔车刀	孔径≥20 mm，孔深≤30 mm	1	
7	游标卡尺	0.02 mm/0～150 mm	1	
8	外径千分尺	0.01 mm/0～25 mm	1	
9	外径千分尺	0.01 mm/25～50 mm	1	
10	深度游标卡尺	0.02 mm/0～200 mm	1	
11	内径百分表	0.01 mm /18～35 mm	1	
12	数显卡尺	0.01 mm/0～150 mm	1	
13	螺纹环规	M30×1.5—6H、M24×1.5—6H	各1	
14	R 规	R1—6.5、R7—14、R15—25、R26—80	各1	
15	中心钻及钻夹头	A3，$\phi1$～$\phi13$ mm	各1	
16	麻花钻及钻套	$\phi20$ mm，L≤45 mm	1	
17	其他	铜棒、铜皮、毛刷等常用工具		选用
		计算机、计算器、编程用书等		

二、零件图样分析

1. 尺寸精度

本工件中精度要求较高的尺寸主要有：外圆 $\phi34_{-0.033}^{0}$ mm、$\phi30_{-0.033}^{0}$ mm、$\phi24_{-0.025}^{0}$ mm；螺纹 M30×1.5—6g、长度（10±0.05）mm、（75±0.20）mm 等。

对于尺寸精度要求，主要通过在加工过程中的准确对刀、正确设置刀补及磨耗，以及正确制定合适的加工工艺等措施来保证。

2. 形位精度

本例中主要的形位精度有掉头以后零件的同轴度。

对于形位精度要求，主要通过调整机床的机械精度、制定合理的加工工艺及工件的装夹、定位与找正等措施来保证。

3. 表面粗糙度

外圆表面粗糙度要求为 $Ra1.6$ μm，螺纹、端面、车槽等表面的粗糙度为$Ra3.2$ μm。

对于表面粗糙度要求，主要通过选用合适的刀具，正确的粗、精加工路线，合理的切削用量及冷却等措施来保证。

三、加工工艺分析

1. 编程原点的确定

由于工件在长度方向的要求较低，根据编程原点的确定原则，该工件的编程原点取在工件的左、右端面与主轴轴线相交的交点上。

2. 制定加工方案及加工路线

本例采用两次装夹后完成粗、精加工的加工方案，先加工右端外形，完成粗、精加工后，掉头加工另一端。

进行数控车削加工时，加工的起始点定在离工件毛坯 2 mm 的位置。尽可能采用沿轴向切削的方式进行加工，以提高加工过程中工件与刀具的刚度。

3. 工件的定位、装夹及刀具的选用

（1）工件的定位及装夹

加工工件两端时，均采用三爪自定心卡盘进行定位与装夹。

工件装夹时的夹紧力要适中，既要防止工件的变形与夹伤，又要防止工件在加工过程中产生松动。工件装夹过程中，应对工件进行找正，以保证工件轴线与主轴轴线同轴。

加工右端前，先将毛坯端面光出，车 ϕ40 mm 外圆，约 20 mm 长，再夹住该外圆开始加工右端轮廓。

（2）刀具的选用

根据实际条件，可选用机夹式标准车刀，刀片材料均选用硬质合金或涂层刀具。本例工件选择外圆车刀、外车槽刀和外三角螺纹车刀进行加工。

4. 编制加工工序卡

数控加工工艺卡

<table>
<tr><td colspan="2" rowspan="2">×××
数控车间</td><td colspan="2" rowspan="2">数控加工工序卡片</td><td>零件名称</td><td>零件图号</td><td colspan="2">材料</td></tr>
<tr><td>球头螺纹轴</td><td>CX1</td><td colspan="2">45 钢</td></tr>
<tr><td>工艺序号</td><td>程序编号</td><td colspan="2">夹具名称</td><td>夹具编号</td><td>使用设备</td><td colspan="2">车　间</td></tr>
<tr><td>××</td><td>××</td><td colspan="2">三爪自定心卡盘</td><td>××</td><td>CK6140</td><td colspan="2">××</td></tr>
<tr><td>工步号</td><td>工步内容</td><td>刀具号</td><td colspan="2">刀具规格</td><td>主轴转速/（r/min）</td><td>进给速度/（mm/r）</td><td>背吃刀量/mm</td></tr>
<tr><td>1</td><td>粗车右端外轮廓</td><td>T0101</td><td colspan="2">MVJNR—2020K16</td><td>600</td><td>0.2</td><td>1.5</td></tr>
<tr><td>2</td><td>精车右端外轮廓</td><td>T0101</td><td colspan="2">MVJNR—2020K16</td><td>1 200</td><td>0.1</td><td>0.25</td></tr>
<tr><td>3</td><td>车槽</td><td>T0202</td><td colspan="2">CFMR QA2020K04</td><td>400</td><td>0.05</td><td>4</td></tr>
<tr><td>4</td><td>掉头粗车左端外轮廓</td><td>T0101</td><td colspan="2">MVJNR—2020K16</td><td>600</td><td>0.2</td><td>1.5</td></tr>
<tr><td>5</td><td>精车左端外轮廓</td><td>T0101</td><td colspan="2">MVJNR—2020K16</td><td>1 200</td><td>0.1</td><td>0.25</td></tr>
<tr><td>6</td><td>车螺纹退刀槽</td><td>T0202</td><td colspan="2">CFMR QA2020K04</td><td>400</td><td>0.05</td><td>4</td></tr>
<tr><td>7</td><td>车三角螺纹</td><td>T0303</td><td colspan="2">CRE 2020M16CQHD</td><td>800</td><td>1.5</td><td>—</td></tr>
<tr><td></td><td></td><td></td><td colspan="2"></td><td></td><td></td><td></td></tr>
<tr><td>编制</td><td></td><td>审核</td><td></td><td>批准</td><td></td><td colspan="2">共　页　第　页</td></tr>
</table>

提示：表中加工参数的确定，取决于实际加工经验、工件的加工精度及表面质量、工件的材料性质、刀具的种类及刀具形状、刀柄的刚度等诸多因素。

四、程序编制

程　序	说　明
O0001；	（右端加工程序）
M03 S600；	启动主轴，转速 600 r/min
T0101；	选择 1 号刀具（90°外圆车刀）
G00 X46.0 Z2.0；	
G71 U1.5 R1.0；	设定 G71 粗加工参数
G71 P10 Q20 U0.5 W0.1 F0.2	
N10 G00 X0 S1200；	精加工第一个程序段号
G42 G01 Z0 F0.1；	
G03 X20.0 Z－10.0 R10.0；	加工 $R10$ mm 半球
G02 X24.0 Z－12.0 R2.0；	加工 $R2$ mm 凹弧
G01 Z－15.0；	加工 $\phi24$ mm 外圆
X26.0；	
X30.0 W－2.0；	$C2$ mm 倒角
Z－30.0；	加工 $\phi30$ mm 外圆
X34.0；	
Z－40.0；	加工 $\phi34$ mm 外圆
X40.79；	
G03 X40.79 Z－50.0 R21.0；	加工 $S\phi42$ mm 球面
G01 W－1.0；	退刀
N20 G40 G01 X46.0；	精加工最后一个程序段号
G00 X100.0 Z100.0；	退刀测量
M05；	主轴停
M00；	程序暂停
M03 S1200；	启动主轴，转速 1 200 r/min
T0101；	执行刀补
G00 X46.0 Z2.0；	定位至精加工起点
G70 P10 Q20；	外轮廓精加工
G00 X100.0 Z100.0；	快速退刀
M05；	
M00；	
M03 S400；	转速 400 r/min
T0202；	选择 2 号刀具（4 mm 车槽刀）
G00 X35.0 Z－30.0；	快速定位
G01 X26.95 F0.05；	车削退刀槽
G04 X1.0；	暂停 1 s
G01 X35.0 F0.5；	
G00 X100.0 Z100.0；	退刀
M30；	程序结束

O0002；	（左端加工程序）
M03 S600；	启动主轴，转速 600 r/min

续表

程　序	说　明
T0101；	选择 1 号刀具（90°外圆车刀）
G00 X46.0 Z2.0；	
G71 U1.5 R1.0；	设定 G71 粗加工参数
G71 P10 Q20 U0.5 W0.1 F0.2；	
N10 G00 X26.8 S1200；	精加工第一个程序段号
G42 G01 Z0 F0.1；	
X29.8 Z－2.0；	
Z－15.0；	
X34.0；	
X36.0 W－10.0；	
N20 G40 G01 X46.0；	精加工最后一个程序段号
G00 X100.0 Z100.0；	退刀测量
M05；	主轴停
M00；	程序暂停
M03 S1200；	启动主轴，转速 1 200 r/min
T0101；	执行刀补
G00 X46.0 Z2.0；	定位至精加工起点
G70 P10 Q20；	外轮廓精加工
G00 X100.0 Z100.0；	快速退刀
M05；	
M00；	
M03 S400；	转速 400 r/min
T0202；	选择 2 号刀具（4 mm 车槽刀）
G00 X35.0 Z－15.0；	快速定位
G01 X26.0 F0.05；	切削退刀槽
G04 X1.0；	暂停 1s
G01 X35.0 F0.5；	
G00 X100.0 Z100.0；	退刀
T0303 S800；	换外三角螺纹车刀
G00 X32.0 Z5.0；	快速定位至螺纹加工起点
G92 X29.3 Z－12.0 F1.5；	加工螺纹
X28.8；	
X28.5；	
X28.15；	
X28.05；	
G00 X100.0 Z100.0；	退刀
M30；	程序结束

技能操作考核模拟试卷二

一、准备工作

1. 选择机床

选用机床为 FANUC 0i 系统的 CA6140 型数控车床。

2. 材料

毛坯尺寸为 $\phi45$ mm×80 mm，材料为 45 钢。

3. 工具、量具、刀具

工具、量具、刀具及材料清单

序号	名称	规格	数量	备注
1	95°外圆车刀	—	1	
2	93°外圆车刀	—	1	35°副偏角
3	车槽刀	刀头宽 4 mm	1	
4	切断刀	刀宽 <5 mm，背吃刀量 <22 mm	1	
5	外螺纹车刀	M30×1.5、M24×1.5	1	
6	内孔车刀	孔径≥20 mm，孔深≤30 mm	1	
7	游标卡尺	0.02 mm/0～150 mm	1	
8	外径千分尺	0.01 mm/0～25 mm	1	
9	外径千分尺	0.01 mm/25～50 mm	1	
10	深度游标卡尺	0.02 mm/0～200 mm	1	
11	内径百分表	0.01 mm/18～35 mm	1	
12	数显卡尺	0.01 mm/0～150 mm	1	
13	螺纹环规	M30×1.5—6H、M24×1.5—6H	各 1	
14	R 规	R1～6.5 mm、R7～14 mm、R15～25 mm、R26～80 mm	各 1	
15	中心钻及钻夹头	A3，$\phi1$～$\phi13$ mm	各 1	
16	麻花钻及钻套	$\phi20$ mm，L≤45 mm	1	
17	其他	铜棒、铜皮、毛刷等常用工具		选用
		计算机、计算器、编程用书等		

二、加工工艺分析

1. 分析零件图样

(1) 尺寸精度

本工件中精度要求较高的尺寸主要有：外圆 $\phi42_{-0.033}^{0}$ mm、$\phi38_{-0.033}^{0}$ mm、$\phi38_{-0.025}^{0}$ mm、$\phi28_{-0.033}^{0}$ mm、$\phi30_{-0.033}^{0}$ mm、$\phi24_{-0.025}^{0}$ mm、$S\phi$（40±0.05）mm、内孔 $\phi24_{0}^{+0.033}$ mm；长度（16±0.05）mm、（75±0.10）mm、$10_{0}^{+0.035}$ mm、$5_{-0.05}^{0}$ mm 等。

对于尺寸精度要求，主要通过在加工过程中的准确对刀、正确设置刀补及磨耗，以及正确制定合适的加工工艺等措施来保证。

(2) 形位精度

本例中主要的形位精度有掉头以后零件的同轴度。

对于形位精度要求，主要通过调整机床的机械精度、制定合理的加工工艺及工件的装夹、定位与找正等措施来保证。

(3) 表面粗糙度

外圆表面粗糙度要求为 $Ra1.6\ \mu m$，螺纹、端面、车槽等表面的粗糙度为 $Ra3.2\ \mu m$。

对于表面粗糙度要求，主要通过选用合适的刀具，正确的粗、精加工路线，合理的切削用量及冷却等措施来保证。

2. 编程原点的确定

由于工件在长度方向的要求较低，根据编程原点的确定原则，该工件的编程原点取在工件的左、右端面与主轴轴线相交的交点上。

3. 数控加工工艺过程

数控加工工艺过程卡片

数控加工工艺过程综合卡片		使用设备	夹具名称	零件名称	零件图号	材料
×××数控车间		CK6140	三爪自定心卡盘	球头连接轴	CX2	45 钢
序号	工步内容及要求	工 序 简 图			设备	工夹具
1	加工左端内孔和外圆	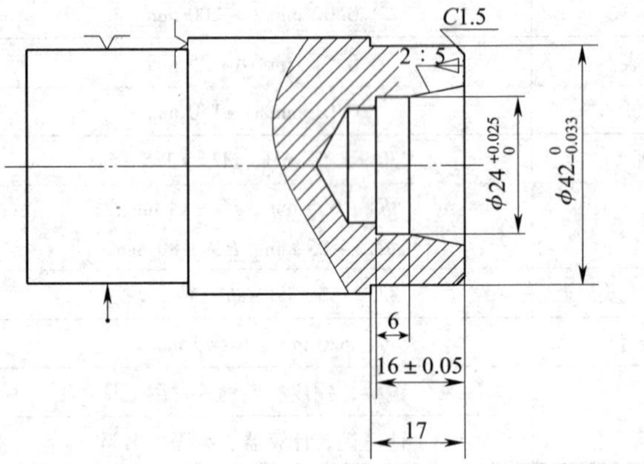 C1.5 2 : 5 $\phi24^{+0.025}_{0}$ $\phi42^{0}_{-0.033}$ 6 16 ± 0.05 17			CA6140	三爪自定心卡盘
2	加工右端轮廓	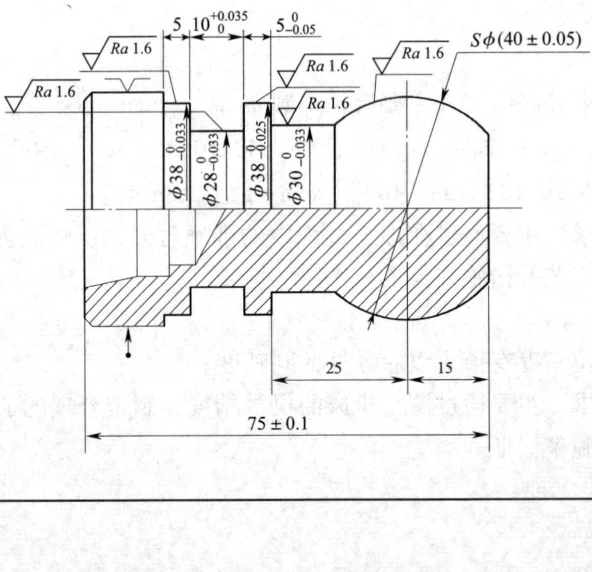 5 $10^{+0.035}_{0}$ $5^{0}_{-0.05}$ Ra 1.6 $S\phi(40\pm0.05)$ $\phi38^{0}_{-0.033}$ $\phi28^{0}_{-0.033}$ $\phi38^{0}_{-0.025}$ $\phi30^{0}_{-0.033}$ 25 15 75 ± 0.1			CA6140	三爪自定心卡盘

4. 选择刀具及确定切削用量

数控加工刀具及切削用量参数明细表

工步号	工步内容	刀具号	刀具规格	主轴转速/(r/min)	进给速度/(mm/r)	背吃刀量/mm
1	粗车左端 ϕ42 mm 外圆	T0101	MVJNR—2020K16	600	0.2	1.5
2	精车左端 ϕ42 mm 外圆	T0101	MVJNR—2020K16	1 200	0.1	0.25
3	钻 孔	—	ϕ20 mm 钻头	500	手动	—
4	粗镗孔	T0202	S16Q—SCLCR09B	600	0.2	1
5	精镗孔	T0202	S16Q—SCLCR09B	1 200	0.1	0.15
6	粗加工右端成形轮廓	T0303	SVJBR2020K	600	0.2	1.5
7	精加工右端	T0303	SVJBR2020K	1 200	0.1	0.25
8	粗加工槽	T0404	CFMR QA2020K04	400	0.05	—
9	精加工槽	T0404	CFMR QA2020K04	1 200	0.05	—
编制		审核		批准		共 页 第 页

注意：表中加工参数的确定，取决于实际加工经验、工件的加工精度及表面质量、工件的材料性质、刀具的种类及刀具形状、刀柄的刚度等诸多因素。

三、程序编制

程 序	说 明
O0001;	(左端加工程序)
M03 S600;	启动主轴，转速 600 r/min
T0101;	选择 1 号刀具（90°外圆刀）
G00 X46.0 Z2.0;	
G71 U1.5 R1.0;	设定 G71 粗加工参数
G71 P10 Q20 U0.5 W0.1 F0.2;	
N10 G00 X39.0 S1200;	精加工第一个程序段号
G42 G01 Z0 F0.1;	
X42.0 Z-1.5;	C1.5 mm 倒角
Z-17.0;	加工 ϕ42 mm 外圆
N20 G40 G01 X46.0;	精加工最后一个程序段号
G00 X100.0 Z100.0;	退刀测量
M05;	主轴停
M00;	程序暂停
M03 S1200;	启动主轴，转速 1 200 r/min
T0101;	执行刀补
G00 X46.0 Z2.0;	定位至精加工起点
G70 P10 Q20;	外轮廓精加工
G00 X100.0 Z100.0;	快速退刀
M05;	
M00;	
M03 S600;	转速 600 r/min

续表

程 序	说 明
T0202;	选择2号刀具（镗刀）
G00 X20.0 Z2.0;	快速定位至循环起点
G71 U1.0 R0.5;	设定G71循环参数
G71 P30 Q40 U-0.3 W0.1 F0.2;	
N10 G00 X28.0 S1200;	进刀
G41 G01 Z0 F0.1;	定位
X24.0 Z-10.0;	车锥面
Z-16.0;	镗 ϕ24 mm 孔
N20 G40 G01 X20.0;	
G00 X20.0 Z100.0;	退刀
M05;	主轴停
M00;	程序暂停
M03 S1200;	启动主轴，转速1 200 r/min
T0202;	执行2号刀补
G00 X20.0 Z2.0;	定位至精加工起点
G70 P30 Q40;	精加工内孔
G00 X100.0 Z100.0;	退刀
M30;	程序结束

O0002;	（右端加工程序）
M03 S600;	启动主轴，转速600 r/min
T0303;	选择3号刀具（93°外圆车刀）
G00 X46.0 Z2.0;	
G71 U1.5 R1.0;	设定G71粗加工参数
G71 P10 Q20 U0.5 W0.1 F0.2;	
N10 G00 X26.46 S1200;	
G42 G01 Z0 F0.1;	移动至起点
G03 X30.0 Z-28.23 R20.0;	加工 $S\phi$40 mm 圆球
G01 Z-40.0;	加工 ϕ30 mm 外圆
X38.0;	
W-20.0;	加工 ϕ38 mm 外圆
N20 G40 G01 X46.0;	
G00 X100.0 Z100.0;	退刀
M05;	主轴停
M00;	程序暂停
M03 S1200;	启动主轴，转速1 200 r/min
T0303;	执行3号刀补
G00 X46.0 Z2.0;	定位至起点
G70 P10 Q20;	精加工轮廓
G00 X100.0 Z100.0;	退刀
T0404 S400;	换4号刀具，主轴转速400 r/min

续表

G00 X42.0 Z-44.7;	快速定位
G75 R1.0;	应用G75循环粗加工槽
G75 X28.3 Z-49.3 P5000 Q3500 F0.05;	
G00 X42.0;	
S1200 Z-55.0;	主轴转速1 200 r/min
G01 X28.0 F0.05;	精加工中间槽
W5.0;	
G00 X40.0;	
W1.0;	
G01 X28.0 F0.05;	
W-1.0;	
G04 X0.5;	槽底延时0.5 s
G00 X100.0;	退刀
Z100.0;	
M30;	程序结束

技能操作考核模拟试卷三

一、准备工作

1. 选择机床

选用机床为FANUC系统的CA6140型数控车床。

2. 材料

毛坯尺寸为ϕ45 mm×80 mm，材料为45钢。

3. 工具、量具、刀具

工具、量具、刀具及材料清单

序号	名称	规格	数量	备注
1	95°外圆车刀	—	1	
2	93°外圆车刀	—	1	35°副偏角
3	车槽刀	刀头宽4 mm	1	
4	切断刀	刀宽<5 mm，背吃刀量<22 mm	1	
5	外螺纹车刀	M30×1.5、M24×1.5	1	
6	内孔车刀	孔径≥20 mm，孔深≤30 mm	1	
7	游标卡尺	0.02 mm/0~150 mm	1	
8	外径千分尺	0.01 mm/0~25 mm	1	
9	外径千分尺	0.01 mm/25~50 mm	1	
10	深度游标卡尺	0.02 mm/0~200 mm	1	
11	内径百分表	0.01 mm/18~35 mm	1	
12	数显卡尺	0.01 mm/0~150 mm	1	

续表

序号	名称	规格	数量	备注
13	螺纹环规	M30×1.5—6H、M24×1.5—6H	各1	
14	R规	*R*1～6.5 mm、*R*7～14 mm、*R*15～25 mm、*R*26 mm	各1	
15	中心钻及钻夹头	A3，ϕ1～ϕ13 mm	各1	
16	麻花钻及钻套	ϕ20 mm，*L*≤45 mm	1	
17	其他	铜棒、铜皮、毛刷等常用工具		选用
		计算机、计算器、编程用书等		

二、加工工艺分析

1. 分析零件图样

（1）尺寸精度

本工件中精度要求较高的尺寸主要有：球径 $S\phi42_{-0.033}^{\ 0}$ mm、外圆 $\phi36_{-0.025}^{\ 0}$ mm、槽底径 $\phi24_{-0.033}^{\ 0}$ mm、$\phi27_{-0.033}^{\ 0}$ mm、内孔 $\phi24_{\ 0}^{+0.033}$ mm；长度（75±0.05）mm、（16±0.035）mm、（7±0.035）mm、$39_{\ 0}^{+0.10}$ mm、$20_{\ 0}^{+0.05}$ mm 等。

（2）形位精度

（3）表面粗糙度

外圆表面粗糙度要求为 *Ra*1.6 μm，螺纹、端面、车槽等表面的粗糙度为 *Ra*3.2 μm。

2. 编程原点的确定

由于工件在长度方向的要求较低，根据编程原点的确定原则，该工件的编程原点取在工件的左、右端面与主轴轴线相交的交点上。

3. 数控加工工艺过程

数控加工工艺过程卡片

数控加工工艺过程综合卡片	使用设备	夹具名称	零件名称	零件图号	材料
×××数控车间	CK6140	三爪自定心卡盘	球头连接轴	CX3	45钢

序号	工步内容及要求	工序简图	设备	工夹具
1	（1）钻孔，车工艺外圆 （2）加工左端外圆和槽	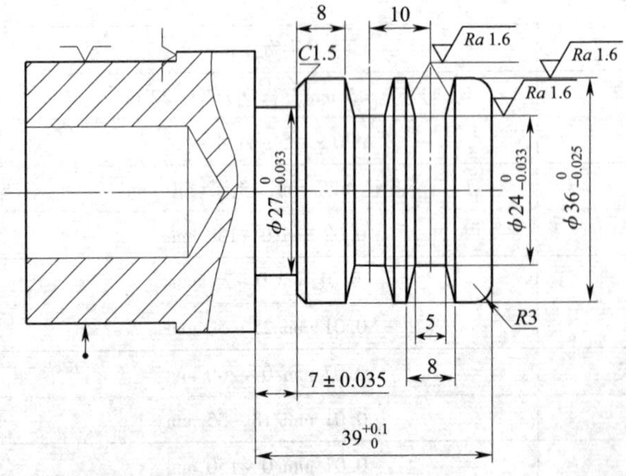 8　10　C1.5　*Ra* 1.6　*Ra* 1.6　*Ra* 1.6　$\phi27_{-0.033}^{\ 0}$　$\phi24_{-0.033}^{\ 0}$　$\phi36_{-0.025}^{\ 0}$　5　R3　8　7±0.035　$39_{\ 0}^{+0.1}$	CA6140	三爪自定心卡盘

续表

序号	工步内容及要求	工序简图	设备	工夹具
2	加工右端外轮廓和内孔	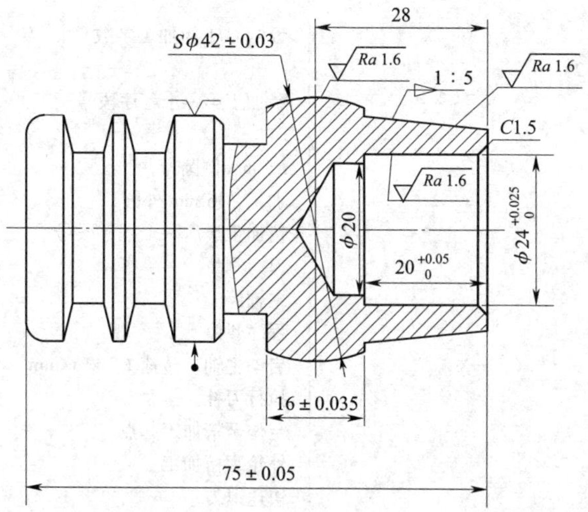 28; $S\phi42\pm0.03$; Ra 1.6; 1 : 5; Ra 1.6; C1.5; Ra 1.6; $\phi20$; $20^{+0.05}_{0}$; $\phi24^{+0.025}_{0}$; 16 ± 0.035; 75 ± 0.05	CA6140	三爪自定心卡盘

4. 选择刀具及确定切削用量

数控加工刀具及切削用量参数明细表

工步号	工步内容		刀具号	刀具规格	主轴转速/(r/min)	进给速度/(mm/r)	背吃刀量/mm
1	钻　孔		—	ϕ20 mm 钻头	500	手动	—
2	粗车左端外轮廓		T0101	MVJNR—2020K16	600	0. 2	1. 5
3	精车左端外轮廓		T0101	MVJNR—2020K16	1 200	0. 1	0. 25
4	粗加工槽		T0404	CFMR QA2020K04	400	0. 05	—
5	精加工槽		T0404	CFMR QA2020K04	1 200	0. 05	—
6	粗镗孔		T0202	S16Q—SCLCR09B	600	0. 2	1
7	精镗孔		T0202	S16Q—SCLCR09B	1 200	0. 1	0. 15
8	粗加工右端成形轮廓		T0303	SVJBR2020K	600	0. 2	1. 5
9	精加工右端		T0303	SVJBR2020K	1 200	0. 1	0. 25
编制		审核		批准		共　页　第　页	

注意：表中加工参数的确定，取决于实际加工经验、工件的加工精度及表面质量、工件的材料性质、刀具的种类及刀具形状、刀柄的刚度等诸多因素。

三、程序编制

程 序	说 明
O0001;	（左端加工程序）
M03 S600;	启动主轴，转速 600 r/min
T0101;	选择 1 号刀具（95°外圆车刀）
G00 X46.0 Z2.0;	
G71 U1.5 R1.0;	设定 G71 粗加工参数
G71 P10 Q20 U0.5 W0.1 F0.2;	
N10 G00 X30.0 S1200;	精加工第一个程序段号
G42 G01 Z0 F0.1;	
G03 X36.0 Z-3.0 R3.0;	$R3$ mm 倒圆
G01 Z-39.0;	加工 $\phi 36$ mm 外圆
N20 G40 G01 X46.0;	精加工最后一个程序段号
G00 X100.0 Z100.0;	退刀测量
M05;	主轴停
M00;	程序暂停
M03 S1200;	启动主轴，转速 1 200 r/min
T0101;	执行刀补
G00 X46.0 Z2.0;	定位至精加工起点
G70 P10 Q20;	外轮廓精加工
G00 X100.0 Z100.0;	快速退刀
G10 P04 X0.3;	刀具偏移 X0.3，粗加工槽
T0404 S400;	执行 2 号刀补，转速 400 r/min
G00 X40.0 Z0;	快速定位至切槽起点
M98 P0010 L2;	调用车槽子程序
G10 P04 X0;	刀具偏移 X0，精加工槽
T0404 S1200;	执行 2 号刀补，转速 1 200 r/min
G00 X40.0 Z0;	快速定位至车槽起点
M98 P0010 L2;	调用车槽子程序
G00 X46.0 Z-38.8;	快速定位至中间直槽处
G01 X27.4 F0.05;	粗加工直槽
G00 X37.0;	
W3.0;	
G01 X27.4 F0.05;	
W-2.0;	
G00 X36.0 S1200;	精加工直槽
G01 W3.5;	
X33.0 W-1.5;	
X27.0 F0.05;	
W-2.0;	
G04 X0.5;	
G00 X46.0;	
Z-39.0;	
G01 X27.0 F0.05;	
W1.0;	
G04 X0.5;	
G00 X100.0;	
Z100.0;	退刀
M30;	程序结束

续表

程　序	说　明
O0010;	（加工梯形槽子程序）
G00 W－10.0;	
W－2.5.0;	
G01 X24.0 F0.05;	
G00 X36.0;	
W－1.5;	
G01 X24.0 W1.5 F0.05;	
G04 X0.5;	
G00 X36.0;	
W2.5;	
G01 X24.0 W－1.5;	
G04 X0.5;	
G00 X40.0;	
W1.5;	
M99;	
O0002;	（加工右端内外轮廓）
M03 S600;	启动主轴，转速 600 r/min
T0303;	选择 3 号刀具（93°外圆车刀）
G00 X46.0 Z2.0;	
G71 U1.5 R1.0;	设定 G71 粗加工参数
G71 P10 Q20 U0.5 W0.1 F0.2;	
N10 G00 X32.0 S1200;	精加工第一个程序段号
G42 G01 Z0 F0.1;	精加工轮廓程序
X36.0 Z－20.0;	
X38.83;	
G03 X38.83 W－16.0 R21.0;	
G01 W－1.0;	
N20 G40 G01 X46.0;	精加工最后一个程序段号
G00 X100.0 Z100.0;	退刀测量
M05;	主轴停
M00;	程序暂停
M03 S1200;	启动主轴，精加工转速 1 200 r/min
T0303;	执行刀补
G00 X46.0 Z2.0;	快速定位
G70 P10 Q20;	执行精加工程序
G00 X100.0 Z100.0;	退刀
T0202 S600;	选择镗孔刀，粗加工转速 600 r/min
G00 X20.0 Z2.0;	
G90 X22.0 Z－19.95 F0.2;	
X23.7;	
G00 Z100.0;	

续表

程　序	说　明
M05； M00； T0202 S1200； G00 X27.0 Z2.0； G01 Z0 F0.1； G01 X24.0 Z－1.5； Z－20.025； X20.0； G00 Z100.0； X100.0； M30；	精镗孔

技能操作考核模拟试卷四

一、准备工作

1. 选择机床

选用机床为 FANUC 0i 系统的 CA6140 型数控车床。

2. 材料

毛坯尺寸为 ϕ45 mm×80 mm，材料为 45 钢。

3. 工具、量具、刀具

工具、量具、刀具及材料清单

序号	名称	规格	数量	备注
1	95°外圆车刀		1	
2	93°外圆车刀		1	35°副偏角
3	车槽刀	刀头宽 4 mm	1	
4	切断刀	刀宽＜5 mm，背吃刀量＜22 mm	1	
5	外螺纹车刀	M30×1.5、M24×1.5	1	
6	内孔车刀	孔径≥20 mm，孔深≤30 mm	1	
7	游标卡尺	0.02 mm/0～150 mm	1	
8	外径千分尺	0.01 mm/0～25 mm	1	
9	外径千分尺	0.01 mm/25～50 mm	1	
10	深度游标卡尺	0.02 mm/0～200 mm	1	
11	内径百分表	0.01 mm/18～35 mm	1	
12	数显卡尺	0.01 mm/0～150 mm	1	
13	螺纹环规	M30×1.5—6H、M24×1.5—6H	各 1	
14	R 规	*R*1～6.5 mm、*R*7～14 mm、*R*15～25 mm	各 1	

续表

序号	名称	规格	数量	备注
15	中心钻及钻夹头	A3，ϕ1～ϕ13 mm	各1	
16	麻花钻及钻套	ϕ20 mm，$L\leqslant$45 mm	1	
17	其他	铜棒、铜皮、毛刷等常用工具		选用
		计算机、计算器、编程用书等		

二、加工工艺分析

1. 分析零件图样

（1）尺寸精度

本工件中精度要求较高的尺寸主要有：外圆 $\phi34\ _{-0.033}^{\ 0}$、$\phi20\ _{-0.033}^{\ 0}$；螺纹 M24×1.5－6g；槽底径 $\phi24\ _{-0.033}^{\ 0}$、长度（75±0.15）mm、$5\ _{0}^{+0.10}$ mm、$10\ _{-0.1}^{\ 0}$ mm 等。

对于尺寸精度要求，主要通过在加工过程中的准确对刀、正确设置刀补及磨耗，以及正确制定合适的加工工艺等措施来保证。

（2）形位精度

（3）表面粗糙度

外圆表面粗糙度要求为 Ra1.6 μm，螺纹、端面、车槽等表面粗糙度为 Ra3.2 μm。

2. 编程原点的确定

由于工件在长度方向的要求较低，根据编程原点的确定原则，该工件的编程原点取在工件的左、右端面与主轴轴线相交的交点上。

3. 数控加工工艺过程

数控加工工艺过程卡片

数控加工工艺过程综合卡片		使用设备	夹具名称	零件名称	零件图号	材料
×××数控车间		CK6140	三爪自定心卡盘	球头连接轴	CX4	45 钢
序号	工步内容及要求	工序简图			设备	工夹具
1	（1）车工艺外圆 （2）加工左端外圆和槽	Ra 1.6　Ra 1.6　1∶5　1∶5　$\phi24\ _{-0.033}^{\ 0}$　$\phi26$　$\phi34\ _{-0.033}^{\ 0}$　10　5　$5\ _{0}^{+0.1}$　$10\ _{-0.01}^{\ 0}$　10　42			CA6140	三爪自定心卡盘

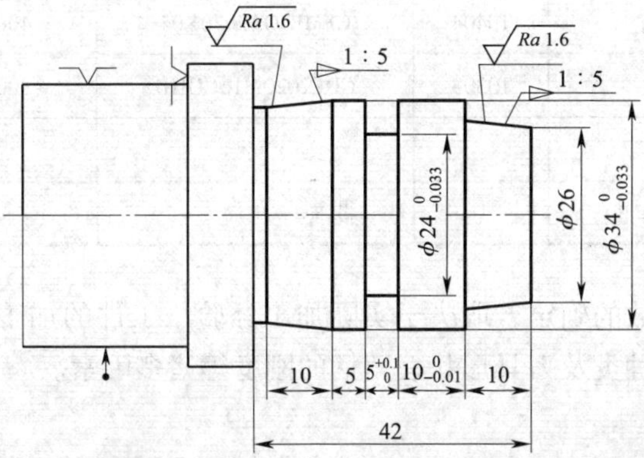

续表

序号	工步内容及要求	工 序 简 图	设备	工夹具
2	加工右端外轮廓和螺纹	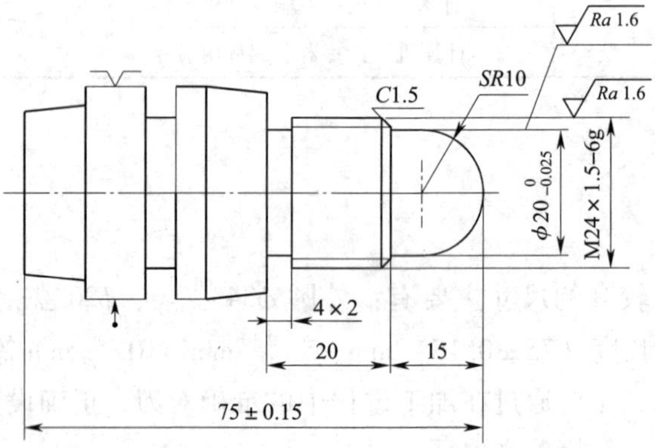 Ra 1.6　Ra 1.6　SR10　C1.5　$\phi 20_{-0.025}^{0}$　M24×1.5–6g　4×2　20　15　75±0.15	CA6140	三爪自定心卡盘

4．选择刀具及确定切削用量

数控加工刀具及切削用量参数明细表

工步号	工步内容		刀具号	刀具规格		主轴转速/（r/min）	进给速度/（mm/r）	背吃刀量/mm
1	粗车左端外轮廓		T0101	MVJNR—2020K16		600	0.2	1.5
2	精车左端外轮廓		T0101	MVJNR—2020K16		1 200	0.1	0.25
3	粗加工槽		T0404	CFMR QA2020K04		400	0.05	—
4	精加工槽		T0404	CFMR QA2020K04		1 200	0.05	—
5	粗车右端外轮廓		T0101	MVJNR—2020K16		600	0.2	1.5
6	精车右端外轮廓		T0101	MVJNR—2020K16		1 200	0.1	0.25
7	加工退刀槽		T0404	CFMR QA2020K04		400	0.05	—
8	车三角螺纹		T0303	CRE2020M16CQHD		800	1.5	—
编制		审核		批准		共 页 第 页		

注意：表中加工参数的确定，取决于实际加工经验、工件的加工精度及表面质量、工件的材料性质、刀具的种类及刀具形状、刀柄的刚度等诸多因素。

三、程序编制

程 序	说 明
O0001;	(左端加工程序)
M03 S600;	启动主轴，转速 600 r/min
T0101;	选择 1 号刀具（95°外圆车刀）
G00 X46.0 Z2.0;	
G71 U1.5 R1.0;	设定 G71 粗加工参数
G71 P10 Q20 U0.5 W0.1 F0.2;	
N10 G00 X26.0 S1200;	精加工第一个程序段号
G42 G01 Z0 F0.1;	
X28.0 Z-10.0;	
X34.0;	
Z-30.0;	
X32.0 W-10.0;	
W-2.0;	
N20 G40 G01 X46.0;	精加工最后一个程序段号
G70 P10 Q20;	执行精加工
G00 X100.0 Z100.0;	退刀
T0202 S400;	换 2 号刀（车槽刀）
G00 X36.0 Z-24.7;	粗加工中间直槽
G01 X24.3 F0.05;	
G04 U0.5;	
G00 X36.0 S1200;	精加工中间直槽
Z-25.0;	
G01 X24.0 F0.05;	
W0.5;	
G04 X0.5;	
G00 X36.0;	
Z-24.0;	
G01 X24.0 F0.05;	
W-0.5;	
G04 X0.5;	
G00 X100.0;	退刀
Z100.0;	
M30;	程序结束

O0002;	(加工右端内外轮廓)
M03 S600;	启动主轴，转速 600 r/min
T0303;	选择 3 号刀具（95°外圆车刀）
G00 X46.0 Z2.0;	
G71 U1.5 R1.0;	设定 G71 粗加工参数
G71 P10 Q20 U0.5 W0.1 F0.2;	
N10 G00 X0 S1200;	精加工第一个程序段号

续表

程　序	说　明
G42 G01 Z0 F0.1;	精加工轮廓程序
G03 X200. Z-10.0 R10.0;	
G01 Z-15.0;	
X23.8 C1.5;	
Z-35.0;	
N20 G40 G01 X46.0;	精加工最后一个程序段号
G70 P10 Q20;	执行精加工程序
G00 X100.0 Z100.0;	退刀
T0404 S400;	选择车槽刀，转速 400 r/min
G00 X34.0 Z-35.0;	
G01 X20.0 F0.05;	
G04 X0.5;	
G00 X100.0;	
Z100.0;	
T0303 S800;	选择螺纹车刀，加工三角螺纹
G00 X24.0 Z-10.0;	定位至螺纹加工起点
G92 X26.0 Z-32.0 F1.5;	
X23.3;	
X22.7;	
X22.15;	
X22.05;	
G00 X100.0 Z100.0;	
M30;	

四、质量分析

零件配分权重表

工件编号					得分		
项目与权重	序号	技术要求	配分		评分标准	检测记录	得分
			IT	Ra			
工件加工（75%）	1	*SR*10 mm	5	2	超差不得分		
	2	$\phi34_{-0.033}^{0}$ mm（2 处）	10	4	超差不得分		
	3	$\phi24_{-0.033}^{0}$ mm	5	2	超差不得分		
	4	$\phi20_{-0.025}^{0}$ mm	5	2	超差不得分		
	5	锥度 1:5（2 处）	10	2	超差不得分		
	6	M24×1.5—6g	8	2	超差不得分		
	7	$5_{0}^{+0.1}$ mm	3		超差不得分		

续表

工件编号					得分		
项目与权重	序号	技术要求	配分		评分标准	检测记录	得分
			IT	*Ra*			
工件加工（75%）	8	$10^{\ 0}_{-0.1}$ mm	3		超差不得分		
	9	（75 ± 0.15） mm	3		超差不得分		
	10	退刀槽 4 mm × 2 mm	2		超差不得分		
	11	倒角 *C*1.5 mm	2		错误不得分		
	12	未注公差	5		超差不得分		
程序与加工工艺（25%）	13	程序格式规范	5		扣 1 分/处		
	14	程序正确、完整	10		扣 1 分/处		
	15	加工工艺正确	5		扣 1 分/处		
	16	安全文明生产	5		违规全扣		
合　计			100				